住房和城乡建设部"十四五"规划教材

教育部高等学校建筑电气与智能化专业

教学指导分委员会规划推荐教材

建筑电气工程施工技术

巫春玲　裴以军　主　编

段晨东　　主　审

中国建筑工业出版社

图书在版编目(CIP)数据

建筑电气工程施工技术/巫春玲,裴以军主编. —
北京:中国建筑工业出版社,2022.9(2024.6重印)
住房和城乡建设部"十四五"规划教材 教育部高等
学校建筑电气与智能化专业教学指导分委员会规划推荐教
材
ISBN 978-7-112-27847-3

Ⅰ.①建… Ⅱ.①巫…②裴… Ⅲ.①房屋建筑设备
-电气设备-建筑安装-工程施工-高等学校-教材
Ⅳ.①TU85

中国版本图书馆 CIP 数据核字(2022)第 159363 号

本书以国家最新颁布的与建筑电气施工安装有关的设计规范、安装工程施工及验收规范、标准安装图集为依据编写而成。全书共分 11 章,全面、系统地介绍了建筑电气施工安装中主要分部工程的施工标准、工程质量验收规范,以及目前最新的施工技术和具体的施工方法。

本书重点且详细地阐述了建筑电气工程施工基础知识、建筑电气工程施工依据、变配电设备安装调试技术、供配电干线施工技术、室内配线工程施工技术、建筑用电设备检查接线、电气照明系统安装调试技术、建筑物防雷与接地工程、建筑电气工程测试技术、建筑电气工程施工管理、建筑电气工程其他相关技术,其内容基本涵盖了分部工程的各分项工程内容。

全书重点突出,图文并茂,内容丰富,力求实用。本书可作为建筑类大专院校的电气工程及其自动化专业、建筑智能化专业、建筑工程造价管理专业,以及其他相关专业的专业课教材。也可作为建筑设计院、建筑安装公司、建筑公司、建筑消防工程公司、工程监理公司、房地产公司、工程计价及工程招标投标公司等从事建筑电气工程设计、建筑安装工程施工等工程技术人员的技术参考书,及相关专业的培训教材。

课件见封底,更多讨论请加 QQ 群:290476160。

责任编辑:陈 桦
文字编辑:胡欣蕊
责任校对:李美娜

住房和城乡建设部"十四五"规划教材
教育部高等学校建筑电气与智能化专业教学指导分委员会规划推荐教材
建筑电气工程施工技术
巫春玲 裴以军 主 编
段晨东 主 审

*

中国建筑工业出版社出版、发行(北京海淀三里河路9号)
各地新华书店、建筑书店经销
北京科地亚盟排版公司制版
天津安泰印刷有限公司印刷

*

开本:787毫米×1092毫米 1/16 印张:18¾ 字数:466千字
2023年1月第一版 2024年6月第二次印刷
定价:**49.00**元(赠教师课件)
ISBN 978-7-112-27847-3
(39701)

出 版 说 明

党和国家高度重视教材建设。2016年，中办国办印发了《关于加强和改进新形势下大中小学教材建设的意见》，提出要健全国家教材制度。2019年12月，教育部牵头制定了《普通高等学校教材管理办法》和《职业院校教材管理办法》，旨在全面加强党的领导，切实提高教材建设的科学化水平，打造精品教材。住房和城乡建设部历来重视土建类学科专业教材建设，从"九五"开始组织部级规划教材立项工作，经过近30年的不断建设，规划教材提升了住房和城乡建设行业教材质量和认可度，出版了一系列精品教材，有效促进了行业部门引导专业教育，推动了行业高质量发展。

为进一步加强高等教育、职业教育住房和城乡建设领域学科专业教材建设工作，提高住房和城乡建设行业人才培养质量，2020年12月，住房和城乡建设部办公厅印发《关于申报高等教育职业教育住房和城乡建设领域学科专业"十四五"规划教材的通知》（建办人函〔2020〕656号），开展了住房和城乡建设部"十四五"规划教材选题的申报工作。经过专家评审和部人事司审核，512项选题列入住房和城乡建设领域学科专业"十四五"规划教材（简称规划教材）。2021年9月，住房和城乡建设部印发了《高等教育职业教育住房和城乡建设领域学科专业"十四五"规划教材选题的通知》（建人函〔2021〕36号）。为做好"十四五"规划教材的编写、审核、出版等工作，《通知》要求：（1）规划教材的编著者应依据《住房和城乡建设领域学科专业"十四五"规划教材申请书》（简称《申请书》）中的立项目标、申报依据、工作安排及进度，按时编写出高质量的教材；（2）规划教材编著者所在单位应履行《申请书》中的学校保证计划实施的主要条件，支持编著者按计划完成书稿编写工作；（3）高等学校土建类专业课程教材与教学资源专家委员会、全国住房和城乡建设职业教育教学指导委员会、住房和城乡建设部中等职业教育专业指导委员会应做好规划教材的指导、协调和审稿等工作，保证编写质量；（4）规划教材出版单位应积极配合，做好编辑、出版、发行等工作；（5）规划教材封面和书脊应标注"住房和城乡建设部'十四五'规划教材"字样和统一标识；（6）规划教材应在"十四五"期间完成出版，逾期不能完成的，不再作为《住房和城乡建设领域学科专业"十四五"规划教材》。

住房和城乡建设领域学科专业"十四五"规划教材的特点：一是重点以修订教育部、住房和城乡建设部"十二五""十三五"规划教材为主；二是严格按照专业标准规范要求编写，体现新发展理念；三是系列教材具有明显特点，满足不同层次和类型的学校专业教学要求；四是配备了数字资源，适应现代化教学的要求。规划教材的出版凝聚了作者、主审及编辑的心血，得到了有关院校、出版单位的大力支持，教材建设管理过程有严格保障。希望广大院校及各专业师生在选用、使用过程中，对规划教材的编写、出版质量进行反馈，以促进规划教材建设质量不断提高。

住房和城乡建设部"十四五"规划教材办公室

2021年11月

前　言

随着我国经济建设的飞速发展，建筑市场前景广阔，建筑业随着国民经济的高速发展，保持了快速发展的势头。现代化工业厂房、办公大楼、住宅小区等智能化高层建筑和建筑群体大量涌现，各种电气设备日新月异地大量展现在建筑电气安装工程领域中，为建筑电气设计、安装和施工等方面带来新课题，迫切需要培养适应现代建筑电气工程安装施工的应用型技术人才。

建筑电气工程施工是一门发展很快、知识面很广、实践性和实用性很强的专业课课程，具有与建筑行业和工程实际紧密结合的性质，是电气工程及其自动化专业具有广阔发展前景的专业课程之一。在科学技术飞速发展的今天，各种电气设备及其系统的自动化程度越来越高，技术越来越先进，对建筑电气工程施工的要求也越来越高，大量的实际工程难题、安装调试技能和科研项目有待于我们去研究解决、大胆创新和开发，可以预料，建筑电气工程施工技术将会更迅速地飞跃发展。

本书根据高等院校人才培养特点，经过广泛征求设计、安装、建筑等用人单位意见和建议的基础上，在内容上贯彻少而精和学以致用的原则，力求简明扼要，理论联系实际。同时，本教材聚焦落实立德树人根本任务、服务国家重大战略，培养学生良好的品德和思想，树立正确的价值观和社会意识。通过对建筑电气工程施工的基本理论、基本技能和基本方法的学习研究，努力提高读者分析问题和解决问题的能力，为从事实际工程技术工作和科学技术研究工作打下坚实基础。全书共分为11章，按56学时编写，全书主要内容包括：建筑电气工程施工基础知识、建筑电气工程施工依据、变配电设备安装调试技术、供配电干线施工技术、室内配线工程施工技术、建筑用电设备检查接线、电气照明系统安装调试技术、建筑物防雷与接地工程、建筑电气工程测试技术、建筑电气工程施工管理、建筑电气工程其他相关技术。

本书由长安大学副教授巫春玲和中国建筑第三工程局集团有限公司高级工程师裴以军共同担任主编。具体编写分工为：第1、2、4、5、8章和第10章的1～2小节由巫春玲编写，第3、6、7、9章和第10章的3～5小节由裴以军编写，第11章由巫春玲编写，全书由巫春玲负责统稿。本书编写人员巫春玲具有丰富的本课程教学经验，裴以军具有丰富的本专业工程实践经验。

本书在编写过程中，参考了大量建筑电气施工技术的资料和书刊，同时引用了多位专家的著作和成果，并得到中国建筑工业出版社编辑、长春信息技术职业学院韩丽香、浙江建设职业技术学院张瑶瑶、内蒙古科技大学多丽以及长安大学电子与控制工程学院段晨东教授的大力支持与帮助，在此向他们表示最衷心的感谢。

建筑电气工程施工技术所涉及的知识面很宽，而且不断涌现出新设备、新材料、新工艺和新的安装调试方法，知识更新速度加快，因此书中不足之处在所难免，敬请广大读者批评指正。

目　　录

第1章 建筑电气工程施工基础知识

建筑电气工程是研究电能和电信号在建筑物中输送、分配和应用的科学。本章首先讲述了建筑电气工程的定义和分类，然后给出建筑电气常用的名词术语及计算公式，最后介绍了建筑电气工程施工常用的工具仪表，以及常用的电线和电缆等。

1.1 建 筑 电 气

建筑物按其用途可分为两大类：一类是工业建筑，另一类是民用建筑。

工业建筑是指以工业生产、制造为目的，生产制造某种产品的建筑，它以动力为主照明为辅，且负荷电流较大，控制系统复杂，并与微机系统接口，同时配置一定的服务性设施和相应的弱电工程。在工业建筑中，有些工程项目电压等级较高，有 10kV 的动力设备。因此，工业建筑电气系统施工难度较大，技术要求较高，有的工程则由专业的安装企业施工。

民用建筑是指具有居住办公、金融商业、教育科研、文化体育、医疗卫生、第三产业、服务行业等非生产性质的建筑。以照明为主、动力为辅，负荷电流较小，电压等级以低压为主，控制系统较为简单，同时配备小型的生产性设施和相应的弱电系统。随着电子技术、通信技术的发展，民用建筑中的弱电工程快速发展。智能建筑、消防、安防、电梯、监控、网络、通信、节能等融为一体，与计算机接口，构成庞大的自动监视、测量、控制系统，有超越工业建筑控制系统的趋势。因此，民用建筑电气系统施工难度越来越大，技术要求越来越高。

"建筑电气"从广义来讲是以建筑物为平台，以电气技术为手段，在有限空间内，为创造人性化生活环境的一门应用学科。

"建筑电气"从狭义来讲就是在建筑中，利用现代先进的科学理论及电气技术（含电力技术、信息技术以及智能化技术等），创造一个人性化生活环境的电气系统，统称为建筑电气。

建筑电气的作用是服务于建筑内人们的工作、生活、学习、娱乐和安全等。伴随着建筑技术的迅速发展和现代化建筑的出现，建筑电气设计的范围已由原来单一的供配电、照明、防雷和接地，发展成为以近代物理学、电磁学、电子学、光学、声学等理论为基础的应用于建筑工程领域内的一门新兴学科，并逐步应用数学和物理的新理论，结合电子计算机技术及信息技术向综合应用的方向迈进。这不仅使建筑物的供配电系统实现了自动化，而且对建筑物内的给水排水系统、空调制冷系统、自动消防系统、保安监控系统、通信及闭路电视系统、经营管理系统等实现了最佳控制和管理。因此，建筑电气已经成为现代电气科学领域中的一个重要部分，同时也成为现代电气科学发展的一个重要标志。

1.2 建筑电气工程

1.2.1 建筑电气工程的定义

建筑电气工程（Building Electrical Engineering）是研究电能和电信号在建筑物中输送、分配和应用的科学。《建筑电气工程施工质量验收规范》GB 50303—2015 中将其定义为：为实现一个或几个具体目的且特性相配合的，由电气装置、布线系统和用电设备电气部分构成的组合。这种组合能满足建筑物预期的使用功能和安全要求，也能满足使用建筑物的人的安全需要。其中，电气装置、布线系统和用电设备电气部分具体内容如下：

（1）电气装置指变压器、高低压配电柜及控制设备等

电气装置主要是指变配电所及分配电所的设备和就地分散的动力、照明配电箱，例如：干式电力变压器、成套高压低压配电柜、控制操动用直流柜（带蓄电池）、备用不间断电源柜、照明配电箱、动力配电箱（柜）、功率因数电容补偿柜以及备用柴油发电机组等。其特征是有独立功能的电气元器件的组合，额定电压大多为 10kV 或 220V/380V，仅在控制系统中有 12V 或 24V 电压。

（2）布线系统指以 220V/380V 为主的电缆、电线、桥架、线槽和导管等

布线系统是指电线、电缆和母线以及固定或保护它们的部件组合，主要起输送电力的作用。例如：电线、电缆、裸母线、封闭母线、低压封闭插接式母线、照明插接式小母线、电缆桥架、金属或塑料线槽、刚性金属或塑料导管、柔性金属或塑料导管和可挠金属电线导管等。建筑电气工程中的布线系统，额定电压大多为 220V/380V。

（3）用电设备电气部分指电动机、电加热器和照明灯具等直接消耗电能的部分

用电设备电气部分主要是指与其他建筑设备配套的电力驱动、电加热、电照明等直接消耗电能并转换成其他能的部分。例如：电动机和电加热器及其启动控制设备、照明装饰灯具和开关插座、通信影视和智能化工程等的专供或变换电源以及环保除尘和厨房除油烟等的特殊直流电源等。

建筑电气安装工程是依据设计与生产工艺的要求，依照施工平面图、规程规范、设计文件、施工标准图集等技术文件的具体规定，按特定的线路保护和敷设方式将电能合理分配输送至已安装就绪的用电设备及用电器具上。通电前，经过元器件各种性能的测试及系统的调整试验，在试验合格的基础上，送电试运行，使之与生产工艺系统配套，使系统具备使用和投产条件。其安装质量必须符合设计要求，符合施工及验收规范，符合施工质量检验评定标准。

建筑电气安装工程施工，通常可分为三大阶段：即施工准备阶段、安装施工阶段、竣工验收阶段，后续章节会详细讲解。

1.2.2 建筑电气工程分类

传统的划分是根据建筑电气工程的功能，人们习惯把它分为强电（电力）工程和弱电（信息）工程。强电的处理对象是能源（电力），其特点是电压高、电流大、功率大、频率低，主要考虑的问题是减小损耗、提高效率及安全用电，弱电的处理对象主要是信息，即信息的传送与控制，其特点是电压低、电流小、功率小、频率高，主要考虑的问题是信息传递的效果，诸如信息传送的保真度、速度、广度和可靠性等。

现代的划分根据《建筑工程施工质量验收统一标准》GB 50300—2013，比较大的建筑工程可分为：地基与基础、主体结构、建筑装饰装修、建筑屋面、建筑给水排水及供暖、建筑电气、智能建筑、通风与空调、电梯 9 个分部工程。

建筑电气分部工程可分为：室外电气、变配电室、供电干线、电气动力、电气照明、备用和不间断电源、防雷及接地 7 个子分部工程。各子分部工程又可分为若干个分项工程，如表 1-1 所示。

建筑电气子分部工程、分项工程划分表　　　　　　　　　　表 1-1

分部工程	子分部工程	分项工程
建筑电气	室外电气	变压器、箱式变电所安装，成套配电柜、控制柜（屏、台）和动力、照明配电箱（盘）及控制柜安装，梯架、支架、托盘和槽盒安装，导管敷设，电缆敷设，管内穿线和槽盒内敷线，电缆头制作、导线连接和线路绝缘测试，普通灯具安装，专用灯具安装，建筑照明通电试运行，接地装置安装
	变配电室	变压器、箱式变电所安装，成套配电柜、控制柜（屏、台）和动力、照明配电箱（盘）安装，母线槽安装，梯架、支架、托盘和槽盒安装，电缆敷设，电缆头制作、导线连接和线路绝缘测试，接地装置安装，接地干线敷设
	供电干线	电气设备试验和试运行，母线槽安装，梯架、支架、托盘和槽盒安装，导管敷设，电缆敷设，管内穿线和槽盒内敷线，电缆头制作、导线连接和线路绝缘测试，接地干线敷设
	电气动力	成套配电柜、控制柜（屏、台）和动力、照明配电箱（盘）安装，电动机、电加热器及电动执行机构检查接线，电气设备试验和试运行，梯架、托盘和槽盒安装，导管敷设，电缆敷设，管内穿线和槽盒内敷线，电缆头制作，导线连接，线路绝缘测试，开关、插座、风扇安装
	电气照明	成套配电柜、控制柜（屏、台）和照明配电箱（盘）安装，梯架、支架、托盘和槽盒安装，导管敷设，管内穿线和槽盒内敷线，塑料护套线直敷布线，钢索配线，电缆头制作、导线连接和线路绝缘测试，普通灯具安装，专用灯具安装，开关、插座、风扇安装，建筑照明通电试运行
	备用和不间断电源	成套配电柜、控制柜（屏、台）和动力、照明配电箱（盘）安装，柴油发电机组安装，不间断电源装置及应急电源装置安装，母线槽安装，导管敷设，电缆敷设，管内穿线和槽盒内敷线。 电缆头制作、导线连接和线路绝缘测试，接地装置安装
	防雷及接地	接地装置安装，防雷引下线及接闪器安装，建筑物等电位连接

智能建筑分部工程可分为：智能化集成系统、信息接入系统、用户电话交换系统、信息网络系统、综合布线系统、移动通信室内信号覆盖系统、卫星通信系统、有线电视及卫星电视接收系统、公共广播系统、会议系统、信息导引及发布系统、时钟系统、信息化应用系统、建筑设备监控系统、火灾自动报警系统、安全技术防范系统、应急响应系统、机房、防雷与接地等 10 个子分部工程。各子分部工程又可分为若干个分项工程，此处不再赘述。

1.3　常用名词术语及计算公式

1.3.1　常用名词术语

建筑电气工程常用名词术语及各自的含义见表 1-2。

常用名词术语 表 1-2

名词	含义
电源	能将其他形式的能量转换成电能的装置，如发电机、蓄电池和光电池等
负荷	又称负载，指吸收功率的器件或指器件输出的功率，如电动机、电灯、继电器等
电荷	指物体的带电质点。电荷有正电荷和负电荷两种。电荷之间存在着相互的作用力，同性电荷相互排斥，异性电荷相互吸引。电荷之间作用力的大小与电荷的多少成正比，与电荷间距离的平方成反比
导体	具有良好的传导电流能力的物体。通常导体分为两类：像金属及大地、人体等，称为第一类导体，像酸、碱、盐的水溶液及熔融的电解质等，称为第二类导体
绝缘体	不善于传导电流的物体
半导体	导电性能介于金属和绝缘体之间的物体。随着杂质含量及外界条件（光照、温度或压强等）的改变，半导体的导电性能会发生显著变化
电流	电荷的定向流动，它可以是正电荷、负电荷或正、负电荷同时作有规则的移动而形成的
电流密度	通过垂直于电荷流动方向的单位面积上的电流大小
电路	用导体把电源、用电元器件或设备连接起来，构成的电流通路
电压	在静电场中，将单位正电荷从 a 点移到 b 点过程中电场力所做的功，在数值上等于这两点间的电压。又称为这两点间的电势差或电位差
电压降	又称电位降。是指沿有电流通过的导体或在有电流通过的电路中电位的减小
电动势	将单位正电荷从负极通过电源内部移动到正极时非静电力所做的功。或者说，电源的电动势等于在外电路断开时电源两极间的电势差
感应电动势	分为动生电动势和感生电动势。动生电动势是指组成回路的导体（整体或局部）在恒定磁场中运动时，使回路中磁通量发生变化而产生的电动势，感生电动势是指固定回路中磁场发生变化使回路磁通量改变而产生的电动势
电阻	通常解释为物质阻碍电流通过的能力。根据欧姆定律，导体两端的电压和通过导体的电流成正比，比值称为电阻
电阻率	表征物质导电的特性参数。电阻率越小，导电本领越强。导体的电阻率会受一些物理因素（如热、光、压力等）的影响
电导	表征物质导电特性的物理量。它是电阻的倒数
电导率	电阻率的倒数
电容	或称电容量，是表现电容器容纳电荷本领的物理量
电场	是电荷及变化磁场周围空间里存在的一种特殊物质电场具有特殊的性质，当放进一个带电体时，这个带电体就会受到电场的作用
电场强度	表示电场作用于带电物体上作用力大小和方向的物体量
电感	自感与互感的统称。自感是指通过闭合回路的电流变化引起穿过它的磁通量发生变化而产生感应电动势的现象；互感是指一个闭合回路中电流变化使穿过邻近另一个回路中磁通量发生变化而在该回路中产生感应电动势的现象
直流电	电荷流动方向不随时间改变的电流
交流电	大小和方向随时间作周期性变动且在一个周期内平均值为零的电流称为交变电流，简称交流电
频率	周期的倒数
瞬时值	交流电在任一个时刻的量值
有效值	交流电在一个周期内的均方根值。亦即，将交流电通过某一电阻在一个周期内消耗的能量，若与一直流电通过同一电阻在相同时间内消耗的能量相等，则此直流电的量值被定义为该交流电的有效值
感抗	交流电通过具有电感的电路时，电感阻碍电流流过的作用
容抗	交流电通过具有电容的电路时，电容阻碍电流流过的作用
阻抗	交流电通过具有电感、电容和电阻的电路时，电感、电容和电阻共同阻碍电流流过的作用

名词	含义
相位	交流电是随时间按正弦规律变动的物理量，用公式可表示为：$i=I_m \sin(\omega t+\phi)$。式中：$\omega t+\phi$ 称为该交流电在某一瞬时 t 的相位，而 $\phi(t=0)$ 称为初相。因相位常以角度表示，故又可称相角，ω 称为角频率
相位差	两个频率相同的正弦交流电的初相位之差，也称相角差
瞬时功率	指交流电路中任一瞬间的功率
视在功率	在具有电阻和电抗的电路中，电压与电流有效值的乘积
有功功率	交流电路功率在一个周期内的平均值，也称为平均功率。它实质上反映了电路从电源取得的净功率
无功功率	在具有电感或电容的电路中，反映电路与外电源之间能量反复授受的程度的量值。实质上是指只与电源交换而不消耗的那部分能量
功率因数	有功功率与视在功率的比值
相电压	在三相交流系统中，任一根相线与中性线之间的电压
线电压	在三相交流系统中，任意两根相线之间的电压
相电流	在三相负载中，每相负载中流过的电流
磁感应强度	在磁场中的某一点，单位正电荷以单位速度向着与磁场方向相垂直的方向运动时所受到的磁场力，称为这一点的磁感应强度
磁通量	亦即磁感应强度的通量
磁通（量）密度	指垂直于磁场的单位截面积上通过的磁通量。它与磁感应强度在数值上是一致的
磁阻	磁路对磁通量所起的阻碍作用
剩磁	铁磁物质在外磁场中被磁化，当外磁场消失后，铁磁物质仍保留一定的磁性，称为剩磁

1.3.2　常用计算公式

建筑电气工程常用计算公式如表 1-3 所示。

常用计算公式　　　　　　　　　　　　　　　　表 1-3

项目	公式	
电流的计算	$I=\dfrac{Q}{t}$	Q—电量，C； t—时间，s； I—电流，A
电压的计算	$U=\dfrac{W}{Q}$	W—电能，J； U—电压，V
欧姆定律	$I=\dfrac{U}{R}$	R—电阻，Ω
直流电路功率	$P=UI=I^2R=\dfrac{U^2}{R}$	P—电功率，W
电阻的计算	$R=\rho\dfrac{l}{S}$	l—长度，m； S—截面积，mm^2； ρ—电阻系数，Ω·mm^2/m
电阻与温度的关系	$R_t=R_{20}[1+\alpha(t-20)]$	R_t、R_{20}—$t(℃)$ 和 20℃时的电阻，Ω； α—电阻温度系数（1/℃）
电阻串联		$R=R_1+R_2+R_3$

续表

项目	公式	
电阻并联		$\dfrac{1}{R}=\dfrac{1}{R_1}+\dfrac{1}{R_2}+\dfrac{1}{R_3}$
电阻复联		$R=R_1+\dfrac{R_2R_3}{R_2+R_3}$
全电路欧姆定律		$I=\dfrac{E}{R+r}$，E—电源电动势，V；R—负载电阻，Ω；r—电源内阻，Ω
电池组串联		$I=\dfrac{nE}{R+nr}$，n—电池数量
电池组并联		$I=\dfrac{E}{R+\dfrac{r}{n}}$
电功及电功率的计算	$W=QU=UIt=I^2Rt=\dfrac{U^2}{R}t$ $P=\dfrac{W}{t}=UI=I^2R=\dfrac{U^2}{R}$	R—电阻，Ω；t—时间，s
焦耳-楞次定律	$Q=I^2Rt$	Q—热量，J
电容的计算	$C=\dfrac{Q}{U}$	Q—电量，C；C—电容，F
电容串联		$\dfrac{1}{C}=\dfrac{1}{C_1}+\dfrac{1}{C_2}+\cdots+\dfrac{1}{C_n}$
电容并联		$C=C_1+C_2+\cdots+C_n$
线圈电感计算	$L=\dfrac{\varphi}{I}=\dfrac{W\phi}{I}$	φ—磁链，Wb；W—线圈匝数；ϕ—磁通，Wb

项目	公式
无互感线圈串联	$L=L_1+L_2$
无互感线圈并联	$\dfrac{1}{L}=\dfrac{1}{L_1}+\dfrac{1}{L_2}$
有互感线圈串联	$L=L_1+L_2+2M$ L_1、L_2—线圈 1、2 的自感，H $L=L_1+L_2-2M$ M—线圈 1、2 的互感，H
有互感线圈并联	$L=\dfrac{L_1L_2-M^2}{L_1+L_2-2M}$ $L=\dfrac{L_1L_2-M^2}{L_1+L_2+2M}$
电阻、电感串联	$Z=\sqrt{R^2+X_L^2}$ 其中，$X_L=2\pi fL$ Z—阻抗，Ω； R—电阻，Ω；
电阻、电容串联	$Z=\sqrt{R^2+X_C^2}$，$X_C=\dfrac{1}{2\pi fC}$
电阻、电感、电容串联	$Z=\sqrt{R^2+(X_L-X_C)^2}=\sqrt{R^2+X^2}$ 其中，$X=X_L-X_C$

其中（电阻、电感、电容串联区域右侧说明）：
X_L—感抗，Ω；
X_C—容抗，Ω；
X—电抗，Ω；
L—电感，H；
C—电容，F；
f—频率，Hz

阻抗串联	$Z=\sqrt{(R_1+R_2+R_3)^2+(X_1+X_2-X_3)^2}=\sqrt{R+X^2}$ $R=R_1+R_2+R_3$，$X=X_1+X_2+X_3$ 注意：$Z\neq Z_1+Z_2+Z_3$
交流电路 T、ω、f 的关系	$T=\dfrac{1}{f}$，$\omega=2\pi f$　　f—频率，Hz； T—周期，s； ω—角频率，rad/s
交流电有效值和最大值的关系	$U_E=\dfrac{U_{max}}{\sqrt{2}}$　　$I_E=\dfrac{I_{max}}{\sqrt{2}}$
交流电平均值和最大值的关系	$U_A=\dfrac{2}{\pi}U_{max}$　　$I_A=\dfrac{2}{\pi}I_{max}$

续表

项目		公式
电阻星形/三角形连接互换	星形化为三角形	$R_{12}=R_1+R_2+\dfrac{R_1R_2}{R_3}$ $R_{23}=R_2+R_3+\dfrac{R_2R_3}{R_1}$ $R_{31}=R_3+R_1+\dfrac{R_3R_1}{R_2}$
	三角形化为星形	$R_1=\dfrac{R_{12}R_{31}}{R_{12}+R_{23}+R_{31}}$ $R_2=\dfrac{R_{23}R_{12}}{R_{12}+R_{23}+R_{31}}$ $R_3=\dfrac{R_{31}R_{23}}{R_{12}+R_{23}+R_{31}}$
交流电路中电压、电流、阻抗三者之间关系（欧姆定律）		$I=\dfrac{U}{Z}$ $Z=\sqrt{R^2+X^2}$
交流电路功率		$P=UI\cos\varphi=I^2R$ $Q=UI\sin\varphi=I^2X$ $S=UI=I^2Z$ $\cos\varphi=\dfrac{R}{Z}$，$\sin\varphi=\dfrac{X}{Z}$ P—有功功率，W； Q—无功功率，var； S—视在功率，V·A； $\cos\varphi$—功率因数
交流并联电路的总电流		$I=\sqrt{I_1^2+I_2^2+2I_1I_2\cos(\varphi_1-\varphi_2)}$ $\varphi=\arctan\dfrac{I_1\sin\varphi_1+I_2\sin\varphi_2}{I_1\cos\varphi_1+I_2\cos\varphi_2}$ $\varphi_1=\arctan\dfrac{X_1}{R_1}$，$\varphi_2=\arctan\dfrac{X_2}{R_2}$ 其中， φ—总电流 I 与电压 U 之间的相角； φ_1—第一支路电流 I_1 与电压 U 之间的相角； φ_2—第二支路电流 I_2 与电压 U 之间的相角
三相交流电路中线电压与相电压以及线电流与相电流的关系		负载三角形（△）接法：$U_L=U_{LN}$，$I_L=\sqrt{3}I_{LN}$（负载对称时，此式才成立） 负载星形（Y）接法：$I_L=I_{LN}$ 其中，$U_L=\sqrt{3}U_{LN}$（有中线时此式才成立，与负载是否对称无关）； U_L、I_L—线电压与线电流； U_{LN}、I_{LN}—相电压与相电流
对称三相交流电路功率		$P=\sqrt{3}UI\cos\varphi$ $Q=\sqrt{3}UI\sin\varphi$ $S=\sqrt{3}UI$ U—线电压，V； I—线电流，A； φ—相电压与相电流之间的相角
直流电磁铁吸引力		$F=4B^2S\times10^3$ F—吸引力，N； B—磁感应强度，T； S—磁路的截面积，m^2
电动机额定转矩		$M=97.5\dfrac{P}{n}$ M—电动机额定转矩，N·m； P—电动机额定容量，kW； n—电动机转速，r/min

1.4　建筑电气工程施工常用工具仪表

1.4.1　常用工具

1.4.1.1　低压验电笔

验电笔，俗称电笔，可以被用来判断家庭照明电路中的中性导体和相导体，也可以被用来判断家用电器是否存在漏电现象。验电笔一般做成钢笔式结构，也有的做成小型螺丝刀结构，如图 1-1 所示。

验电笔前端为金属探头，用来与所检测设备进行接触。后端也是金属物，可能是金属挂钩，也可能是金属片，用来与人体接触。中间的绝缘管内是能发光的氖灯、电阻以及压力弹簧。无论验电笔的类型如何，结构怎样，它们的工作原理是一样的。验电笔使用时，以手指触及笔尾的金属体，使氖管小窗背光朝向自己。按图 1-2 所示的方法把笔握妥。

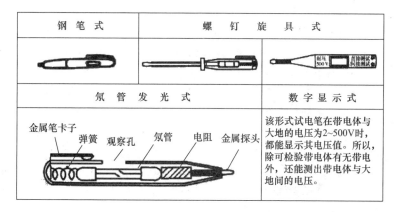

图 1-1　低压验电笔

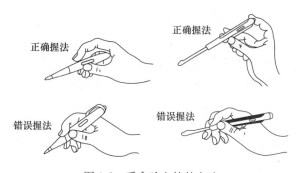

图 1-2　手拿验电笔的方法

低压验电笔测量电压范围在 60～500V 之间，低于 60V 时验电笔的氖泡可能不会发光，高于 500V 时不能用低压验电笔来测量，否则容易造成人身触电。

1.4.1.2　钢丝钳

钢丝钳常被称为老虎钳，其用途是夹持或折断金属薄板以及切断金属丝。电工应选用带绝缘手柄的钢丝钳，钢丝钳护套的工作耐压为 500V，可以作为低压带电操作的工具，如图 1-3 所示。

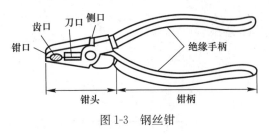

图 1-3　钢丝钳

使用钢丝钳的安全注意事项如下：

（1）使用电工钢丝钳以前，必须检查绝缘柄的绝缘是否完好，绝缘如果损坏，进行带电作业时会发生触电事故。

（2）要保持钢丝钳清洁，带电使用时要使手与钢丝钳的金属部分保持 3cm 以上。

（3）用电工钢丝钳剪切带电导线时，不得用刀口同时剪切相线和中性线，以免发生短路故障。

1.4.1.3　尖嘴钳

尖嘴钳的头部尖细，适用于在狭小的工作空间操作。尖嘴钳有铁柄和绝缘柄两种，绝缘柄的耐压为 500V，外形如图 1-4 所示。

带有刀口的尖嘴钳能剪断细小金属丝。在装接控制线路板时，尖嘴钳能将单股导线弯成一定圆弧的接线鼻子。

1.4.1.4　断线钳

断线钳又称斜口钳，电工用的绝缘柄断线钳的外形如图 1-5 所示，其耐压为 1000V。断线钳专用于剪断较粗的金属丝、线材及电线电缆等。

图 1-4　尖嘴钳

图 1-5　断线钳

1.4.1.5　剥线钳

剥线钳是剥削小直径导线绝缘层的专用工具，其外形如图 1-6 所示。它的手柄是绝缘的，耐压为 500V。剥线钳的使用方法：使用时，将要剥削的绝缘长度用标尺定好以后，即可把导线放入相应的刀口中（比导线直径稍大），用手将钳柄一握，导线的绝缘层即被割破自动弹出。

1.4.1.6　活络扳手

活络扳手是一种常用的大扭矩的旋具，其构造如图 1-7 所示。

图 1-6　剥线钳

图 1-7　活络扳手

活络扳手在使用时应该注意以下几点：

（1）使用时，不论扳动螺母大小，都要先把活络扳唇夹紧螺母后方能扳动。

（2）使用时，扳手的活络扳唇部分应放在靠近身体的一边，这样有利于保护蜗轮和轴销不受损伤，活络扳唇向外是错误的。

（3）扳动大螺母时，需用较大力矩，手应握在近柄尾处。

（4）不能将扳手代替榔头使用，以免损伤蜗轮。

1.4.1.7　冲击电钻

冲击电钻（Electric Impact Drill），以旋转切削为主，兼有依靠操作者推力生产冲击力的冲击机构，用于砖、砌块及轻质墙等材料上钻孔的电动工具，如图 1-8 所示。使用方法为：把调节开关置于"钻"的位置，钻头只旋转而没有前后的冲击动作，可作为普通钻使用。调节开关置于"锤"的位置，钻头边旋转边前后冲击，便于钻削

图 1-8　冲击电钻

混凝土，或在砖结构建筑物墙上打孔。有的冲击电钻调节开关上没有标明"钻"或"锤"的位置，可在使用前让其空转观察，以确定其位置。

遇到较坚硬的工作面或墙体时，不能加压过大，否则将使钻头退火或电钻过载而损坏。电工用冲击钻可钻 6～16mm 圆孔，作普通钻时，可用麻花钻头。作冲击钻时，应使用专用冲击钻头。

1.4.1.8　电烙铁

电烙铁是手工焊接的主要工具，主要用途是焊接元件及导线，其基本结构都是由发热部分、储热部分和手柄部分组成的。烙铁芯是电烙铁的发热部件，它将电热丝平行地绕制在一根空心瓷管上，层间由云母片绝缘，电热丝的两头与两根交流电源线连接。烙铁头由纯铜材料制成，其作用是储存热量，它的温度比被焊物体的温度要高得多。烙铁的温度与烙铁头的体积、形状、长短等均有一定关系。若烙铁头的体积较大，保持温度的时间则较长。电烙铁把电能转换为热能对焊接点部位的金属进行加热，同时熔化焊锡，使熔融的焊锡与被焊金属形成合金，冷却后形成牢固的连接。

按机械结构可分为内热式电烙铁和外热式电烙铁，按功能可分为无吸锡电烙铁和吸锡式电烙铁，根据用途不同又分为大功率电烙铁和小功率电烙铁。

1. 外热式电烙铁

外热式电烙铁的构造如图 1-9 所示。常用外热式电烙铁的规格有 25W、45W、75W 和 100W 等。

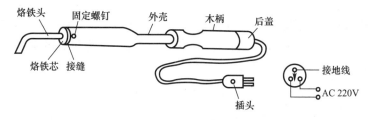

图 1-9　外热式电烙铁构造

2. 内热式电烙铁

内热式电烙铁因烙铁芯安装在烙铁头内而得名。它由手柄、连接杆、弹簧夹、烙铁芯及烙铁头组成，常用规格有 15W、20W、50W 等几种。这种电烙铁有发热快、质量轻、体积小、耗电少且热效率高等优点。

内热式电烙铁的烙铁芯是用较细的镍铬电阻丝绕在瓷管上制成的，20W 的内阻值约为 2.5kΩ，烙铁温度一般可达 350℃左右。

3. 恒温电烙铁

恒温电烙铁的烙铁头内装有强磁性体传感器，用以吸附磁芯开关中的永久磁铁来控制温度。这种电烙铁一般用于焊接温度不宜过高、焊接时间不宜过长的场合，但恒温电烙铁价格高些。

对于电烙铁的选用，一般来说，应根据焊接对象合理选用电烙铁的功率和种类。被焊件较大，使用的电烙铁的功率也应大些，若功率较小，则焊接温度过低，焊料熔化较慢，焊剂不易挥发，焊点不光滑、不牢固，这样势必造成外观质量与焊接强度不合格，甚至焊料不能熔化，焊接无法进行。但电烙铁功率也不能过大，过大了就会使过多的热传递到被焊工件上，使元器件焊点过热，可能造成元器件损坏，使印制电路板的铜箔脱落，焊料在焊接面上流动过快，并无法控制等。

选用电烙铁的原则如下：

（1）焊接集成电路、晶体管及受热易损的元器件时，考虑选用 20W 内热式或 25W 外热式电烙铁。

（2）焊接较粗导线或同轴电缆时，考虑选用 50W 内热式或 45～75W 外热式电烙铁。

（3）焊接较大元器件时，如金属底盘接地焊片，应选用 100W 以上的电烙铁。

（4）烙铁头的形状要适应被焊件物面要求和产品装配密度。

1.4.2 常用仪表及其使用

1.4.2.1 电流表和电压表

电流和电压的测量是电工测量中最基本的测量。测量电流的仪表叫电流表，又叫安培表。根据测量电流的大小可分为微安表、毫安表、安培表和千安表。测量电压的仪表叫电压表，又叫伏特表，根据测量电压的大小，可分为毫伏表、伏特表和千伏表。在配电表上所用的电流表主要是安培表和千安表。

1. 电压测量

（1）直流电压的测量

磁电式表头与附加电阻串联构成电压表，用以测量直流电压。测量直流电路中的电源、负载或某段电路两端电压时，电压表必须与被测段并联，并注意表的接线端子的"＋"和"－"。"＋"端接被测端的高电位，"－"端接被测端的低电位，如图 1-10（a）所示。

为了不影响电路的工作状态，电压表的内阻一般都很大，量程越大，内阻就越大。大量程的电压表一般都串联一只电阻 R，这只电阻 R 叫分压电阻，见图 1-10（b）。串联不同阻值的分压电阻，可以得到不同电压量程的电压表。分压电阻有的装在表内，有的装在表外。

（2）交流电压的测量

测量交流电压的电压表可以由磁电式表头串联分压电阻后构成的电压表进行测量。安装式电压表，一个电表一个量程，测量 500V 以下电压时可直接将电压表并接在被测段两端，如图 1-11(a)所示。如果测 600V 以上电压，应当与电压互感器配合使用，接成如图 1-11(b)所示。

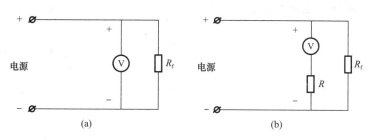

图 1-10　直流电压的测量

（a）测量电路；（b）串联电阻扩大量程

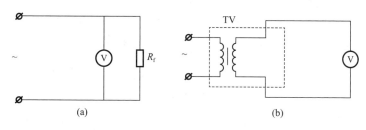

图 1-11　交流电压的测量

（a）电路图；（b）测量大量程电压

电压互感器的一次绕组被接入被测电压线路的两端，二次绕组被接在电压表上。为了测量方便，电压互感器一般都采用标准的电压比值，如 3000/100、6000/100、1000/100等。尽管高压侧电压不同，但二次绕组的额定电压总是 100V，因此都可用 0～100V 电压表测量。与电压互感器配套装在配电盘上的电压表，表盘上的刻度数字也都是折算好的，所以表盘上就可以直接读取所测量的电压值。

2. 电流的测量

（1）直流电流的测量

测量直流电流通常用磁电式电流表。测量时应将电流表串联在电路里，并根据电流表上标出的"＋""－"接线端子正确连接，使电流从"＋"端流入，"－"端流出。接线方式如图 1-12 所示。因为磁电式电流表的表头内阻一般很小，所以一旦误接成并联，将会使表头烧坏。直流电流表只能测量较小的电流，如果要测大电流时应与表头并联一只低值电阻 R，这只电阻 R 叫分流器，接线方式如图 1-13 所示。

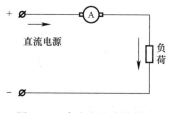

图 1-12　直流电流表接线法

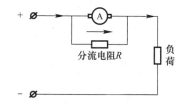

图 1-13　直流电流表附有分流器接线图

（2）交流电流的测量

在电力系统和供电系统中，测量交流电的电流表，大多数采用电磁式仪表。如1T1-A型电流表，最大量程为200A，在这个测量范围内，测量时将电流表串联在电路中。在低压线路上，当负载电流超过电流表的量程时，则应利用电流互感器来扩大量程，接线方式如图1-14所示。

将电流互感器的一次绕组与电路中的负载串联，二次绕组接电流表。为了便于测量和电流表的规范化，电流互感器的二次绕组的额定电流规定为5A，因此可用0～5A的电流表配合使用。一般与电流互感器配套装在配电盘板上的电流表，表盘上的刻度数字都折算好了，可直接读出负载电流值。

（3）钳形电流表

用电流表测量电流时，必须把电流表串接在电路中。在施工中，临时现场需要检查电气设备的负载情况或线路流过电流，采用钳形电流表测量电流，就不必把线路断开，可以直接测量负载电流的大小。

钳形电流表简称钳形表。它是根据电流互感器的原理制成的，外形像钳子一样，如图1-15所示。

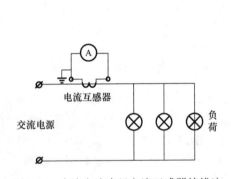

图1-14　交流电流表经电流互感器接线法

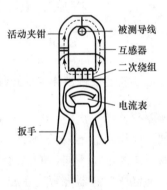

图1-15　钳形电流表

常用的钳形电流表是T-301型，这种仪表只适用于测量低压交流电路中的电流。使用该表时，先把量程开关转到合适位置，手持胶木手柄，用食指勾紧铁芯开关，便可打开铁芯，欲将测量导线从铁芯缺口引入到铁芯中央。该导线就等于电流互感器的一次绕组，然后放松铁芯开关的食指，铁芯自动闭合，被测导线电流就在铁芯中产生交变电磁，使二次绕组感应出导线所流过的电量，从钳形表上可直接读数。

使用时注意事项：

（1）不得用钳形表测量高压线路，被测线路的电压不能超过钳形表规定的使用电压，以防止绝缘层被击穿造成人身触电。

（2）测量前应先估计被测电流的大小来选择适当量程，不可以用小量程去测量大电流。

（3）每次测量只能一相一相地测量，不能同时夹入二相或三相通电导体，被测导线应置于钳口中央部位，以提高准确度。

（4）若被测量导体的电流较小，不能在合适的测量范围内指示，则可将被测通电导体在互感器的钳口铁芯内绕几周，所测得的电流值被所绕导线圈数除，所得的商就是被测实际通电导体的电流值。

（5）测量结束后，应将量程调节开关扳到最大量程，以便下次安全使用。

1.4.2.2 数字万用表

数字万用表可用来测量直流电压、交流电压、直流电流、电阻、二极管和通断测试等参数。下面以 VC868 型数字万用表来初步介绍数字万用表的使用方法和注意事项。图 1-16 所示为 VC868 微型数字万用表。

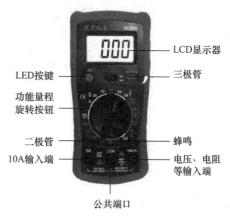

面板说明

LCD显示器
LED按键
三极管
功能量程旋转按钮
二极管
蜂鸣
10A输入端
电压、电阻等输入端
公共端口

图 1-16 VC868 微型数字万用表

1. 使用方法

测量交流电压：把量程开关拨到相应的交流电压挡位上，例如要测 220V 的市电，插好表笔（黑表笔插入公共的端口、红表笔插入电压、电阻等输入端），把量程开关拨到 600V 挡位处（挡位要大于实际测量电压），之后即可进行电压测量。测量时，把两表笔分别接触相线和中性线。见图 1-17。

测量直流电压：把量程开关拨到相应的直流电压挡位上，例如要测 1.5V 的电池，插好表笔（黑表笔插公共的端口、红表笔插电压、电阻等输入端），把量程开关拨到 2V 挡位处（挡位要大于实际测量电压），之后即可进行电压测量。测量时，把黑表笔接触被测电池负极，红表笔接触被测电池正极，见图 1-18。

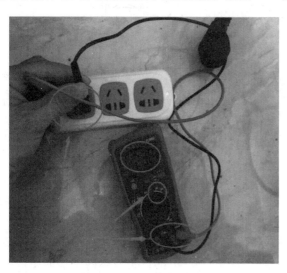

图 1-17 测量交流电压

图 1-18 直流电压测量

测量电阻：把量程开关拨到相应的电阻挡位上，例如要测 1MΩ 的电阻，插好表笔（黑表笔插公共的端口、红表笔插电压、电阻等输入端），把量程开关拨到 2MΩ 挡位处（如果被测电阻值超出所选择量程的最大值，万用表将显示"1"，这时应选择更高的量程），之后即可进行电阻测量。测量时，把两表笔分别接触要测电阻的两端。见图 1-19。

通断测试：把量程开关拨到蜂鸣挡位上，插好表笔（黑表笔插公共的端口、红表笔插电压、电阻等输入端），之后即可进行线路通断测试。测试时，把两表笔分别接触要测线路的两端。如线路正常，将会发出蜂鸣声，见图1-20。

图 1-19　电阻测量

图 1-20　通断测试

2. 使用注意事项

（1）首先要看数字万用表的说明书，以免使用不当造成设备损坏或测量不准。

（2）测量电压时，应将数字万用表与被测电路并联，测电流时应与被测电路串联。

（3）无法估计被测电压或电流的大小时，应将量程开关先拨到最高量程挡测量一次，根据测量情况逐渐把量程减小到合适位置。

（4）测量完成后，应将量程开关拨到"OFF"处，关闭电源（有的万用表会自动关机），以免电池电量消耗太快和减少万用表的使用寿命，并把表笔取下来收好，以免损坏。

1.4.2.3　兆欧表

测量高阻值电阻和绝缘电阻的仪表，叫作摇表，也称兆欧表。其刻度是以兆欧（MΩ）为单位的。兆欧表由中大规模集成电路组成，是电力、邮电、通信、机电安装和维修，以及利用电力作为工业动力或能源的工业企业部门常用而必不可少的仪表。其适用于测量各种绝缘材料的电阻值，以及变压器、电机、电缆及电气设备等的绝缘电阻。

兆欧表的种类很多，但其作用原理相同，以 ZCⅡ型兆欧表为例，见图1-21。

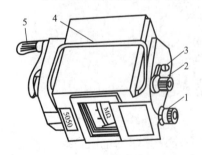

图 1-21　ZCⅡ型兆欧表

1—接线柱 E；2—接线柱 L；

3—接线柱 G；4—提手；5—摇把

1. 兆欧表的选用

兆欧表在选用时，其电压等级应高于被测物体的绝缘电压等级。所以，测量额定电压在 500V 以下的设备或线路的绝缘电阻时，可选用 500V 或 1000V 兆欧表。测量额定电压在 500V 以上的设备或线路的绝缘电阻时，应选用 1000～2500V 兆欧表。测量绝缘子时，应选用 2500～5000V 兆欧表。一般情况下，测量低压电气设备绝缘电阻时可选用 0～200MΩ 量程的兆欧表。

2. 兆欧表的使用方法

（1）兆欧表在使用时，必须正确接线。兆欧表上一般有三个接线柱，其中，L 接在被测物和大地绝缘的导体部分，E 接被测物的外壳或大地，G 接在被测物的屏蔽上或不需要测量的部分。测量绝缘电阻时，一般只用"L"和

"E"端，但在测量电缆对地的绝缘电阻，或被测设备的漏电流较为严重时，就要使用"G"端，并将"G"端接屏蔽层或外壳。线路接好后，可按顺时针方向转动摇把，摇动的速度应由慢而快，当转速达到120r/min左右时，保持匀速转动，1min后读数，并且要边摇边读数，不能停下来读数，见图1-22。

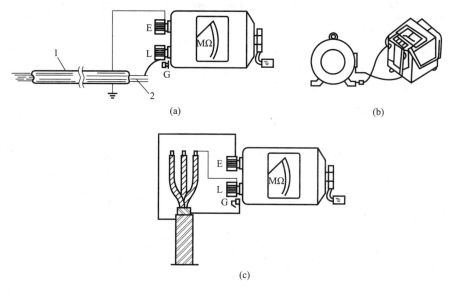

图 1-22　兆欧表测量的接线方法

(a) 测量照明或动力线路的绝缘电阻；

(b) 测量电动机的绝缘电阻；(c) 测量电缆的绝缘电阻

1—钢管；2—导线

(2) 摇测时，将兆欧表置于水平位置，摇把转动时，其端钮之间不允许短路。摇动手柄应由慢渐快，若发现指针指零，说明被测绝缘物可能发生了短路，这时就不能继续摇动手柄，以防表内线圈发热损坏。

(3) 读数完毕，将被测设备放电。放电方法是将测量时使用的地线从兆欧表上取下来与被测设备短接一下即可（不是兆欧表放电）。

3. 使用兆欧表的注意事项

(1) 测量电气设备的绝缘电阻时，必须先切断电源，然后将设备进行放电（用导线将设备与大地相连），以保证测量人员的人身安全和测量的准确性。

(2) 在使用兆欧表测量时，兆欧表放置在水平位置。未接线前转动兆欧表做开路试验，确定指针是在"∞"处。再将 E 和 L 两个接线柱短接，慢慢地转动摇柄，看指针是否指在"0"位。若两项检查都对，说明兆欧表是好的。

(3) 接线柱引线要有良好的绝缘，两根线切忌交合在一起，以免造成测量不准确。

(4) 摇测电缆、大型设备时，设备内部电容较大，只有在读取数值后，并断开 L 端连线情况下，才能停止转动摇柄，以防电缆、设备等反向充电而损坏摇表。

(5) 兆欧表测量完后，应立即对被测量体放电，在兆欧表的摇柄未停止转动前和被测物体未放电前，不可用手去触及被测物的测量部分，以防触电。

1.5 建筑电气工程常用电线、电缆

1.5.1 线缆材料的选择

用作电线电缆的导电材料，通常有电工铜、铝、铝合金及钢等。

铜线缆的电导率高，电阻率低，20℃时的直流电阻率为 $1.7 \times 10^{-8} \Omega \cdot m$，电工铝材的电阻率为 $2.82 \times 10^{-8} \Omega \cdot m$。铜母线 20℃时的直流电阻率 $1.80 \times 10^{-8} \Omega \cdot m$，铝母线的电阻率为 $2.90 \times 10^{-8} \Omega \cdot m$。铝约为铜的 1.64 倍，采用铜导体损耗比较低，用作电缆的铝合金的电阻率比铝略大一些，退火工艺精湛者可以较接近。

在供电、输电、配电线路中，为了减小电阻，要选用铜、铝等电阻率低的材料制作导线，而在用电器和电工工具的绝缘部分又要选用电木、橡胶等电阻率高的材料制作导线。

当载流量相同时，铝导体截面约为铜的 1.5 倍，直径约为铜的 1.2 倍。铜材的机械性能优于铝材，延展性好，便于加工和安装。抗疲劳强度约为纯铝材的 1.7 倍，不存在蠕变性。但铝材的密度小，在电阻值相同时，铝导体的质量仅为铜的一半，铝线缆明显较轻，安装方便。

铝合金导体的抗拉强度及伸长率比电工铝导体有较大提高，弯曲性好，抗蠕变性能有提高。但由于其仍然具有一定的蠕变性，安装和接头技术要求较高，须配用专用接头，也必须有专业安装指导服务。

总之，铜的导电性最好，机械强度较高，抗腐蚀性强，但价格较高。铝以及铝合金的导电性比铜略差，机械强度较差，但重量轻、价格便宜。铜线传输电能时引起的电能损耗比铝线小，控制电缆应采用铜芯。钢的导电性能较差，但机械强度高，因此钢导线通常用于避雷线和接地保护线使用。

1.5.2 常用线缆类型

常见线缆型号及主要用途见表 1-4 所示。

常见线缆型号及主要用途 表 1-4

型号	名称	主要用途
BV、BLV	铜芯、铝芯聚氯乙烯绝缘电线	用于交流 500V 及直流 1000V 及以下的线路，供穿钢管或 PVC 管明敷设或暗敷设
BVV、BLVV	铜芯、铝芯聚氯乙烯绝缘聚氯乙烯护套电线	用于交流 500V 及直流 1000V 及以下的线路明敷设
BV-105、BLV-105	铜芯、铝芯耐 105℃聚氯乙烯绝缘电线	用于交流 500V 及直流 1000V 及以下温度较高的场所使用
RV	铜芯聚氯乙烯绝缘软线	用于交流 250V 及以下各种移动设备的电气接线
RVS	铜芯聚氯乙烯绝缘绞型软线	
RV-105	铜芯耐 105℃聚氯乙烯绝缘软线	用于交流 250V 及以下温度较高场所各种移动设备的电气接线
BXF、BLXF	铜芯、铝芯氯丁橡胶绝缘电线	具有良好的耐老化性和不延燃性，并具有一定的耐油、耐腐蚀性，适用于户外
VV、VLV	铜芯、铝芯聚氯乙烯绝缘聚氯乙烯护套电力电缆	敷设在室内、隧道及管道中，电缆不能承受压力和机械外力作用

型号	名称	主要用途
YJV、YJLV	铜芯、铝芯交联聚乙烯绝缘聚氯乙烯护套电力电缆	敷设在室内、隧道及管道中，电缆不能承受机械外力作用
WD-YJV	无卤低烟交联聚乙烯绝缘聚氯乙烯护套电力电缆	宾馆、写字楼、娱乐场所等室内，燃烧气体无毒

练习思考题

1. 建筑电气的概念与作用是什么？
2. 建筑电气工程的定义？建筑电气分部工程可分为哪几大类？
3. 建筑电气工程施工常用的工具有哪些？
4. 建筑电气工程施工常用的仪表有哪些？
5. 铜线材和铝线材相比有哪些优缺点？
6. 简述 6 种常见线缆的型号及用途。

第 2 章　建筑电气工程施工依据

随着建筑的电气化标准与功能需求的不断提高，将有更多的高新技术产品和设备进入建筑领域，扩展建筑物功能的范围。建筑电气工程的安装施工也将朝着复杂化、高技术方向发展。建筑电气工程的施工要依据建筑电气施工图、建筑电气相关规范和标准、建筑电气相关图集与图册等。

2.1　建筑电气工程施工图

建筑电气施工图是电气工程施工的主要依据，施工前一定要看懂，领会设计意图。施工时严格按照施工图进行施工。对施工图有疑问时，应在图纸会审时提出。在施工过程中发现问题应及时与设计方联系，取得设计方同意，按照设计方下发的变更通知进行施工。

2.1.1　建筑电气工程施工图概述

2.1.1.1　房屋建筑常用的电气设施

房屋建筑常用的电气设施见表 2-1 所示。

房屋建筑常用的电气设施　　　　　　　　　　　　　　表 2-1

项目	内容
照明设备	照明设备主要指白炽灯、荧光灯、高压汞灯等，用于夜间采光照明，为这些照明附带的设施是电门（开关）、插座、电表、线路等装置。一般灯位的高度、安装方法在图样上均有说明
电热设备	电热设备是指电炉（包括工厂大型电热炉）、电烘箱、电熨斗设备。大的电热设备由于用电量大，线路要单独设置，尤其应与照明线路分开
动力设备	动力设备是指由电带动的机械设备，如机器上的电动机，高层建筑的电梯、供水的水泵，这些设备用电量大，并采用三相四线供电，设备外壳要有接地、接零装置
弱电设备	一般电话、广播设备均属于弱电设备。学校、办公楼这些装置较多，如专用配线箱、插销座、线路，它们单独设配电系统，与照明线路分开，并有明显的区别标志
防雷设施	高大建筑均设有防雷装置，如水塔、烟囱。高层建筑在顶部装有接闪杆或接闪网，在建筑物四周还有接地装置埋入地下

2.1.1.2　建筑电气施工图的组成

建筑电气工程施工图一般分为强电施工图和弱电施工图。强电施工图的内容包括图纸目录、设计说明、主要设备材料表、电气总平面图、供配电系统图、电气照明与动力系统图及平面图、防雷与接地平面图、相关的安装详图。弱电施工图的内容包括有线电视系统、建筑通信系统、建筑音响系统、保安监视系统、火灾自动报警与联动控制系统、建筑物智能化系统、综合布线系统等的系统图和平面图，如表 2-2 所示。

电气施工图的组成　　　　　　　　　　　　表 2-2

项目	内容
图纸目录	一般与土建施工图同用一张目录表，表上注明电气图的名称、内容、编号顺序等
设计说明	设计说明都放在电气施工图之前，说明设计要求。说明主要包括： ① 电源由来，内外线路，强弱电及电气负荷等级； ② 建筑构造要求，结构形式； ③ 施工注意事项及要求； ④ 线路材料及敷设方式（明、暗敷设）； ⑤ 各种接地方式及接地电阻； ⑥ 需检验的隐蔽工程和电器材料等
主要设备材料表	包括工程中所使用的各种设备和材料的名称、型号、规格、数量等，它是编制购置设备、材料计划的重要依据之一
电气系统图	主要是标志强电系统和弱电系统连接的示意图，展示建筑物内的配电情况，图上标志配电系统导线型号和截面、采用管径及设备容量等
电气施工平面图	平面布置图是电气施工图中的重要图纸之一，如变、配电所电气设备安装平面图、照明平面图、防雷接地平面图等，用来表示电气设备的编号、名称、型号及安装位置、线路的起始点、敷设部位、敷设方式及所用导线型号、规格、根数、管径大小等。通过阅读系统图，了解系统基本组成之后，就可以依据平面图编制工程预算和施工方案，然后组织施工
控制原理图	包括系统中所用电气设备的电气控制原理，用以指导电气设备的安装和控制系统的调试运行工作
安装接线图	包括电气设备的布置与接线，应与控制原理图对照阅读，进行系统的配线和线路的检修
电气大样图	凡是做法有特殊要求又无标准件的，绘制大样图，标注出详细尺寸，以便制作

2.1.1.3　电气施工图看图步骤

（1）先看图样目录，初步了解图样张数和内容，找出要看的电气图样。

（2）看电气设计说明和主要设备材料表，了解设计意图及各种符号的意思。

（3）顺序看各种图样，了解图样内容。将系统图和平面图结合起来理解设计意图。在看平面图时应按房间顺序有次序地阅读，了解线路走向、设备装置（如灯具、插座、机械）。掌握施工图内容后进行制作及安装。

2.1.2　电气设备的标注方法

电气设备的标注方法，见表 2-3。

电气设备的标注方法　　　　　　　　　　　　表 2-3

序号	项目种类	标注方法	说明	示例
1	用电设备	$\dfrac{a}{b}$	a—设备编号或设备位号； b—额定功率（kW 或 kV·A）	$\dfrac{M01}{37kW}$：M01 为电动机的设备编号，37kW 为电动机的容量
2	系统图配电箱（柜、屏）	$-a+b/c$	a—设备种类代号； b—设备安装位置的位置代号； c—设备型号	-AP01+B1/XL21-51：表示动力配电箱种类代号为-AP01，位于地下一层；AL11+F1/LB101：表示照明配电箱的种类代号 AL11，位于地上一层
3	平面图配电箱（柜、屏）	$-a$	a—设备种类代号	-AP1 表示动力配电箱种类代号，在不会引起混淆时，可取消前缀"-"，即用 AP1 表示

续表

序号	项目种类	标注方法	说明	示例
4	照明灯具	$a-b\dfrac{c\times d\times L}{e}f$	a—灯具数量； b—灯具型号或编号（无则省略）； c—每盏照明灯具的光源数； d—光源容量； e—灯具安装高度（m），"—"表示吸顶安装； f—安装方式； L—光源种类	$5-FAC41286P\dfrac{2\times36}{3.5}CH$： 5盏 FAC41286P 型灯具，灯管为双管 36W 荧光灯，灯具链吊安装，安装高度距地 3.5m（管型荧光灯标注中光源种类 L 可以省略）
5	电缆桥架	$\dfrac{a\times b}{c}$	a—电缆桥架宽度（mm）； b—电缆桥架高度（mm）； c—电缆桥架安装高度（m）	$\dfrac{600\times150}{3.5}$： 电缆桥架宽 600mm，电缆桥架高度 150mm，电缆桥架安装高度距地 3.5m
6	线路	$a-b-c-(d\times e+f\times g)i-j$	a—线缆编号； b—型号； c—电压等级； d—电缆相线芯数； e，g—线芯截面，mm²； f—PE 或 N 线芯数； i—线缆敷设方式； j—线缆敷设部位； 上述字母无内容则省略该部分	$WP201-YJV-0.6/1kV-(3\times150+2\times70)-SC80-FC$： WP201 为电缆的编号； $YJV-0.6/1kV-(3\times150+2\times70)$ 为电缆的型号、规格；SC80 表示电缆穿直径 80 的焊接钢管； FC 表示沿地暗敷
7	电话线路	$a-b(c\times2\times d)e-f$	a—电话线缆编号； b—型号（不需要的可省略）； c—导线对数； d—线缆直径，mm； e—敷设方式和管径，mm； f—敷设部位	$W1-HYV(5\times2\times0.5)SC15-WC$： W1 为电话电缆回路编号； $HYV(10\times2\times0.5)$ 为电话电缆的型号、规格； 敷设方式为穿 DN15 的焊接钢管沿墙暗敷； 上述字母根据需要可省略

2.1.3　安装方式的文字符号

线路敷设方式的文字符号，见表 2-4。

线路敷设方式的文字符号　　　　　　　　表 2-4

序号	文字符号	名称	序号	文字符号	名称
1	SC	焊接钢管	8	M	沿钢索敷设
2	TC	电线管	9	KPC	塑料波纹电线管
3	PC	硬塑料导管	10	CP	可挠金属电线保护套管
4	FPC	阻燃半硬塑料导管	11	DB	直埋敷设
5	CT	电缆桥架	12	TC	电缆沟敷设
6	MR	金属线槽	13	CE	混凝土排管敷设
7	PR	塑料线槽			

导线敷设部位文字符号，见表 2-5。

导线敷设部位文字符号　　　　　表 2-5

序号	文字符号	名称	序号	文字符号	名称
1	FE	沿地板或地面明敷设	6	CC	暗敷设在屋面或顶板内
2	FC	地板或地面下暗敷设	7	ACE	在能进人的吊顶内敷设
3	WE	沿墙面明敷设	8	ACC	在不能进人的吊顶内暗敷设
4	WC	暗敷设在墙内	9	CLE	沿柱或跨柱敷设
5	CE	沿顶棚或顶板明敷设	10	CLC	暗敷设在柱内

灯具安装方式的文字符号，见表 2-6。

灯具安装方式文字符号　　　　　表 2-6

序号	文字符号	名称	序号	文字符号	名称
1	CP	线吊式	7	CR	顶棚内安装
2	CH	链吊式	8	WR	墙壁内安装
3	P	管吊式	9	S	支架上安装
4	W	壁装式	10	CL	柱上安装
5	S	吸顶式	11	HM	座装
6	R	嵌入式			

供电条件用的文字符号，见表 2-7。

供电条件用的文字符号　　　　　表 2-7

序号	文字符号	名称	单位	序号	文字符号	名称	单位
1	U_n	系统标称电压，线电压（有效值）	V	10	I_C	计算电流	A
2	U_r	设备的额定电压，线电压（有效值）	V	11	I_{st}	启动电流	A
3	I_r	额定电流	A	12	I_P	尖峰电流	A
4	f	频率	Hz	13	I_S	整定电流	A
5	P_N	设备安装功率	kW	14	I_K	稳态短路电流	kA
6	P_C	计算有功功率	kW	15	$\cos\varphi$	功率因数	—
7	Q_C	计算无功功率	kvar	16	U_{K_r}	阻抗电压	%
8	S_C	计算视在功率	kV·A	17	i_P	短路电流峰值	kA
9	S_{C_r}	额定视在功率	kV·A	18	S''_{KQ}	短路容量	MV·A

2.1.4　建筑室内照明及动力工程图识读

2.1.4.1　某居民住宅楼配电系统图

某居民住宅楼照明配电线路系统图，如图 2-1 所示。

（1）系统特点

系统采用三相四线制，架空引入，导线为三根 35mm² 加一根 25mm² 的橡皮绝缘铜线（BX），引入后穿直径为 50mm 的焊接钢管（SC）埋地（FC）引入第一单元的总配电箱，并由本楼接地装置引来 PE 导体，接入总配电箱 PE 端子排。第二单元总配电箱的电源是由第一单元总配电箱经由导线穿管埋地引入的，导线为三根 35mm² 加两根 25mm² 的塑料绝缘铜线（BV），35mm² 的导线为相线，25mm² 的导线一根为 N 线，一根为 PE 线，穿管均为直径 50mm 的焊接钢管。其他三个单元总配电电源的取得与上述相同。

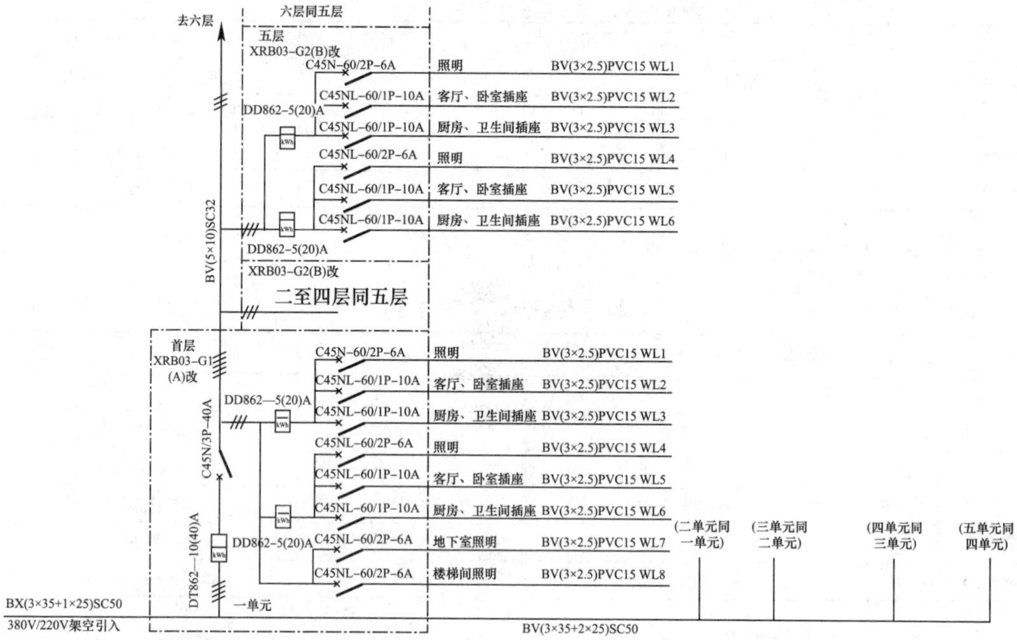

图 2-1　居民住宅楼照明配电线路系统图

（2）照明配电箱

照明配电箱分两种，首层采用 XRB03-GI（A）型改制。其他层采用 XRB03-G2（B）型改制，主要区别是前者有单元的总计量电能表，并增加了地下室照明和楼梯间照明回路。

XRB03-GI（A）型配电箱配备三相四线总电能表一块，型号 DT862-10（40）A，额定电流 10A，最大负载 40A。配备总控三极低压断路器，型号 C45N/3P-40A，整定电流 40A。该箱有三个回路，其中两个配备电能表的回路分别是供首层两个住户使用的，另一个没有配备电能表的回路是供给该单元各层楼梯间及地下室公用照明使用的。其中供住户使用的回路，配备单相电能表一块，型号 DD862-5（20）A，额定电流 5A，最大负载 20A，不设总开关。每个回路又分三个支路，分别供照明、客厅及卧室插座。厨房及卫生间插座，支路标号为 WL1～WL6。照明支路设双极低压断路器作为控制和保护用，型号 C45N-60/2P，整定电流 6A。另外两个插座支路均设单极漏电开关作为控制和保护用，型号 C45NL-60/1P，整定电流 10A。公用照明回路分两个支路，分别供地下室和楼梯间照明用，支路标号为 WL7 和 WL8。每个支路均设双极低压断路器作为控制和保护，型号为 C45N-60/2P，整定电流 6A。从配电箱引自各个支路的导线均采用塑料绝缘铜线穿阻燃塑料管（PVC），保护管径 15mm，其中照明和插座支路均为三根 2.5mm² 的导线，即相线、N 线、PE 线各一根。

XRB03-G2（B）型配电箱不设总电能表，只分两个回路，供每层的两个住户使用，每个回路又分三个支路，其他内容与 XRB03-GI（A）型相同。该住宅为 6 层，相序分配为 A 相一～二层，B 相三～四层，C 相五～六层，因此由一层到六层竖直管路内导线是这样分配的：

进户四根线，三根相线一根 N 线；

一～二层管内五根线，三根相线（A、B、C），一根 N 线，一根 PE 线；

二～三层管内四根线，二根相线（B、C），一根 N 线，一根 PE 线；

三～四层管内四根线，二根相线（B、C），一根 N 线，一根 PE 线；

四～五层管内三根线，一根相线（C），一根 N 线，一根 PE 线；

五～六层管内三根线，一根相线（C），一根 N 线，一根 PE 线。

2.1.4.2　某居民住宅楼标准层照明平面图

某居民住宅楼标准层电气照明平面布置图，如图 2-2 所示。

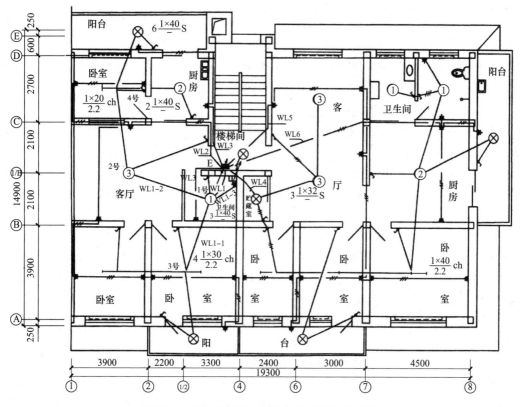

图 2-2　某居民住宅楼标准层照明平面布置图

以图 2-2 中①～④轴号为例说明。

（1）根据设计说明中的要求，图 2-2 中所有管线均采用焊接钢管或 PVC 阻燃塑料管沿墙或楼板内敷设，管径 15mm，采用塑料绝缘铜线，截面积 $2.5mm^2$，管内导线根数按图中标注，在黑线（表示管线）上没有标注的均为两根导线，凡用斜线标注的应按斜线标注的根数计。

（2）电源是从楼梯间的照明配电箱 E 引入的，分为左、右两户，共引出 WL1～WL6 六条支路。为避免重复，可从左户的三条支路看起。其中 WL1 是照明支路，共带有 8 盏灯，分别画有①、②、③及 ⊗ 的符号，表示四种不同的灯具。每种灯具旁均有标注，分别标出灯具的功率、安装方式等信息。以阳台灯为例，标注为 $6\dfrac{1\times40}{—}S$，表示此灯为平灯口，吸顶安装，每盏灯泡的功率为 40W，这里的"6"表明共有这种灯 6 盏，分别安装于四个阳台，以及储藏室和楼梯间。

通过读图，还可以知道以下信息：

标为①的灯具安装在卫生间，标注为 $3\frac{1\times40}{\_}S$，表明共有这种灯 3 盏，吸顶安装，每盏灯泡的功率为 40W。

标为②的灯具安装在厨房，标注为 $2\frac{1\times40}{\_}S$，表明共有这种灯 2 盏，吸顶安装，每盏灯泡的功率为 40W。

标为③的灯具为环形荧光灯，安装在客厅，标注为 $3\frac{1\times32}{\_}S$，表明共有这种灯 3 盏，吸顶安装，每盏灯泡的功率为 32W。

卧室照明的灯具均为单管荧光灯，链吊安装（ch），灯距地的高度为 2.2m，每盏灯的功率各不相同，有 20W、30W、40W 等 3 种，共 6 盏。

灯的开关均为单联单控翘板开关。

WL2、WL3 支路为插座支路，共有 13 个两用插座，通常安装高度为距地 0.3m，若是空调插座则距地 1.8m。

图中标有 1 号、2 号、3 号、4 号处，应注意安装分线盒。图中楼道配电盘 E 旁有立管，里面的电线来自总盘，并送往上面各楼层及为楼梯间各灯送电。WL4、WL5、WL6 是送往右户的三条支路，其中 WL4 是照明支路。

需要注意的是，标注在同一张图样上的管线，凡是照明及其开关的管线均是由照明箱引出后上翻至该层顶板上敷设安装，并由顶板再引下至开关上。而插座的管线均是由照明箱引出后下翻至该层地板上敷设安装，并由地板上翻引至插座上，只有从照明回路引出的插座才从顶板上引下至插座处。

需要说明的是，按照要求，照明和插座平面图应分别绘制，不允许放在一张图样上，真正绘制时需要分开。

2.1.4.3　某办公楼低压配电系统图（图 2-3）

图 2-3 是某办公楼低压配电系统图。由系统图可以看出，系统有 5 台低压开关柜，采用 GGD2 系列，电源引入为两个回路，有一个为备用电源，系统送出 6 个回路，另有备用回路两个，无功补偿回路一个，总容量 507.9kW，无功补偿容量 160kvar。

（1）进户电源两路，主电源采用聚氯乙烯绝缘钢带铠装聚氯乙烯护套电力电缆进户，这电缆型号为 $VV_{22}(3\times185+1\times95)$，经断路器引至进线柜（AA1）中的隔离刀闸上闸口。备用电源用 1 根电缆进户，这根电缆型号为 $VV_{22}(3\times185+1\times95)$，经断路器倒送引至 AA1 的旁路隔离刀闸上闸口。这 3 根电缆均为四芯的铜芯电缆，相线 185mm²，N 线 95mm²，由厂区配电所引来。

（2）进线柜型号为 GGD2-15-0108D，进线开关为隔离刀开关，其型号为 HSBX-1000/31，断路器型号为 DWX15-1000/3，额定电流 1000A，电流互感器型号为 LMZ-0.66-800/5，即电流互感器一次进线电流为 800A，二次电流 5A。母线采用铝母线，型号 LMY-100/10，L 表示铝制，M 表示母线，Y 表示硬母线，100 表示母线宽 100mm，10 表示母线厚 10mm。

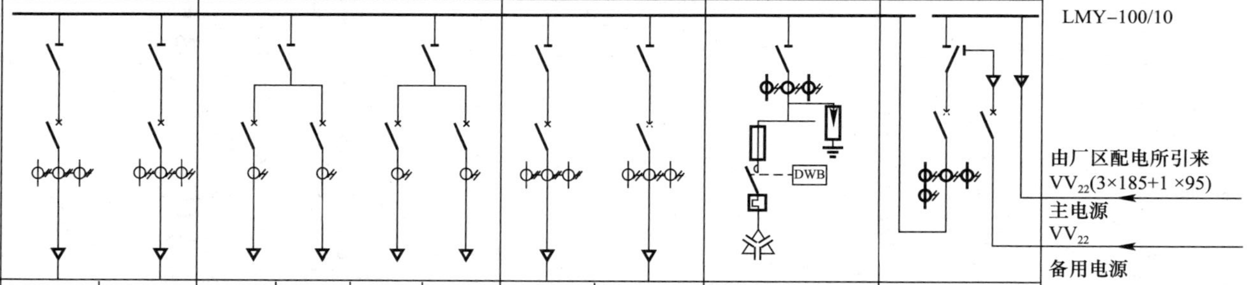

由厂区配电所引来 VV22(3×185+1×95)
主电源 VV22
备用电源
LMY-100/10

项目	AA5		AA4				AA3		AA2	AA1	
型号	GGD2-38-0502D		GGD2-39C-0513D				GGD2-38B-0502D		GGJ2-01-0801D	GGD2-15-0108D	
主电路方案											
设备(回路)编号	WLM1	备用	WPM3	WLM2	备用	WPM4	WPM2	WPM1		引入线	总柜
用途	照明干线	备用	水泵房	消防中心	备用	电梯	动力干线	空调机房	无功补偿		
容量(kW)	153.5		66.9			18.5	113	156	160kvar	507.9	
刀开关(HD13BX-)	600/31	600/31	400/31				600/31	600/31	400/31	HSBX-1000/31	
断路器(DWX15-)	400/3	400/3	400/3				400/3	400/3	400/3	1000/3	
断路器(DWX10-)	300		200	100	200	100				600	400
主脱扣器额定电流(A)	300	400	140	60	200	60	250	300			200
主要设备 接触器									CJ16-32×10		
热继电器									JR16-60/32×10		
备用设备 电流互感器(LMZ 0.66-)	300/5	300/5	200/5	50/5	200/5	100/5	300/5	300/5	400/5×3	800/5	
熔断器									aM3-32×30		
接闪器									FYS-0.22×3		
电容器									BCMJ 0.4-16-3×10		
管线 电缆VV22	(4×150+1×75)		(3×70+2×35)	(5×6)	(5×10)		(3×120+2×70)	(3×150+2×70)			
备注[柜宽(mm)]	800		800				800		1000	1000	

图 2-3　某办公楼低压配电系统图

（3）低压出线柜共 3 台，其中 AA3 型号为 GGD2-38B-0502D，AA4 型号为 GGD2-39C-0513D，AA5 型号为 GGD2-38-0502D。

1）低压柜 AA3 共两个出线回路，即 WPM1 和 WPM2。WPM1 为空调机房专用回路，容量 156kW，其中隔离刀开关型号为 HD13BX-600/31，额定电流 600A。断路器型号为 DWX15-400/3，额定电流 400A，脱扣器整定电流 300A，电流互感器 3 只，型号均为 LMZ-0.66-300/5。引出线型号为 VV_{22}（3×150＋2×70）的铜芯电缆，即 3 根相线均为 $150mm^2$，N 线和 PE 线均为 $70mm^2$。WPM2 为系统动力干线回路，供给一～六层动力用，容量 113kW，其中隔离刀开关型号为 HD13BX-600/31。断路器型号为 DWX15-400/3，整定电流 250A，3 只互感器型号均为 LMZ-0.66-300/5，引出线型号为 VV_{22}（3×120＋2×70）铜芯塑料电缆。

2）低压柜 AA4 共 4 个出线回路，其中有一路备用。WPM3 为水泵房专用回路，容量 66.9kW，隔离刀开关型号为 HD13BX-400/31。断路器型号为 DWX10-200，额定电流 200A，脱扣器整定电流 140A，电流互感器一只，型号为 LMZ-0.66-200/5，引出线型号为 VV_{22}（3×70＋2×35）铜芯导缆。WLM2 为消防中心专用回路，与 WPW3 共用一只刀开关，断路器型号为 DWX10-100，整定电流 60A，电流互感器一台，型号为 LMZ-0.66-50/5，引出线型号为 VV_{22}（5×50）铜芯电缆。WPM4 为电梯专用回路，容量 18.5kW，与备用回路共用一只刀开关，型号为 HD13BX-400/31，断路器型号为 DWX10-100，整定电流 60A，电流互感器一只，型号为 LMZ-0.66-100/5，出线为型号 VV_{22}（5×10）的铜芯电缆。备用回路断路器型号为 DWX10-200 型，整定电流 200A，电流互感器型号为 LMZ-0.66-200/5 型。

3）低压柜 AA5 引出两个回路，有一路备用，WLM1 为系统照明干线回路，与 AA3 引出回路基本相同，可自行分析。

（4）低压配电室设置一台无功补偿柜，型号为 GGJ2-01-0801D，编号 AA2，容量 160kvar。隔离刀开关型号为 HD13BX-400/31，3 只电流互感器型号为 LMZ-0.66-400/5。共有 10 个投切回路，每个回路有熔断器 3 只，型号均为 aM3-32，接触器型号为 CJ16-32，热继电器型号为 JR16-60/32 型，额定电流 60A，热元件额定电流 32A，电容器型号为 BCMJ0.4-16-3，B 表示并联，C 表示电容器，MJ 表示金属化膜，0.4 表示耐压 0.4kV，容量 16kvar。刀开关下闸口设低压接闪器 3 只，型号为 FYS-0.22，是配电所用阀型避雷器，额定电压 0.22kV。

2.2　建筑电气相关规范和标准

建筑电气工程作为工程建设的一部分，其质量和安全是关系国计民生的大事。全面、正确地执行我国现行的技术标准是确保工程质量的最基本、也是最重要的要求。为此，国家制定了一系列的法律、规程、规范和标准。

2.2.1　建筑电气安装工程施工及验收规范

建筑电气工程技术人员、质量检查人员及施工人员在掌握一定的电工基础理论知识以后，还必须学习国家颁发的建筑安装工程施工及验收规范。规范是对操作行为的规定，是使工程质量达到一定技术指标的保证，是在施工和验收过程中必须严格遵守的条款。

下面是国家颁发的建筑安装工程施工及验收规范中与电气安装工程有关的主要规范：

《建筑电气工程施工技术标准》ZJQ08-SGJB 303—2017；

《电气装置安装工程 高压电器施工及验收规范》GB 50147—2010；

《电气装置安装工程 电力变压器、油浸电抗器、互感器施工及验收规范》GB 50148—2010；

《电气装置安装工程 母线装置施工及验收规范》GB 50149—2010；

《电气装置安装工程 电气设备交接试验标准》GB 50150—2016；

《电气装置安装工程 电缆线路施工及验收标准》GB 50168—2018；

《电气装置安装工程 接地装置施工及验收规范》GB 50169—2016；

《电气装置安装工程 旋转电机施工及验收标准》GB 50170—2018；

《电气装置安装工程 盘、柜及二次回路接线施工及验收规范》GB 50171—2012；

《电气装置安装工程 蓄电池施工及验收规范》GB 50172—2012；

《电气装置安装工程 66kV 及以下架空电力线路施工及验收规范》GB 50173—2014；

《电气装置安装工程 低压电器施工及验收规范》GB 50254—2014；

《电气装置安装工程 电力变流设备施工及验收规范》GB 50255—2014；

《电气装置安装工程 起重机电气装置施工及验收规范》GB 50256—2014；

《电气装置安装工程 爆炸和火灾危险环境电气装置施工及验收规范》GB 50257—2014；

《住宅装饰装修工程施工规范》GB 50327—2001；

《建筑电气工程施工质量验收规范》GB 50303—2015；

《电梯工程施工质量验收规范》GB 50310—2002；

《城市道路照明工程施工及验收规程》CJJ 89—2012。

2.2.2　建筑电气工程设计规范

除了以上规范外，国家还颁发了与之相关的各种设计规范、标准及电气材料等有关技术标准及标准图集。这些标准与施工及验收规范互为补充。部分电气工程设计规范如下：

《民用建筑电气设计标准》GB 51348—2019；

《3～110kV 高压配电装置设计规范》GB 50060—2008；

《通用用电设备配电设计规范》GB 50055—2011；

《20kV 及以下变电所设计规范》GB 50053—2013；

《建筑物防雷设计规范》GB 50057—2010；

《供配电系统设计规范》GB 50052—2009；

《低压配电设计规范》GB 50054—2011；

《建筑设计防火规范》GB 50016—2014（2018 年版）；

《建筑电气与智能化通用规范》GB 55024—2022。

除以上列出的以外，还有其他相关的规范和标准，在此不再一一列出，使用各种规范、标准时，一定要选择现行的最新版本。

2.3　建筑电气相关图集和手册

与建筑电气安装施工有关的主要标准图集和图册如下：

《液位测量装置安装》11D 703-2；

《建筑物防雷设施安装》15D 501；

《常用风机控制电路图》16D 303-2；

《35/6(10)千伏变配电所二次接线》（交流操作部分）99D 203-1；

《干式变压器安装》99D 201-2；

《1000V 以下铁横担架空绝缘线路安装》99D 102-2；

《6～10kV 铁横担架空绝缘线路安装》99D 102-1；

《硬塑料管配线安装》98D 301-2；

《35/0.4kV 附设式油浸变压器室布置》17D 201-1；

《常用灯具安装》96D 702-2；

《线槽配线安装》96D 301-1；

《蓄电池的选用与安装》14D 202-1；

《爆炸危险环境电气线路和电气设备安装》12D 401-3；

《110kV 及以下电缆敷设》12D 101-5；

《110kV 及以下电力电缆终端和接头》13D 101-1～4；

《圆线同心绞架空导线》GB/T 1179—2017；

《母线槽安装》17D 701-2；

《水箱及水池水位自动控制安装》11D 703-1；

《常用低压配电设备安装》04D 702-1；

《电缆桥架安装》21D 701-3；

《电气竖井设备安装》04D 701-1；

《UPS 与 EPS 电源装置的设计与安装》15D 202-3；

《双电源自动转换装置设计图集》04C 01；

《特殊灯具安装》03D 702-3；

《接地装置安装》14D 504；

《利用建筑物金属体做防雷及接地装置安装》15D 503；

《钢导管配线安装》03D 301-3；

《等电位联结安装》15D 502；

《常用水泵控制电路图》16D 303-1；

《电缆桥架安装》04D 701-3；

《10/0.4kV 变压器室布置及变配电所常用设备构件安装》03D 201-4；

《室外变压器安装》O4D 201-3；

《钢导管配线安装》03D 301-3。

练习思考题

1. 建筑电气工程施工图主要由哪几部分构成？

2. 房屋建筑常用的电气设施有哪些？

3. 电气施工图识图的步骤是什么？

4. 请说出以下文字符号含义：FC、WC、SC、TC、PC、CT、MR。

5. 请解释电气图上以下标注的含义：

(1) WL1-BV-4×2.5SC15-FC/WC

(2) BLV-500V-(3×120+1×70+PE70)PC80-WC

(3) YJV_{22}-0.6/1kV-(3×120+2×70)SC80-FC

(4) 5-YZ40$\dfrac{2\times40}{2.5}$Ch

第3章 变配电设备安装调试技术

本章首先给出变配电系统简介和变配电站的总体布局，而后从安装工艺、安装要求、交接检查及调试等方面对箱式变电站、柴油发电机组、成套高低压配电柜、配电箱（盘）、控制（柜、台）、应急电源及不间断电源等主要变配电设备的安装调试技术进行阐述。

3.1 变（配）电系统简介

变（配）电系统是建筑电气的重要组成部分，变（配）电站是各级电压的变电站和配电站的总称，起着改变电压、汇集和分配电能的作用。民用建筑变（配）电系统一般由35kV及以下供电外线电源、高压配电柜、高压配电电缆、配电变压器、低压配电柜、低压配电电缆（母线）组成。

超高层建筑供配电系统宜按照超高层建筑内的不同功能分区及避难层划分设置相对独立的供配电系统。大型城市综合体建筑的供配电系统宜按照不同业态设置相对独立的供配电系统。

住宅小区的20kV或10kV供电系统宜采用环网方式。高层住宅宜在首层或地下一层设置20kV(10kV)/0.4kV户内变电所或室外预装式变电站，多层住宅小区、别墅群宜分区设置20kV(10kV)/0.4kV独立变电所或室外预装式变电站。

变配电站按照功能用途和所处位置分类见表3-1。

变（配）电站的分类 表3-1

类型		功能与特点
按功能用途分	总降压变电站	一般建设在负荷或网络中心，连接电力系统几个部分并将系统电压降低，分配给地区电网
	配电站（开关站）	汇集与补偿电能，连接电力系统几个部分，多为提高系统稳定性而设，必要时可设置串联补偿装置，以提高供电能力和送电质量。电压等级有35kV、20kV、10kV等
	变（配）电站	向低压电气装置供电的变（配）电站，如车间变（配）电站，其中35kV/0.4kV又称直降变（配）电站
	专用变电站	在炼钢、电解、铁路等工业企业中有特殊用途的电炉变电站、整流变电站、通信信号变电站、中间变电站（如10kV/6kV）等
按所处的位置分	独立式变（配）电站	变（配）电站为独立建筑物，多用于负荷小而分散的工业企业和大中城市的居民区
	附设式变（配）电站	变（配）电站附设在负荷较大的厂房和建筑物内
	建筑物（车间）内变电站	变电站位于高层、大型民用建筑物或负荷较大的多跨厂房内
	露天变电站	变电站位于室外
	杆上变电站	变压器位于室外杆上，多用于架空进线的小型变电站

典型的高压配电系统主接线如图 3-1 所示。本方案用于两路电源引自电力系统，需要装设专用计量柜，且出线回路较多的变（配）电站。两路工作电源，分断断路器可自动投入也可手动投入，适用于对一、二级负荷供电。

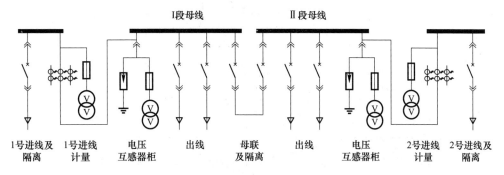

图 3-1　典型高压配电系统主接线

应急电源是与电网在电气上独立开来的各种电源，如蓄电池、柴油发电机等。为了保证对一级负荷中特别重要负荷的供电可靠性，除严格界定负荷等级外，应急电源应自成系统，并不得将其他负荷同时接入应急供电回路。典型带柴油发电机组的低压配电系统主接线方案如图 3-2 所示：

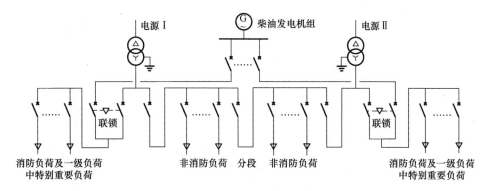

图 3-2　典型带柴油发电机组的低压配电系统主接线

3.2　变（配）电站的布置

3.2.1　总体布置

10kV(6kV)/0.4kV 变（配）电站布置方案见图 3-3 所示。图 3-3(a)为油浸式变压器变（配）电站的布置方案，图 3-3(b)为干式变压器变（配）电站的布置方案。

变（配）电站的主要设备有电力变压器、高低压断路器、互感器、电容器、继电保护装置以及高低压配电柜等。电力变压器是变（配）电站最主要的设备，变压器按冷却方式分为油浸式变压器和干式变压器。干式变压器安装在室内低压配电室中，而油浸式变压器考虑到油的安全性，一般安装在单独的变压器室内。

3.2.2　变（配）电室布置间距要求

变配电室是变配电系统的核心，其中的设备布局、通道布局和尺寸，直接关系到操作安全与否、维护是否便捷。变配电室内各种通道的净宽不应小于表 3-2 的规定：

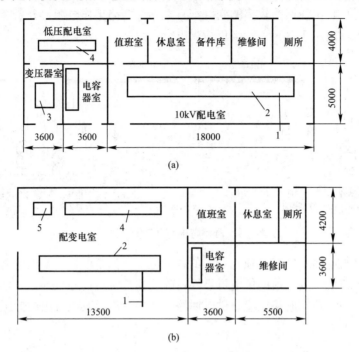

(a)

(b)

图 3-3　10(6)/0.4kV 变（配）电站布置方案

（a）油浸式变压器变（配）电站；（b）干式变压器变（配）电站

1—10(6)kV 电缆进线；2—高压开关柜；3—10kV(6kV)/0.4kV 油浸式变压器；

4—低压配电屏；5—10kV(6kV)/0.4kV 干式变压器

配电装置室内各种通道最小净宽（m）　　　　　表 3-2

配电装置室电压等级	开关柜布置方式	柜后维护通道	柜前操作通道	
			固定式	手车式
20kV(10kV)配电装置	单排布置	0.8	1.5	单手车长度＋1.2
	双排面对面布置	0.8	2.0	双手车长度＋0.9
	双排背对背布置	1.0	1.5	单手车长度＋1.2
35kV 配电装置	单排布置	1.0	1.5	单手车长度＋1.2
	双排面对面布置	1.0	2.0	双手车长度＋0.9
	双排背对背布置	1.2	1.5	单手车长度＋1.2

注：1. 采用柜后免维护可靠墙安装的开关柜靠墙布置时，柜后与墙净距应大于 50mm，侧面与墙净距大于 200mm；

　　2. 通道宽度在建筑物的墙面遇有柱类局部突出时，突出部位的通道宽度可以减少 200mm。

低压配电装置布置时应符合下列规定：

（1）高压及低压配电设备设在同一室内，且两者有一侧柜顶有裸露的母线时，两者之间的净距不应小于 2m。

（2）成排布置的配电屏，其长度超过 6m 时，屏后的通道应设 2 个出口，并宜布置在通道的两端，当两出口之间的距离超过 15m 时，其间尚应增加出口。

（3）当防护等级不低于 IP2X 时，成排布置的配电屏通道最小宽度应符合表 3-3 的规定：

成排布置的配电屏通道最小宽度（m）　　　　　　　　　　　　表 3-3

配电屏种类		单排布置			双排面对面布置			双排背对背布置			多排同向布置			屏侧通道
		屏前	屏后		屏前	屏后		屏前	屏后		屏间	前、后排屏距墙		
			维护	操作		维护	操作		维护	操作		前排屏前	后排屏后	
固定式	不受限制时	1.5	1.0	1.2	2.0	1.0	1.2	1.5	1.5	2.0	2.0	1.5	1.0	1.0
	受限制时	1.3	0.8	1.2	1.8	0.8	1.2	1.3	1.3	2.0	1.8	1.3	0.8	0.8
抽屉式	不受限制时	1.8	1.0	1.2	2.3	1.0	1.2	1.8	1.0	2.0	2.3	1.8	1.0	1.0
	受限制时	1.6	0.8	1.2	2.1	0.8	1.2	1.6	0.8	2.0	2.1	1.6	0.8	0.8

注：1. 受限制时是指受到建筑平面的限制通道内有柱等局部突出物的限制；
　　2. 屏后操作通道是指需在屏后操作运行中的开关设备的通道；
　　3. 背靠背布置时，屏前通道宽度可按本表中双排背对背布置的屏前尺寸确定；
　　4. 控制屏、控制柜、落地式动力配电箱前后的通道最小宽度可按本表确定；
　　5. 挂墙式配电箱的箱前操作通道宽度不宜小于 1m。

配电室通道上方裸带电导体距地面的高度不应低于 2.5m，当低于 2.5m 时，应设置不低于 IPXXB 或 IP2X 级的遮拦或外护物，遮拦或外护物底部距地面的高度不应低于 2.2m。

3.3　箱式变电站安装

箱式变电站，又叫预装式变电所或预装式变电站，见图 3-4。是一种将高压开关设备、配电变压器和低压配电装置、电能计量设备、无功补偿设备、辅助设备和联结件等，按一定接线方案排成一体的工厂预制户内、户外紧凑式配电设备，即将变压器降压、低压配电等功能有机地组合在一起，安装在一个防潮、防锈、防尘、防鼠、防火、防盗、隔热、全封闭、可移动的钢结构箱内的无人值守成套配电设备。

箱式变电站特别适用于城网建设与改造，是继土建变电站之后崛起的一种崭新的变电站。预装式变电站的占地面积较少，可以节省昂贵的土建及占地费用。由于变电设备深入负荷中心，电能通过地下电缆传输，配电设备与周围环境协调一致，安装使用简便，免维护或少维护。广泛应用于住宅小区、城市公用变压器、繁华闹市、施工现场等不宜设置室内变电站的场所。

用户可根据不同的使用条件、负荷等级选择合适的箱式变电站。图 3-4 所示为不同形式箱式变电站，典型箱式变电站的系统接线见图 3-5。

图 3-4　箱式变电站

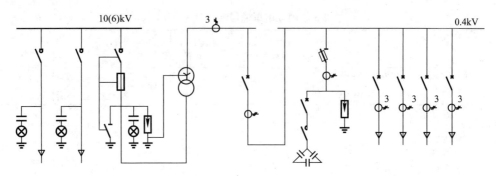

图 3-5　箱式变电站接线方案高低压概略图

3.3.1　安装工艺

箱式变电站安装工艺如图 3-6 所示。

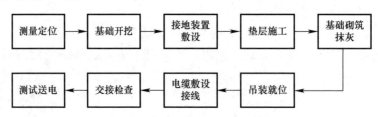

图 3-6　箱式变电站安装工艺

3.3.2　安装要求

　　箱式变电站及其落地式配电箱基础应高于室外地坪，周围排水通畅，金属箱式变电所及落地式配电箱的箱体应与保护导体可靠连接，且有标识。配电间隔和静止补偿装置栅栏门应采用裸编制铜线与保护导体可靠连接，其截面积不小于 $4mm^2$。预装箱式变（配）电所的进出线应采用电缆。民用建筑与预装式变电站的防火间距不应小于 3m。图 3-7 所示为预装箱式变（配）电站安装图示。

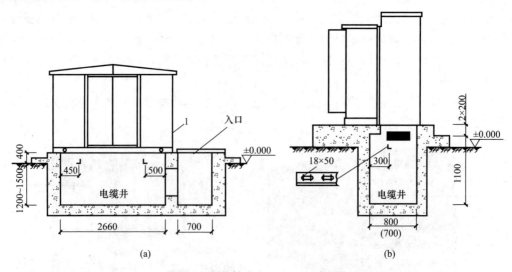

图 3-7　预装箱式变（配）电站安装

(a) 正视图；(b) 右视图

1—箱式变电站

箱式变电站的接地采用水平和垂直接地的混合接地网，如图 3-8 所示。接地体长 2.5m，接地体间距按大于 5m 布置。接地网埋深在冻土层以下，接地体从冻土层以下垂直打入地中。若不能确定冻土层深度时，接地网埋深至少应在地下 0.6m 处。接地网建成后应实测接地电阻，接地电阻应小于 4Ω，经测试达不到要求的，则应补打接地极或延长接地连线，或采用降阻剂，使接地电阻满足规程要求。箱内所有电气设备外壳、铁件应采用 $-50mm \times 5mm$ 热镀锌扁钢与接地网可靠连接，接地连线应与箱体下面的槽钢焊接牢固，接地连线应与接地极焊接牢固，凡焊接处均应刷防腐剂。

3.3.3　交接检查及调试

目前国内箱式变电所主要有两种产品：一种是由高压柜、低压柜、变压器三个独立的单元组合而成。另一种是高压开关设备和变压器设在一个油箱内的箱式变电所。对于前者，在投入运行前应进行高压电气设备、布线系统以及继电保护系统的交接试验。下面主要对干式电力变压器和互感器的交接实验进行介绍。

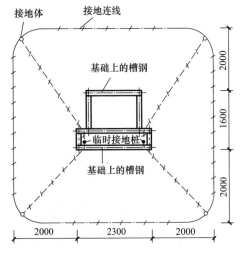

图 3-8　箱式变电站接地网

干式电力变压器交接试验项目包含：

（1）测量绕组连同套管的直流电阻；

（2）检查所有分接的电压比；

（3）检查变压器的三相接线组别和单相变压器引出线的极性；

（4）测量铁心及夹件的绝缘电阻；

（5）有载调压切换装置的检查和试验；

（6）测量绕组连同套管的绝缘电阻、吸收比或极化指数；

（7）绕组连同套管的交流耐压试验；

（8）额定电压下的冲击合闸试验；

（9）检查相位。

互感器交接试验项目包含：

（1）绝缘电阻测量；

（2）测量 35kV 及以上电压等级的互感器的介质损耗因数（$\tan\delta$）及电容量；

（3）局部放电试验；

（4）交流耐压试验；

（5）绝缘介质性能试验；

（6）测量绕组的直流电阻；

（7）检查接线绕组组别和极性；

（8）误差及变比测量；

（9）测量电流互感器的励磁特性曲线；

（10）测量电磁式电压互感器的励磁特性；

（11）电容式电压互感器（CVT）的检测；

（12）密封性能检查。

3.4 柴油发电机组的安装

3.4.1 柴油发电机组的作用和性能级别

柴油发电机组是应急电源和备用电源的重要组成部分。对市电突然中断将造成较大损失或人身事故的用电设备，常设置应急发电机组对这些设备紧急供电，如高层建筑的消防系统、疏散照明、电梯、自动化生产线的控制系统、重要的通信系统以及正在跟病人做重要手术的医疗设备等。这类机组应能在市电突然中断时，迅速启动运行，并在最短时间内向负载提供稳定的交流电源，以保证及时地向负载供电，这种机组自动化程度要求较高。

作为备用电源时，当市电限电拉闸或其他原因中断供电时，为保证用户的基本生产和生活，应启动发电机组，向变电站的低压母线供电，保证供电的连续性。这类发电机组常设在电信部门、医院、市电供应紧张的工矿企业、机场和电视台等重要用电单位。这类机组随时保持备用状态，能对非恒定负载提供连续的电力供应。图 3-9 所示为某柴油发电机组图示。

图 3-9 某柴油发电机组

《往复式内燃机驱动的交流发电机组 第 1 部分：用途、定额和性能》GB/T 2820.1—2009 中规定柴油发电机组的性能等级可以分为四个级别，每个级别所适用的负载系统各有不同，见表 3-4。

柴油发电机组的性能等级和适用的系统　　　　表 3-4

性能等级	适用的系统
G1	连接的负载只规定基本的电压和频率参数，适用于照明和简单的电气负载
G2	电压特性与电网类似，当负载发生变化时，允许暂时的电压和频率的偏差。适用于照明、水泵、风机等

续表

性能等级	适用的系统
G3	连接的设备对发电机组的电压、频率和波形有严格要求。适用于电信负载和晶闸管控制的设备
G4	连接的设备对发电机组的电压、频率和波形有特别严格要求。适用于数据处理设备和计算机系统

柴油发电机的启动一般有手动启动方式和自动启动方式，一般对于有人值守的变电站，采用手动启动，对于无人值守的变电站，采用自动启动。但往往自动启动装置中都伴有手动启动功能，以方便使用。

柴油发电机的启动根据启动动力源，又可分为电动启动和气动启动两种。电动启动利用直流电动机（一般为串励直流电动机）作为动力，通过传动机构驱动曲轴旋转，当达到发火转速时，燃油就开始燃烧、做功，启动电动机后就自动退出工作。电动机电源采用蓄电池，其电压为 24V 或 12V。气动启动是使储存在气瓶内的压缩空气进入柴油机气缸，利用其压力推动活塞，使曲轴转动，当达到发火转速时，燃油就开始燃烧、做功，同时停送空气，当启动成功后，柴油机慢慢进入正常运转状态。图 3-10 所示为电动启动的自启动柴油发电机的功能框图。

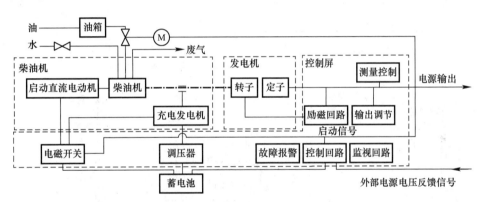

图 3-10　自启动柴油发电机的功能框图

3.4.2　柴油发电机房的布置

柴油发电机房的布置如图 3-11 所示。

发电机房的尺寸按以下原则考虑：

（1）进、排风管道和排烟管道架空敷设在机组两侧靠墙 2.2m 以上的空间内，排烟管道一般布置在机组背面。

（2）机组的安装检修搬运通道，在平行布置的机房中安排在机组的操作面。在垂直布置的机房中，气缸为直立单列式机组，一般安排在柴油机端。V 形柴油发电机组一般安排在发电机端。对于双列平行布置的机房，机组的安装检修搬运通道安排在两排机组之间。

（3）机房的高度应按机组安装或检修时，利用预留吊钩通过手动葫芦起吊活塞、连杆、曲轴所需高度。

（4）电缆和水、油管道分别设置在机组两侧的地沟内，地沟净深一般为 0.5～0.8m，并设置支架。

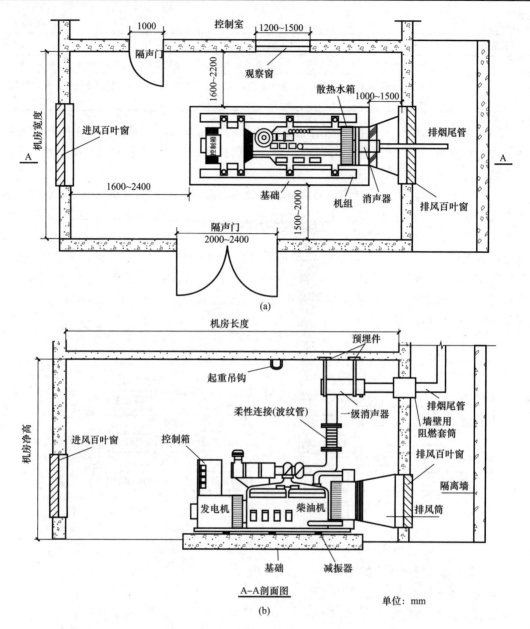

图 3-11　柴油发电机房的布置

（a）平面布置图；（b）剖面图

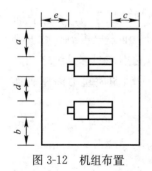

图 3-12　机组布置

（5）发电机至配电屏的引出线，宜采用铜芯电缆或封闭式母线。当设电缆沟时，沟内应有排水和排油措施，电缆线路沿沟内敷设可不穿钢管，电缆线路不宜与水、油管线交叉。

（6）机组之间、机组外廊至墙的净距应满足设备运输、就地操作、维护检修或布置附属设备的需要，机组布置如图 3-12 所示，有关尺寸不宜小于表 3-5 的规定。

机组之间及机组外廓与墙壁的净距（m） 表3-5

项目	容量（kW）	≤64	75～150	200～400	500～1500	1600～2000	2100～2400
机组操作面	a	1.5	1.5	1.5	1.5～2.0	2.0～2.2	2.2
机组背面	b	1.5	1.5	1.5	1.8	2.0	2.0
柴油机端	c	0.7	0.7	1.0	1.0～1.5	1.5	1.5
机组间距	d	1.5	1.5	1.5	1.5～2.0	2.0～2.3	2.3
发电机端	e	1.5	1.5	1.5	1.8	1.8～2.2	2.2
机房净高	f	2.5	3.0	3.0	4.0～5.0	5.0～5.5	5.5

注：当机组按水冷却方式设计时，柴油机端距离可适当缩小；当机组需要做消声工程时，尺寸应另外考虑。

3.4.3 柴油发电机组安装调试工艺

3.4.3.1 安装工艺流程

柴油发电机组安装工艺流程见图3-13。

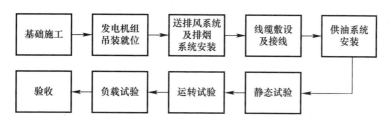

图3-13 柴油发电机组安装工艺流程

3.4.3.2 工艺要求

（1）柴油发电机组的基础应表面平整、棱角方正。为了便于发电机组的维修，机组基础应沿机组底座每边至少扩展150mm，机组高出地面150mm。

（2）当柴油发电机房设置在地下时，应提前预留吊装孔和吊钩，待发电机组吊装就位后，及时封闭吊装孔。

（3）柴油发电机组附属管路系统装有减振器时，所有连接件（如排烟管、油管、水管等）必须采用柔性连接。排烟管的柔性连接严禁用作弯头和补偿管道的安装误差。

（4）机房、储油间内的电力电缆或绝缘电线宜按照多油污、潮湿环境选择，发电机配电屏引出线宜采用耐火型铜芯电缆、耐火型母线槽或矿物绝缘电缆，控制线缆、测量线路、励磁线路应采用铜芯控制电缆或铜芯电线。控制线路、励磁线路宜穿钢管埋地敷设或沿桥架架空敷设。电力配线宜采用电缆沿电缆沟敷设或沿桥架架空敷设。

（5）发电机的金属外壳及其他外露可导电的金属部位应分别与保护导体可靠连接。

（6）发电机中性点连接方式应符合下列要求：

1）只有单台1kV及以下低压机组时，发电机中性点应直接接地，机组的接地形式宜与低压配电系统接地形式一致。

2）当两台及以上1kV及以下低压机组并列运行时，机组的中性点应经刀开关或接触器接地。当中性导体存在环流时，应只将其中一台发电机的中性点（刀开关闭合或接触器常开触点闭合）接地。

3）3～10kV发电机组的接地方式宜采用中性点经小电阻接地或不接地方式。经低电

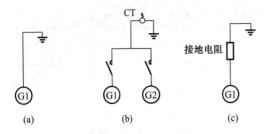

图 3-14 几种方式的机组接地
　(a) 单台低压机组接地;
　(b) 两台及以上低压机组接地;
　(c) 单台 10kV 机组经电阻接地

阻接地时,当多台发电机组并列运行时,每台机组均宜配置接地电阻。图 3-14 给出了机组接地的方式。

(7) 机房内应设储油间,其总储存量不应超过 1m³,并应采取相应的防火措施。金属油箱、油管应有可靠的防静电接地,明装的金属油管应涂刷黄色标识。油箱间内应有可靠的通风、防爆措施,油箱的呼吸阀应设置在安全的位置。

(8) 控制室的布置应符合下列规定:

1) 控制室的位置应便于观察、操作和调度,通风应良好,进出线应方便。

2) 控制室内不应有与其无关的管道通过,亦不应安装无关设备。

3) 控制室内控制屏(台)的安装距离和通道宽度要求:控制屏正面操作宽度,单列布置时,不宜小于 1.5m。双列布置时,不宜小于 2.0m。离墙安装时,屏后维护通道不宜小于 0.8m。

4) 当控制室的长度大于 7m 时,应设有两个出口,出口宜在控制室两端。控制室的门应向外开启。

5) 当不需设控制室时,控制屏和配电屏宜布置在发电机端或发电机侧,屏前距发电机端操作维护通道不宜小于 2.0m,屏前距发电机侧操作维护通道不宜小于 1.5m。

柴油发电机安装后应进行交接试验,试验内容见表 3-6:

发电机交接试验　　　　　　　　　　　　　　　　　　表 3-6

序号	部位	内容	试验内容	试验要求
1	静态试验	定子电路	测量定子绕组的绝缘电阻和吸收比	400V 发电机绝缘电阻值大于 0.5MΩ,其他高压发电机绝缘电阻不低于其额定电压 1MΩ/kV,沥青浸胶及烘卷云母绝缘吸收比大于 1.3,环氧粉云母绝缘吸收比大于 1.6
2			在常温下,绕组表面温度与空气温度差在 ±3℃ 范围内测量各相直流电阻	各相直流电阻值相互间差值不大于最小值的 2%,与出厂值在同温度下比差值不大于 2%
3			1kV 以上发电机定子绕组直流耐压试验和泄漏电流测量	试验电压为电机额定电压的 3 倍,试验电压按每级 50% 的额定电压分阶段升高,每阶段停留 1min,并记录泄漏电流,在规定的试验电压下,泄漏电流应符合下列规定: ① 各相泄漏电流的差别不应大于最小值的 100%,当最大泄漏电流在 20μA 时,各相间的差值可不考虑。 ② 泄漏电流不应随时间延长而增大。 ③ 泄漏电流不应随电压不成比例显著增长
4			交流工频耐压试验 1min	试验电压为 $1.6U_n+800V$,无闪络击穿现象。(U_n 发电机额定电压)

续表

序号	部位	内容	试验内容	试验要求
5	静态试验	转子电路	用 1000V 兆欧表测量转子绝缘电阻	绝缘电阻值大于 0.5MΩ
6			在常温下，绕组表面温度与空气温度差在 ±3℃范围内测量绕组直流电阻	数值与出厂值在同温度下比差值不大于 2%
7			交流工频耐压试验 1min	用 2500V 摇表测量绝缘电阻替代
8		励磁电路	退出励磁电路电子器件后，测量励磁电路的线路设备绝缘电阻	绝缘电阻值大于 0.5MΩ
9			退出励磁电路电子器件后，进行交流工频耐压试验 1min	试验电压 1000V，无击穿闪络现象
10		其他	有绝缘轴承的用 1000V 兆欧表测量轴承绝缘电阻	绝缘电阻值大于 0.5MΩ
11			测量检温计（埋入式）绝缘电阻，校验检温计精度	用 250V 兆欧表检测不短路，精度符合出厂规定
12			测量灭磁电阻，自同步电阻器的直流电阻	与铭牌相比较，其差值范围为 ±10%
13	运转试验		发电机空载特性试验	按设备说明书比对，符合要求
14			测量相序和残压	相序与出线标识相符
15			测量空载和带负荷后轴电压	按设备说明书比对，符合要求
16			测量启停试验	按设计要求检查，符合要求
17			1kV 以上发电机转子绕组膛外、膛内阻抗测量（转子如抽出）	应无明显差别
18			1kV 以上发电机灭磁时间常数测量	按设备说明书比对，符合要求
19			1kV 以上发电机短路特性试验	按设备说明书比对，符合要求

3.5　成套高低压配电柜安装

在建筑电气工程中，高低压配电控制设备已大量采用成套开关柜，见图 3-15。

图 3-15　高低压配电柜

　　高压成套开关柜是一种高压配电设备，是指生产厂家根据电气一次主接线图的要求，将有关的高压电器（包括控制电器、保护电器、测量电器）以及母线、载流导体、绝缘子等装配在封闭的或敞开的金属柜体内，作为电力系统中接受和分配电能的装置。

　　低压成套设备是指低压成套开关设备和控制设备的简称，是由一个或多个低压开关设备和与之相关的控制、测量、信号、保护、调节等设备，由制造商负责完成所有内部的电气和机械的连接，用结构部件完整地组装在一起的一种组合体。

3.5.1　安装工艺流程

　　成套高低压配电柜安装工艺流程如图 3-16 所示。

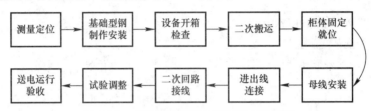

图 3-16　成套高低压配电柜安装工艺流程

3.5.2　安装要求

1. 基础型钢安装允许偏差应符合表 3-7 的规定。

基础型钢安装允许偏差　　　　　　　　　　表 3-7

项目	允许偏差（mm）	
	每米	全场
不直度	1.0	5.0
水平度	1.0	5.0
不平行度	—	5.0

　　2. 柜体相互间或与基础型钢间应用镀锌螺栓连接，且防松零件应齐全，当设计有防火要求时，柜的进出口应做防火封堵，并应封堵严密。

　　3. 柜体安装垂直度允许偏差不应大于 1.5‰，相互间接缝不应大于 2mm，成列柜面偏差不应大于 5mm。

　　4. 配电柜金属框架及基础型钢应与保护导体可靠连接，对于装有电器的可开启门，门和金属框架的接地端子间应选用截面积不小于 4mm² 的黄绿色绝缘铜芯软导线连接，并应有标识。

　　5. 配电柜应有可靠的防电击保护，内保护接地导体（PE）排应有裸露的连接外部保护接地导体的端子，并应可靠连接。当设计未做要求时，连接导体最小截面积应符合现行国家标准《低压配电设计规范》GB 50054—2011 的规定。

　　6. 手车、抽屉式成套配电柜推拉应灵活，无卡阻碰撞现象。动触头与静触头的中心线应一致，且触头接触应紧密，投入时，接地触头应先于主触头接触。退出时，接地触头应后于主触头脱开。

　　7. 柜内电涌保护器（SPD）安装应符合下列规定：

　　（1）SPD 的型号规格及安装布置应符合设计要求；

　　（2）SPD 的接线形式应符合设计要求，接地导线的位置不宜靠近出线位置；

　　（3）SPD 的连接导线应平直、足够短，且不宜大于 0.5m。

8. 对于低压成套配电柜间线路的线间和线对地间绝缘电阻值，馈电线路不应小于 0.5MΩ，二次回路不应小于 1MΩ。二次回路的耐压试验电压应为 1000V，当回路绝缘电阻值大于 10MΩ 时，应采用 2500V 兆欧表代替，试验持续时间应为 1min 或符合产品技术文件要求。

9. 直流柜试验时，应将屏内电子器件从线路上退出，主回路线间和线对地间绝缘电阻值不应小于 0.5MΩ，直流屏所附蓄电池组的充、放电应符合产品技术文件要求，整流器的控制调整和输出特性试验应符合产品技术文件要求。

3.6　配电箱（盘）安装

3.6.1　安装工艺

配电箱（盘）安装工艺见图 3-17。

图 3-17　配电箱（盘）安装工艺

3.6.2　安装要求

1. 室外安装的落地式配电箱的基础应高于地坪，周围排水应通畅，其底座周围应采取封闭措施。室内安装的配电箱应安装牢固，且不应设置在水管的正下方。

2. 配电箱（盘）接线应符合下列规定：

（1）箱（盘）内配线应整齐、无绞接现象。导线连接应紧密、不伤线芯、不断股。垫圈下螺丝两侧压的导线截面积应相同，同一电器器件端子上的导线连接不应多于 2 根，防松垫圈等零件应齐全。

（2）箱（盘）内开关动作应灵活可靠。

（3）箱（盘）内宜分别设置中性导体（N）和保护接地导体（PE），并应标识清晰。

（4）配电箱（盘）装有电器的可开启的门和金属框架的接地端子间应选用截面积不小于 $4mm^2$ 的黄绿色绝缘铜芯软导线可靠连接，并应有标识。

图 3-18 为配电箱（盘）内部示意图，图 3-19 为配电箱地线排接线示意图。施工时要

图 3-18　配电箱（盘）内部示意

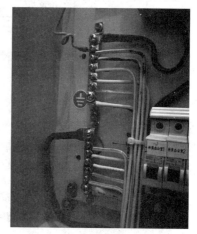

图 3-19　配电箱地线排

保证各连接可靠，正常情况下不松动，且标识明显，使人身、设备在通电运行中确保安全，施工操作时虽工艺简单，但其施工质量是至关重要的。连接导线的规格大小是按机械强度和允许的最小导体截面积来考虑的。连接导线要求采用绝缘铜芯软导线而非裸铜软线，旨在避免带有电器的柜、台、箱的可开启门活动时触及电器连接点而引起电击事故的发生。

3. 箱、盘安装的垂直度允许偏差不应大于 1.5‰，相互间接缝不应大于 2mm，成列盘面偏差不应大于 5mm。

3.7 控制箱（柜、台）安装

3.7.1 安装工艺

控制箱（柜、台）安装工艺流程如图 3-20 所示。

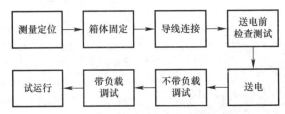

图 3-20 控制箱（柜、台）安装工艺

3.7.2 安装要求

（1）控制箱（柜、台）安装工艺要求同动力配电箱（盘）或配电柜安装工艺。

（2）控制箱（柜、台）调试前检查箱（柜、台）及元器件是否按照设计图纸安装正确。进线和出线电缆线径与设计一致，是否有挂吊牌。箱体内元器件有无丢失，安装是否可靠牢固。检查主回路和二次回路接线有无松动现象。箱体与接地扁铁连接是否可靠。箱体防火封堵，防护等级是否符合规范要求。

（3）控制箱（柜、台）安装垂直度允许偏差不应大于 1.5‰，相互间接缝不应大于 2mm，成列盘面偏差不应大于 5mm。

图 3-21 所示为控制箱示意图。

图 3-21 控制箱示意图

3.8　应急电源（EPS）及不间断电源（UPS）安装

3.8.1　EPS 及 UPS 简介

1. EPS 应急电源

EPS（Emergency Power Supply）应急电源是由充电器、逆变器、蓄电池、隔离变压器、切换开关等装置组成的一种把直流电能逆变成交流电能的应急电源。适用于允许中断供电时间为 0.25s 以上的负荷。

这种电源设备在交流输入电源正常时，交流输入电源通过转换开关直接输出，交流输入电源同时通过充电器对蓄电池（组）充电。当控制器检测到主电源中断或输入电压低于规定值时，转换开关转换，逆变器工作，EPS 处于逆变应急运行方式向负载提供需要的交流电能。当主电源恢复正常供电时，转换开关接通主电源为负载正常供电，此时逆变器关闭，图 3-22 所示为其工作原理图。

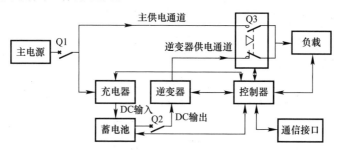

图 3-22　逆变应急电源（EPS）工作原理

EPS 应按负荷性质、负荷容量及备用供电时间等要求选择，电感性和混合性的照明负荷宜选用交流制式的 EPS。纯阻性及交、直流共用的照明负荷宜选用直流制式的 EPS。EPS 的额定输出功率不应小于所连接的应急照明负荷总容量的 1.3 倍。EPS 的蓄电池初装容量应按疏散照明时间的 3 倍配置，有自备柴油发电机组时 EPS 的蓄电池初装容量应按疏散照明时间的 1 倍配置。EPS 单机容量不应大于 90kVA。用作安全照明电源装置时，切换时间不应大于 0.25s。用作人员密集场所的疏散照明电源装置时，切换时间不应大于 0.25s，其他场所不应大于 5s。用作备用照明电源装置时，切换时间不应大于 5s，金融、商业交易场所不应大于 1.5s。当需要满足金属卤化物灯或 HID 气体放电灯的电源切换要求时，EPS 的切换时间不应大于 3ms。

2. UPS 不间断电源

UPS（Uninterruptible Power Supply）不间断电源主要是由电力变流器储能装置（蓄电池）和开关（电子和机械式）构成的、保证供电连续性的静止型交流不间断电源装置。适用于允许中断供电时间为毫秒级的负荷。它首先将市电输入的交流电源变成稳压直流电源，供给蓄电池和逆变器，再经逆变器重新被变成稳定的、纯洁的、高质量的交流电源。它可完全消除在输入电源中可能出现的任何电源问题（电压波动、频率波动、谐波失真和各种干扰）。其工作原理框图见图 3-23。

当用电负荷不允许中断供电时或允许中断供电时间为毫秒级的重要场所的应急备用电源应选用 UPS。UPS 宜用于电容性和电阻性负荷。为信息网络系统供电时，UPS 的额定输出功率应大于信息网络设备额定功率总和的 1.2 倍，对其他用电设备供电时，其额定输出功率应为最大计算负荷的 1.3 倍。当选用两台 UPS 并列供电时，每台 UPS 的额定输出功率应大于信息网络设备额定功率总和的 1.2 倍。UPS 的蓄电池组容量应由用户根据具体工程允许中断供电时间的要求选定。当 UPS 的输入电源直接由自备柴油发电机组提供时，其与柴油发电机容量的配比不宜小于 1：1.2。蓄电池初装容量的供电时间不宜小于 15min。

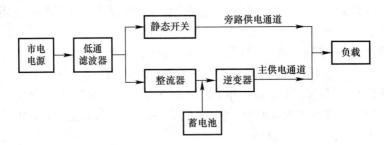

图 3-23　在线式 UPS 工作原理框图

3.8.2　安装工艺流程

应急电源（EPS）及不间断电源（UPS）安装工艺如图 3-24 所示。

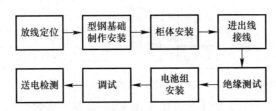

图 3-24　应急电源（EPS）及不间断电源（UPS）安装工艺

3.8.3　安装要求

1. 安放 UPS 的机架或金属底座的组装应横平竖直、紧固件齐全，水平度、垂直度允许偏差不应大于 1.5‰。UPS 电池安装位置的楼板承重能力满足载荷要求。

2. 引入或引出 UPS 及 EPS 的主回路绝缘导线、电缆和控制绝缘导线、电缆应分别穿钢导管保护，当在电缆支架上或在梯架、托盘和线槽内平行敷设时，其分隔间距应符合设计要求。绝缘导线、电缆的屏蔽护套接地应连接可靠、紧固件齐全，与接地干线应就近连接。

3. UPS 及 EPS 的外露可导电部分应与保护导体可靠连接，并应有标识。

4. UPS 及 EPS 的整流、逆变、静态开关、储能电池或蓄电池组的规格、型号应符合设计要求。内部接线应正确、可靠不松动，紧固件应齐全。

5. UPS 及 EPS 的极性应正确，输入、输出各级保护系统的动作和输出的电压稳定性、波形畸变系数及频率、相位、静态开关的动作等各项技术性能指标试验调整应符合产品技术文件要求。当以现场的最终试验替代出厂试验时，应根据产品技术文件进行试验调整，且应符合设计文件要求。

6. EPS 应按设计或产品技术文件的要求进行下列检查：

（1）核对初装容量，并应符合设计要求；

（2）核对输入回路断路器的过载和短路电流整定值，并应符合设计要求；

（3）核对各输出回路的负荷量，且不应超过 EPS 的额定最大输出功率；

（4）核对蓄电池备用时间及应急电源装置的允许过载能力，并应符合设计要求；

（5）当对电池性能、极性及电源转换时间有异议时，应由制造商负责现场测试，并应符合设计要求；

（6）控制回路的动作试验，并应配合消防联动试验合格。

7. UPS 及 EPS 的绝缘电阻值应符合下列规定：

（1）UPS 的输入端、输出端对地间绝缘电阻值不应小于 $2M\Omega$；

（2）UPS 及 EPS 连线及出线的线间、线对地间绝缘电阻值不应小于 $0.5M\Omega$。

8. 在 TN-S 供电系统中，为满足负荷对于 UPS 输出接地形式的要求，必要时应该配置隔离变压器。这是因为 UPS 的旁路系统输入中性导体与输出中性导体连接在一起，UPS 的输入端与输出端的中性导体必须是同一个系统。但是，在一些应用中，UPS 的负荷对于中性导体系统有特别的要求，这时有可能在 UPS 的旁路输入侧配置隔离变压器，通过隔离变压器使得 UPS 输入端与输出端的中性导体系统是两个不同的中性导体系统。因此，中性点应接地，且应与由接地装置直接引来的接地干线可靠连接。

图 3-25 所示为 UPS 电池安装示意图。

图 3-25　UPS 电池安装示意图

3.9　柜、台、箱、盘二次线路

对于柜、台、箱、盘间配线有如下要求：

1. 二次回路接线应符合设计要求，除电子元件回路或类似回路外，回路的绝缘导线额定电压不应低于 450V/750V。对于铜芯绝缘导线或电缆的导体截面积，电流回路不应小于 $2.5mm^2$，其他回路不应小于 $1.5mm^2$。

2. 二次回路连线应成束绑扎，不同电压等级、交流、直流线路及计算机控制线路应分别绑扎，且应有标识。固定后不应妨碍手车开关或抽出式部件的拉出或推入。

3. 线缆的弯曲半径不应小于线缆允许弯曲半径。

4. 导线连接不应损伤线芯。

盘柜面板上的电器连接导线要满足如下要求：

1. 连接导线应采用多芯铜芯绝缘软导线，敷设长度应留有适当裕量；

2. 线束宜有外套塑料管等加强绝缘保护层；

3. 与电器连接时，端部应绞紧、不松散、不断股，其端部可采用不开口的终端端子或搪锡；

4. 可转动部位的两端应采用卡子固定。

图 3-26 给出盘柜面板上的电器连接示意。

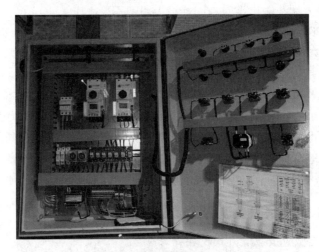

图 3-26　盘柜面板上的电器连接示意图

练习思考题

1. 变配电站的主要设备有哪些？

2. 简述箱式变电站安装工艺流程。

3. 简述柴油发电机组的作用和性能级别。

4. 配电箱（盘）的安装有什么具体要求？

5. 什么是 EPS？什么是 UPS？

第4章　供配电干线施工技术

电缆线路在电力系统中起着传输和分配电能的作用。随着时代的发展，电力电缆在民用建筑、工矿企业等领域应用越来越广泛。电缆线路与架空线路比较，具有敷设方式多样，占地少，不占或少占用空间，受气候条件和周围环境的影响小，传输性能稳定，维护工作量较小，且整齐美观等优点。但是电缆线路也有一些不足之处，如投资费用较大，敷设后不宜变动，线路不宜分支，寻测故障较难，电缆头制作工艺复杂等。本章首先简要介绍电线、电缆导体截面的选择，然后重点讲述电缆线路的安装调试工程。

4.1　电线、电缆导体截面的选择

4.1.1　电线及电缆截面的选择条件

电线和电缆是分配电能的主要传输介质，选择是否合理，直接关系到线路投资的经济性和电力供应的可靠性，并直接影响电力网的安全经济运行。

电线和电缆的类型应按敷设方式及环境条件选择，对绝缘电线和电缆，还应满足其工作电压的要求。电线和电缆截面的选择必须满足安全、可靠和经济的条件。

导体截面选择的条件见表4-1。

导体截面选择条件　　　　　　　　　　　　　　　　表 4-1

序号	导体截面选择条件	导体类型			
		架空裸线	绝缘电线	电缆	硬母线
1	允许温升	√	√	√	√
2	电压损失	√	√	√	√
3	短路热稳定		√	√	√
4	短路动稳定				√
5	机械强度	√	√		
6	经济电流密度	√		√	
7	与线路保护的配合		√	√	

注："√"表示适用，无标记则一般不用。

具体说明如下：

1. 对较大负荷电流线路，宜先按允许温升（发热条件）选择截面，然后校验其他条件。

2. 对长距离线路或电压质量要求高的线路，宜按电压损失条件选择截面，然后校验其他条件。

3. 对靠近变电所的小负荷电流线路，宜先按短路热稳定条件选择截面，然后校验其他条件。

4. 为满足机械强度的要求，架空线路和绝缘电线需满足最小允许截面要求。

5. 当电缆用于长期稳定的负荷时，经技术经济比较确认合理时，可按经济电流密度选择导体截面。一般情况下，比按允许温升选择的截面大 1~2 级。

6. 低压电线电缆还应满足过负荷保护的要求。TN 系统中还应保证间接接触防护电器能可靠断开电路。

《民用建筑电气设计标准》GB 51348—2019 中规定，低压配电导体截面的选择应符合下列要求：

（1）按敷设方式、环境条件确定的导体截面，其导体载流量不应小于预期负荷的最大计算电流和按保护条件所确定的电流；

（2）线路电压损失不应超过允许值；

（3）导体应满足动稳定与热稳定的要求；

（4）导体最小截面应满足机械强度的要求，配电线路每一相导体截面不应小于表 4-2 的规定。

导体最小允许截面 　　　　　　　　　　　　　　　　　　　　表 4-2

布线系统形式	线路用途	导体最小截面（mm²）	
		铜	铝/铝合金
固定敷设的电缆和绝缘电线	电力和照明线路	1.5	10
	信号和控制线路	0.5	—
固定敷设的裸导体	电力（供电）线路	10	16
	信号和控制线路	4	—
用绝缘电线和电缆的柔性连接	任何用途	0.75	
	特殊用途的低电压电路	0.75	

4.1.2 按允许温升选择截面

为了保证安全供电，导线在通过正常最大负荷电流时产生的发热温度，不应超过其正常运行时的最高允许温度。

按敷设方式、环境条件确定的电线和电缆的载流量，不应小于其线路的最大计算电流，即按允许温升选择截面。

按允许温升选择导体截面的计算公式为：

$$KI_z \geqslant I_{max} \tag{4-1}$$

式中　I_z——导体允许长期工作电流（载流量）（A），即在额定环境温度等规定工作条件下，导体能够连续承受而不致使其温度超过允许值的最大持续电流；

　　　I_{max}——通过导体的实际最大持续工作电流（A）；

　　　K——与环境温度、敷设方式等实际工作条件有关的校正系数。

当导体允许最高温度为 70℃ 和不计日照时，K 值可用下式计算：

$$K = \sqrt{\frac{\theta_z - \theta}{\theta_z - \theta_0}} \tag{4-2}$$

式中　θ_z——导体长期发热允许最高温度（℃）；

　　　θ——导体安装地点实际环境温度（℃）；

　　　θ_0——导体额定允许载流量时的基准环境温度（℃）。

因此，当敷设处环境温度与额定值不同时，载流量应进行矫正。当土壤热阻系数与载流量对应的热阻系数不同时，载流量应进行矫正；当多回路敷设时载流量应进行矫正。这些校正系数均可从标准图集《建筑电气常用数据》19DX 101-1 中查得。

电线、电缆的持续载流量，可从《建筑电气常用数据》19DX 101-1 标准图集中查得。

选择电线电缆的环境温度可查《低压配电设计规范》GB 50054—2011、《电力工程电缆设计标准》GB 50217—2018。当沿敷设路径各部分的散热条件各不相同时，电缆载流量应按最不利的部分（敷设长度超过 5m 时）选取。

当负荷为断续工作或短时工作时，应折算成等效发热电流并按允许温升选择导体的截面，或者按照工作制校正电线、电缆的载流量。

【例 4-1】 某 10kV 回路采用 LJ 型架空线路供电，线路最大负荷时，有功负荷为 2000kW，无功负荷为 950kvar，空气中最高温度为 38℃，试按允许温升条件选择导线的截面积。

解：该回路的最大持续工作电流为：

$$I_{max} = \frac{\sqrt{P^2 + Q^2}}{\sqrt{3}U_n} = \frac{\sqrt{2000^2 + 950^2}}{\sqrt{3} \times 10} = 127.83A$$

根据 LJ 型导线技术数据 LJ-95 型导线，其在 20℃条件下的允许载流量为 338A，则在实际环境温度下的载流量为：

$$KI_z = \sqrt{\frac{70-38}{70-20}} \times 338 = 216.23A > 127.83A$$

故 LJ-95 型导线满足按允许温升的选择条件。

4.1.3　按经济电流密度选择经济截面

从全面经济效益考虑，使线路的年运行费用接近于最小，又适当考虑有色金属节约的导线截面，称为经济截面。

与经济截面对应的导体电流密度，称为经济电流密度。

按经济电流密度计算导体截面的公式为：

$$A_{cc} = I_c / J_{cc} \tag{4-3}$$

式中　A_{cc}——导体经济截面（mm^2）；

I_c——线路的计算电流（A）；

J_{cc}——经济电流密度（A/mm^2）。

我国现行的经济电流密度值见表 4-3。

电线和电缆的经济电流密度（A/mm^2）　　表 4-3

线路类别	导线材质	年最大负荷利用小时		
		3000h 以下	3000～5000h	5000h 以上
架空线路	铜	3.00	2.25	1.75
	铝	1.65	1.15	0.90
电缆线路	铜	2.50	2.25	2.00
	铝	1.92	1.73	1.54

按式（4-3）计算出导体经济截面后，应选择最接近的标准截面，然后校验其他条件（包括允许温升的条件）。

【例 4-2】有一条 LJ 型铝绞线架设的长 5km 的 35kV 架空线路，计算负荷为 4830kW，功率因数 $\cos\varphi=0.7$，年最大负荷利用小时 $T_{max}=4800$h。试选择其经济截面，并校验其发热条件和机械强度。

解：

（1）选择经济截面

$$I_c = \frac{P_c}{\sqrt{3}U_n\cos\varphi} = \frac{4830}{\sqrt{3}\times 35\times 0.7} = 114A$$

由表 4-3 查得，$J_{cc}=1.15A/mm^2$，则导体经济截面积为：

$$A_{cc} = I_c/J_{cc} = 114/1.15 = 99.13mm^2$$

选最接近的标准截面 95mm²，即选 LJ-95 型铝绞线。

（2）校验发热条件，查表《工业与民用供配电设计手册》（第四版）（表 10.3-20）得 LJ-95 的允许载流量（室外温度 25℃）

$$I_z = 351A > I_c = 114A$$

因此满足发热条件。

（3）校验机械强度，查表得 35kV 架空线路铝绞线的最小允许截面 $A_{min}=35mm^2$。因此所选 LJ-95 也是满足机械强度要求的。

4.1.4 按电压损失校验截面

按电压损失条件选择导体截面，是要保证用电设备端子处的电压偏移不超过允许值，保证负荷电流在线路上产生的电压损失不超过允许值。

应掌握电压损失的计算方法，然后再根据实际负荷情况做出具体的计算。

在电力系统中，各种用电设备随工作状态的变化而改变用电量的多少，如机械加工、电弧炉、升降机、刨床、电气机车牵引动力等负载变化，都将使电网电压及电流发生变化。因此，电网供给负载端点的实际电压，并不等于该用电设备的额定电压，其差值称为电压偏差。

$$\Delta U = \frac{U-U_N}{U_N}\times 100\% \qquad (4-4)$$

式中　U——电网在设备端点的实际电压（V）；

　　　U_N——用电设备的额定工作电压（V）；

　　　ΔU——电压偏差百分值。

线路电压损失及用电设备端子电压偏差的规定可参见《民用建筑电气设计数据手册（第二版）》，其中线路电压损失允许值见表 4-4，用电设备端子电压偏差允许值见表 4-5。

线路电压损失允许值　　　　　　　　　　　　　　　　　　　　表 4-4

名称	允许电压损失（%）
从配电变压器二次侧母线算起的低压线路	5
从配电变压器二次侧母线算起的供给有照明负荷的低压线路	3～5
从 110kV(35kV)/10kV(6kV) 变压器二次侧母线算起的 10kV(6kV) 线路	5

带有集中负荷的线路，线路电压损失的计算公式如表 4-6 所示。

用电设备端子电压偏差允许值　　　　　　　　　表 4-5

用电设备名称		电压偏差允许值（%）
电动机	正常情况下	±5
	特殊情况下	+5
		−10
	频繁启动时	−10
	不频繁启动时	±15
	配电母线上未接照明等对电压波动较敏感的负荷，且不频繁启动时	−20
照明灯	一般工作场所	±5
	远离变电所的小面积一般场所	+5
		−10
	应急照明、道路照明和警卫照明	+5
		−10
其他用电设备当无特殊要求时		+5
		−10

线路电压损失的计算　　　　　　　　　表 4-6

线路种类	负荷情况	导体截面情况	计算公式
三相平衡负荷线路	带 1 个集中负荷	线路全长采用同一截面	$\Delta U\% = \dfrac{1}{10U_n^2}(Pr+Qx)l$
	带 n 个集中负荷		$\Delta U\% = \dfrac{1}{10U_n^2}\left(r\sum_{i=1}^{n}P_i l_i + x\sum_{i=1}^{n}Q_i l_i\right)$
接于线电压的单相负荷线路	带 1 个集中负荷		$\Delta U\% = \dfrac{2}{10U_n^2}(Pr+Qx')l$
接于相电压的单相负荷线路	带 1 个集中负荷		$\Delta U\% = \dfrac{2}{10U_{nph}^2}(Pr+Qx')l$
直流负荷线路	带 1 个集中负荷		$\Delta U\% = \dfrac{2}{10U_{nc}^2}Prl$ $\Delta U\% = \dfrac{2}{10U_{DC}^2}Prl$

式中　$\Delta U\%$——线路电压损失百分数（%）；

P、Q——分别是某一个集中负荷的有功功率（kW）、无功功率（kvar）；

P_i、Q_i——分别是第 i 个集中负荷的有功功率（kW）、无功功率（kvar）；

r、x——分别是三相电力线路单位长度的电阻、电抗（Ω/km）；

x'——单相电力线路单位长度的电抗（Ω/km），工程计算时其值可近似为 x；

l——某一个集中负荷至线路首端的线路长度（km）；

l_i——某 i 个集中负荷至线路首端的部分线路长度（km）；

U_n——线路标称线电压（kV）；

U_{nph}——线路标称相电压（kV）；

U_{DC}——线路直流电压（kV）。

带有均匀分布负荷的三相平衡线路，可将其分布负荷集中于分布线段的中点，然后按集中负荷计算其电压损失。

先按电压损失条件选择导体截面的计算步骤为：

（1）由于截面未知，可先以线路单位长度的电抗平均值进行计算。

10kV 架空裸线：$x_0 = 0.35\Omega/\text{km}$；

10kV 电力电缆：$x_0 = 0.10\Omega/\text{km}$；

1kV 电力电缆：$x_0 = 0.07\Omega/\text{km}$。

（2）根据已知的 $\Delta U\%$ 允许值，求出单位长度电阻 r 的最小值，相应公式见表 4-6。

根据公式 $S \geqslant \dfrac{\rho}{r}$，导出满足电压损失要求的导线截面 $S(\text{mm}^2)$，式中，ρ 为导线材料电阻率的计算值（$\times 10^{-9}\Omega \cdot \text{m}$），铜取 18.4，铝取 31.0。

根据上式所得的值，选出导体标称截面后，再根据线路布置情况查得实际 r 和 x，代入表 4-6 中的相应计算公式进行校验，直至满足条件。

【例 4-3】一根 5km 的 35kV 架空线路，计算负荷为 4830kW，$\cos\varphi = 0.7$，$T_{\max} = 4800\text{h}$。拟选用 LJ-95 型铝绞线，试问该线路能否满足允许电压损耗 5% 的要求？已知该线路导线为水平排列，导线间距为 1m。

解：已知 $P_c = 4830\text{kW}$，$\cos\varphi = 0.7$，导线间距 $a = 1$，则：

$\tan\varphi = 1.0$，$Q_c = 4830\text{kvar}$，又 $a_{av} = 1.26a = 1.26\text{m}$，$A = 95\text{mm}^2$，

查表 4-7 可知 $r_0 = 0.34\Omega/\text{km}$，（即每公里线路的电阻）

$x_0 = 0.35\Omega/\text{km}$。（即每公里线路的电抗）

故线路的电压损耗值为：

$$\Delta U = \frac{PR + QX}{U_n} = \frac{4830 \times (5 \times 0.34) + 4830 \times (5 \times 0.35)}{35} = 476.1\text{V}$$

线路电压损耗百分值为：

$$\Delta U\% = \frac{\Delta U}{U_n} \times 100\% = \frac{476.1 \times 10^{-3}}{35} \times 100\% = 1.36\%$$

电压损耗小于 $\Delta U_z = 5\%$，因此所选 LJ-95 型铝绞线满足允许电压损耗要求。

LJ 型裸铝绞线的电阻和电抗　　　　　　表 4-7

绞线型号	LJ-16	LJ-25	LJ-35	LJ-50	LJ-70	LJ-95	LJ-120	LJ-150	LJ-185	LJ-240	LJ-300
电阻 （$\Omega \cdot \text{km}^{-1}$）	1.98	1.28	0.92	0.64	0.46	0.34	0.27	0.21	0.17	0.132	0.106
线间几何均距 （m）	电抗（$\Omega \cdot \text{km}^{-1}$）										
0.6	0.358	0.345	0.336	0.325	0.312	0.303	0.295	0.288	0.281	0.273	0.267
0.8	0.377	0.363	0.352	0.341	0.330	0.321	0.313	0.305	0.299	0.291	0.284
1.0	0.391	0.377	0.366	0.355	0.344	0.335	0.327	0.319	0.313	0.305	0.298
1.25	0.405	0.391	0.380	0.369	0.358	0.349	0.341	0.333	0.327	0.319	0.302
1.5	0.416	0.402	0.392	0.380	0.370	0.360	0.353	0.345	0.339	0.330	0.322
2.0	0.434	0.421	0.410	0.398	0.388	0.378	0.371	0.363	0.356	0.348	0.341
2.5	0.448	0.435	0.424	0.413	0.399	0.392	0.385	0.377	0.371	0.362	0.355

续表

线间几何均距 （m）	电抗（$\Omega \cdot km^{-1}$）										
3	0.459	0.448	0.435	0.424	0.410	0.403	0.396	0.388	0.382	0.374	0.367
3.5			0.445	0.433	0.420	0.413	0.406	0.398	0.392	0.383	0.376
4.0			0.453	0.441	0.428	0.419	0.411	0.406	0.400	0.392	0.385

4.1.5　按机械强度校验截面

架空线路的导线一般采用铝绞线（LJ 型铝绞线或 LGJ 型钢芯铝绞线）。当高压线路挡距或交叉挡距较长、杆位高差较大时，宜采用钢芯铝绞线。在沿海地区，由于盐雾或有化学腐蚀气体的存在，宜采用防腐铝绞线、铜绞线（TJ）或采取其他措施。在街道狭窄和建筑物稠密地区应采用绝缘导线。架空线路在安装运行中，可能会受到风、雨、雪、冰以及温度等各种复杂恶劣环境因素的影响。为了保证安全运行，配电线路导线的截面按机械强度要求不应小于表 4-8 所列数值，中性线截面选择如表 4-9 所示。

导线最小截面　　　　　　　　　　　　　　　　　　表 4-8

线路 导线种类	高压线路		低压线路
	居民区	非居民区	
铝绞线及铝合金绞线	35	25	16
钢芯铝绞线	25	16	16
钢绞线	16	16	（直径 3～2mm）

注：低压线路与铁路交叉跨越挡，当采用裸铝绞线时，截面不应小于 $35mm^2$。

中性线截面（mm^2）　　　　　　　　　　　　　　表 4-9

线别 导线种类	相线截面	中性线截面
铝绞线及钢芯铝绞线	LJ/LGJ-50 及以下	与相线截面同
	LJ/LGJ-70 及以上	不小于相线截面的 50%，但不小于 $50mm^2$
钢绞线	TJ-35 及以下	与相线截面同
	TJ-50 及以上	不小于相线截面的 50%，但不小于 $35mm^2$

4.1.6　低压配电系统中性线、保护线和保护中性线截面的选择

中性线截面的选择要考虑线路中最大不平衡负荷电流及谐波电流的影响。保护线截面选择要满足单相短路电流通过时的短路热稳定度。保护线截面选择要兼顾中性线和保护线截面的要求。

1. 保护线（N 线）截面选择

（1）单相两线制线路

$$S_N = S_\varphi \tag{4-5}$$

式中　S_N——中性线截面（mm^2）；

　　　S_φ——相线截面（mm^2）。

（2）三相四线制线路

1）当 $S_\varphi \leqslant 16mm^2$（铜）或 $25mm^2$（铝）时：

$$S_N = S_\varphi \tag{4-6}$$

2）当 $S_\varphi > 16\text{mm}^2$（铜）或 25mm^2（铝），且在正常工作时，包括谐波电流在内的中性导体预期最大电流不大于中性导体的允许载流量，并且中性导体已进行了过电流保护时，中性导体截面积可小于相导体截面，且应满足：

$$S_\varphi \geqslant 16\text{mm}^2\text{（铜）}或 25\text{mm}^2\text{（铝）} \tag{4-7}$$

（3）存在谐波的三相线路，在三相四线制线路中存在谐波电流时，计算中性导体的电流应计入谐波电流的效应，当中性导体的电流大于相电流时，电缆相导体截面应按中性导体的电流选择。当三相平衡系统中存在谐波电流，4 芯或 5 芯电缆内中性导体与相导体材料相同和截面相等时，电缆载流量的降低系数应按表 4-10 确定。

电缆载流量的降低系数   表 4-10

相线电流中的 3 次谐波分量（%）	校正系数	
	按相线电流选择截面	按中性线电流选择截面
0～15	1.00	—
15～33	0.86	—
33～45	—	0.86
>45	—	1.00

2. 保护线（PE 线）截面选择

（1）根据热稳定要求，PE 线截面按表 4-11 选择，表 4-11 适用于与相线材质相同时的 PE 线截面选择，否则，PE 线截面的确定要符合国家现行规范的规定。

PE 线最小截面积   表 4-11

相线截面（mm²）	$S_\varphi \leqslant 16$	$16 < S_\varphi \leqslant 35$	$S_\varphi > 35$
PE 线截面（mm²）	S_φ	16	$\geqslant S_\varphi/2$

（2）电缆外的保护线或与相线不在同一外护物之内的保护线，其截面不应小于：有机械损伤保护时，2.5mm²（铜）或 16mm²（铝）；无机械损伤保护时，4mm²（铜）或 16mm²（铝）。

（3）当两个或更多回路共用一根保护线时，应根据回路中最严重的预期故障电流或短路电流和动作电流确定截面积，对应于回路中的最大相线截面时，按表 4-11 选择。

3. 保护中性线（PEN 线）截面选择

保护中性线截面选择应同时满足上述保护线和中性线的要求，取其中最大值。

考虑到机械强度原因，在电气装置中固定使用的 PEN 线不应小于 10mm²（铜）或 16mm²（铝）。

【例 4-4】有一条采用 BV-750 型铜芯塑料线明敷的 AC220V/380V 的 TN-S 线路，最大持续工作电流为 140A，如果采用 BV-750 型铜芯塑料线穿硬塑料管埋地敷设，当地最热月平均气温为 +25℃时，试按发热条件选择此线路的导线截面。

答：查表《工业与民用供配电设计手册（第四版）》中表 9.3-15 得 25℃时，5 根单芯穿硬塑料管的 BV-750 型铜芯塑料线截面为 70mm²，$I_z = 163\text{A} > I_{max} = 140\text{A}$。因此按发热条件，相线截面可选 70mm²，N 线选为 35mm²，PE 线截面也选为 35mm²。

所选结果可表示为：BV-450/750V－3×70+2×35mm²。

4.2　电力电缆基本认知

4.2.1　电缆的结构

电力电缆是由三个主要部分组成，即导电线芯、绝缘层和保护层。其中导电线芯用于传输电能，绝缘层用于保证在电气上使导电线芯与外界隔离，保护层起保护密封的作用，使绝缘层不受外界潮汽侵入，不受外界损伤，保持绝缘性能。其结构可参见图4-1。

（1）电力电缆的导电线芯是用来输送电流的，其所用材料通常是高导电率的铜和铝。我国制造的电缆线芯的标称截面有 $2.5\sim800\text{mm}^2$ 多种规格。

（2）电缆绝缘层是用来保证导电线芯之间、导电线芯与外界的绝缘。绝缘层包括分相绝缘和统包绝缘。绝缘层的材料有纸、橡皮、聚氯乙烯、聚乙烯和交联聚乙烯等。

（3）电力电缆的保护层分内护层和外护层两部分。内护层主要是保护电缆统包绝缘不受潮湿和防止电缆浸渍剂外流及轻度机械损伤。外护层是用来保护内护层的，防止内护层受到机械损伤或化学腐蚀等。护层包括铠装层和外被层两部分。

4.2.2　电缆的分类

1. 按绝缘材料分类

（1）油浸纸绝缘。包括：黏性油浸纸绝缘型（统包型、分相屏蔽型），不滴流油浸纸绝缘型（统包型、分相屏蔽型），充油式油浸纸绝缘型（自容式充油电缆、钢管式充油电缆），充气式黏性油浸纸绝缘型（自容式充气电缆、钢管式充气电缆）。

油浸纸绝缘电缆自1890年问世以来，其系列与规格最完善，已广泛应用于330kV及以下电压等级的输配电线路中，并已研制出500~750kV的超高压电缆。这种电缆的特点是：耐电强度高，介电性能稳定，寿命较长，热稳定性好，载流量大，材料资源丰富，价格便宜。缺点是：不适于高落差敷设，制造工艺较为复杂，生产周期长，电缆头制作技术比较复杂等。

（2）塑料绝缘。包括：聚氯乙烯绝缘型（低压电线电缆）、聚乙烯绝缘型（中、低压电线电缆）、交联聚乙烯绝缘型（高、中、低压电线电缆）。

用塑料做绝缘层材料的电力电缆称为塑料绝缘电力电缆。塑料绝缘电力电缆与油浸纸绝缘电力电缆相比，虽然发展较晚，但因制造工艺简单，不受敷设落差限制，工作温度可以提高，电缆的敷设、接续、维护方便，具有耐化学腐蚀性等优点，现已成为电力电缆中正在迅速发展的品种。随着塑料合成工业的发展，产量提高，成本降低，在中、低压电缆方面，塑料电缆已形成取代油浸纸绝缘电力电缆的趋势。交联聚乙烯的出现使高压浸渍纸绝缘电力电缆被塑料电缆所取代成为可能。

（3）橡胶绝缘。包括：天然橡胶绝缘型（矿用电缆、船用电缆、电力电缆），乙丙橡胶绝缘型（矿用电缆、船用电缆、电力电缆），硅橡胶绝缘型（控制电缆、电力电缆、航

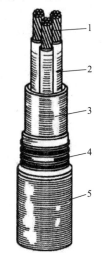

图4-1　交联聚乙烯绝缘电力电缆

1—缆芯（铜芯或铝芯）；

2—交联聚乙烯绝缘层；

3—聚氯乙烯护套（内护层）；

4—钢铠或铝铠（外护层）；

5—聚氯乙烯外套（外护层）

空线缆）等。

橡皮用作电缆绝缘层材料已有悠久的历史，最早的绝缘电线就是用马来树胶作绝缘层的。橡皮绝缘具有一系列的优点，它在很大的温度范围内具有高弹性，对于气体、潮汽、水分等具有低的渗透性，较高的化学稳定性和电气性能。橡皮绝缘电缆柔软，可曲度大，但由于它价格高，耐电晕性能差，长期以来只用于低压及可曲度要求高的场合。橡皮绝缘电力电缆，主要用于船舶、矿山、油田、井下、机车车辆等领域。

随着石油化学合成工业的迅速发展，合成橡胶的出现，不仅解决了天然橡胶资源匮乏、价格高的问题，还在性能方面得到了改善。例如，乙丙橡胶电缆工作温度可达85℃。目前乙丙橡胶绝缘电力电缆的电压等级已达到18kV/36kV，可以做成单芯和三芯结构。

2. 按电压等级分类

（1）低压电力电缆。1kV 及以下，主要用于电力、冶金、机械、建筑等行业；

（2）中压电力电缆。3～35kV，约 50%用于电力系统的配电网络，将电力从高压变电站送到城市和偏远地区，其余用于建筑、机械、冶金、化工、石化等行业；

（3）高压电力电缆。66～110kV，绝大部分应用于城市高压配电网络，部分用于大型企业内部供电，如大型钢铁、石化企业等；

（4）超高压电力电缆。220～500kV，主要运用于大型电站的引出线路，欧美等经济发达国家也用于超大城市等用电高负荷中心的输配电网络，上海、北京等国内超大型城市也拟用于城市输配电网络。

3. 按导体材料分类

（1）铝芯电缆。铝芯电缆重量轻，抗氧化和耐腐蚀性能较强；

（2）铜芯电缆。铜芯电缆具有电阻率低、延展性好、强度高、抗疲劳、载流量大、发热温度低、电压损失低、能耗低、连接头性能稳定及施工方便等优点；

（3）合金电缆。铝合金电力电缆是以 AA-8000 系列铝合金材料为导体，采用特殊紧压工艺和退火处理等先进技术发明创造的新型材料电力电缆。

合金电力电缆弥补了以往纯铝电缆的不足，提高了电缆的导电性能、弯曲性能、抗蠕变性能和耐腐蚀性能等，能够保证电缆在长时间过载和过热时保持连续性能稳定，同时解决了纯铝导体电化学腐蚀、蠕变等问题。相对于铜芯电缆而言，使用铝合金电力电缆可以减轻电缆重量，降低安装成本，减少设备和电缆的磨损，便于安装施工。

4. 按传输电能形式分类

按电能传输的形式可分为交流电缆和直流电缆。目前，电力电缆的绝缘结构均为应用于交流系统而设计。由于直流电力电缆的电场分布与交流电力电缆不同，因此二者不能简单地互换使用。

4.2.3　电缆的型号及名称

电力电缆的产品不下数千种，为了适应生产、应用及维护的要求，统一编制产品的型号十分必要。我国电缆的型号由汉语拼音字母和阿拉伯数字组成。每一个型号标示着一种电缆结构，同时也表明这种电缆的使用场合和某种特征。我国电力电缆产品型号的编制原则如下：

（1）电缆线芯材料、绝缘层材料、内护层材料及特征、特性材料以其汉语拼音的第一个字母大写表示。例如：表明线芯材料的铝用 L 表示，标志绝缘材料的纸用 Z 表示，标志内护层材料的铅用 Q 表示。但也有例外，如铜导体不作表示，聚氯乙烯用 V 表示，交联聚乙烯用 YJ 表示等。

有些特殊性能和结构特征也用汉语拼音的第一个字母大写表示。例如：在绝缘材料前用短线隔开的 Z、W、N 等表示阻燃、无卤、耐火等特性，对油浸纸绝缘电缆，在护套的后面用 F、P 等表示分相铅包、分相屏蔽等结构特征。

（2）电缆外护层的结构，则以阿拉伯数字编号（两位数）来代表，没有外护层的电缆可不作表示，十位表示铠装层，个位表示外护套。例如："20"中的"2"表示钢带铠装，"0"表示没有外护套。

电力电缆型号中的字母与数字代号见表 4-12。

电力电缆型号中的字母与数字代号　　　　　　　　　表 4-12

分类	项目	代码
特性	阻燃	Z
	阻燃 A 类	ZA
	阻燃 B 类	ZB
	阻燃 C 类	ZC
	阻燃 D 类	ZD
	无卤	W
	低烟	D
	低毒	U
	耐火	N
导体	铜导体	（T）省略
	铝导体	L
绝缘	聚氯乙烯绝缘	V
	交联聚乙烯绝缘	YJ
	橡皮	X
	乙丙橡胶绝缘	E
	硬乙丙橡胶绝缘	EY
金属屏蔽	铜丝屏蔽	（D）省略
	钢丝屏蔽	S
内护套	聚氯乙烯护套	V
	聚乙烯或聚烯烃护套	Y
	弹性体护套[①]	F
	铅套	Q
	皱纹铝套	LW
铠装	双钢带铠装	2
	细圆钢丝铠装	3
	粗圆钢丝铠装	4
外护套	聚氯乙烯外护套	2
	聚乙烯外护套	3
	弹性体外护套[①]	4

① 弹性体包括氯丁橡胶、氯磺化聚乙烯或类似聚合物为基材的护套混合料。

（3）电缆型号中的字母一般是按下列次序排列：特性（无特性时省略）——绝缘——导体——金属屏蔽——护套（内护层）——铠装层——外护套，如图 4-2 所示。此外，还将电缆的工作电压、芯数和截面大小在型号后面标示出来。例如：VV$_{22}$-1kV-($3\times50+1\times16$)，表示铜芯聚氯乙烯绝缘、聚氯乙烯护套、双钢带铠装、聚氯乙烯外护套、额定电压 1kV、电缆主缆芯截面 50mm^2，中性缆芯截面 16mm^2 的四芯电力电缆。ZA-YJV$_{22}$-8.7/15kV－3×185 表示阻燃 A 类、交联聚乙烯绝缘、铜芯、聚氯乙烯内护套、钢带铠装、聚氯乙烯外护套、8.7/15kV、三芯、185mm^2 标称截面电力电缆。

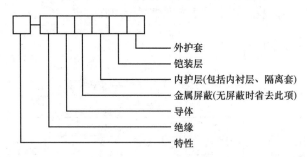

图 4-2　电缆型号的组成和排列顺序

　　常用的黏性浸渍纸绝缘电力电缆、不滴流油浸纸绝缘电力电缆、橡皮绝缘电力电缆、聚氯乙烯绝缘电力电缆、交联聚乙烯绝缘电力电缆的型号、名称及适用的敷设场合列于表 4-13。

常用电力电缆的型号、名称及适用的敷设场合　　　　　　　　表 4-13

型号	名称	主要用途
ZQ	黏性浸渍纸绝缘裸铅套电力电缆	室内、电缆沟及管道中，可适用于易燃、严重腐蚀的环境
ZQ$_{22}$ ZLQ$_{22}$	黏性浸渍纸绝缘铅套钢带铠装聚氯乙烯护套电力电缆	室内、隧道、电缆沟、一般土壤、多砾石、易燃、严重腐蚀的环境
ZQD ZLQD	不滴流油浸纸绝缘裸铅套电力电缆	室内、电缆沟及管道中，可适用于易燃、严重腐蚀的环境
ZQD$_{22}$ ZLQD$_{22}$	不滴流油浸纸绝缘铅套钢带铠装聚氯乙烯护套电力电缆	室内、隧道、电缆沟、一般土壤、多砾石、易燃、严重腐蚀的环境
XQ XLQ	橡皮绝缘裸铅护套电力电缆	室内、隧道及沟管内，不能承受机械外力，铅护套需要中性环境
XV XLV	橡皮绝缘聚氯乙烯护套电力电缆	室内、隧道及沟管内，不能承受机械外力
VV VLV	铜芯、铝芯聚氯乙烯绝缘聚氯乙烯护套电力电缆	敷设在室内、隧道及管道中，电缆不能承受压力和机械外力作用
VV$_{20}$ VLV$_{20}$	铜芯、铝芯聚氯乙烯绝缘聚氯乙烯护套裸钢带铠装电力电缆	敷设在室内、隧道管道中，电缆不能承受拉力作用
VV$_{22}$ VLV$_{22}$	铜芯、铝芯聚氯乙烯绝缘内钢带铠装聚氯乙烯护套电力电缆	敷设在室内、隧道及直埋土壤中，电缆能承受正压力，但不能承受拉力作用
VV$_{32}$ VLV$_{32}$	铜芯、铝芯聚氯乙烯绝缘及护套内细钢丝铠装电力电缆	敷设在室内、矿井中、水中，电缆能承受一定的拉力

型号	名称	主要用途
ZA-VV ZA-VLV	阻燃 A 类聚氯乙烯绝缘聚氯乙烯护套电力电缆	室内、医院、控制指挥中心等重要场合，电缆具有自熄特性
N-VV N-VLV	耐火聚氯乙烯绝缘聚氯乙烯护套电力电缆	室内、医院、控制指挥中心等重要场合，电缆能承受短时火焰作用
WDZN-VV WDZN-VLV	无卤低烟阻燃耐火聚氯乙烯绝缘聚氯乙烯护套电力电缆	室内、医院、控制指挥中心、剧场、商场等重要场合或人员集中场合
YJV YJLV	铜芯、铝芯交联聚乙烯绝缘聚氯乙烯护套电力电缆	敷设在室内、隧道及管道中，电缆不能承受机械外力作用
YJY、YJLY	交联聚乙烯绝缘聚乙烯护套电力电缆	室内、隧道、管道、电缆沟及地下直埋等
YJV$_{22}$ YJLV$_{22}$	铜芯、铝芯交联聚乙烯绝缘聚氯乙烯护套钢带铠装电力电缆	敷设在地下，不能承受大的拉力
WD-YJV	无卤低烟交联聚乙烯绝缘聚乙烯护套电力电缆	宾馆、写字楼、娱乐场所等室内，燃烧气体无毒
WDZN-YJV$_{22}$	无卤低烟阻燃耐火交联聚乙烯绝缘钢带铠装聚氯乙烯护套电力电缆	宾馆、写字楼、娱乐场所等室内，可承受机械外力，燃烧气体无毒

4.3　电缆的敷设

室外电缆的敷设方式很多，有电缆直埋式、电缆沟、排管、隧道、穿管敷设等。采用何种敷设方式，应根据电缆的根数、电缆线路的长度以及周围环境条件等因素决定。电缆敷设路径应避免电缆遭受机械性外力、过热、腐蚀等危害。满足安全要求条件下，应保证电缆路径最短；应便于敷设、维护；宜避开将要挖掘施工的地方。充油电缆线路通过起伏地形时，应保证供油装置合理配置。

4.3.1　电缆直埋敷设

1. 一般规定

（1）电缆在户外非冻土地区直接埋地敷设的深度，在人行道不应小于 700mm，在车行道或农田不应小于 1000mm。电缆至地下构筑物基础平行距离，不应小于 300mm。电缆上下方应均匀铺设砂层，其厚度宜为 100mm。电缆上方应覆盖混凝土保护板等保护层，保护层宽度应超出电缆两侧各 50mm。

（2）电缆在户外冻土地区直接埋地敷设时，宜埋入冻土层以下。当无法深埋时，可埋设在土壤排水性好的干燥冻土层或回填土中。也可采取其他防止电缆受到损伤的措施。

（3）电缆与建筑物平行敷设时，电缆应敷设在建筑物的散水坡外。电缆引入建筑物时，保护导管的长度应超出建筑物散水坡 100mm。

（4）直接埋地敷设的电缆，严禁位于地下管道的正上方或正下方。

（5）直接埋地敷设电缆的接头盒下面应垫混凝土基础板，其长度宜超出接头盒两端各 600～700mm。

（6）直接埋地敷设电缆的接头，其与邻近的电缆净距，不应小于 250mm，平行的电缆接头位置宜相互错开，且净距不应小于 500mm。

（7）位于直接埋地敷设电缆的路径上方，沿电缆路径的直线间隔100m、转弯处和接头部位，应设置明显的标志。

（8）直接埋地敷设的电缆与电缆、管道、道路、构筑物等之间的最小净距，不应小于表4-14所列数值。

直接埋地电缆与电缆、管道、道路、构筑物之间的允许最小距离（m）　表 4-14

电缆直埋时的配置状况		平行	交叉
控制电缆之间		—	0.5[①]
电力电缆之间或与控制电缆之间	10kV 及以下电力电缆	0.1	0.5[①]
	10kV 以上电力电缆	0.25[②]	0.5[①]
不同部门使用的电缆		0.5[②]	0.5[①]
电缆与地下管沟	热力管沟	2.0[②]	0.5[①]
	油管或易（可）燃气管道	1.0	0.5[①]
	其他管道	0.5	0.5[①]
电缆与铁路	非直流电气化铁路路轨	3.0	1.0
	直流电气化铁路路轨	10	1.0
电缆与建筑物基础		0.6[③]	—
电缆与道路边		1.0[③]	—
电缆与排水沟		1.0[③]	—
电缆与树木的主干		0.7	
电缆与10kV 及以下架空线电杆		1.0[③]	—
电缆与10kV 以上架空线电杆		4.0[③]	—

① 用隔板分割或电缆穿管时不得小于 0.25m；
② 用隔板分割或电缆穿管时不得小于 0.1m；
③ 特殊情况时，减少值不得大于 50%。

2. 施工工艺及流程

电缆直埋敷设就是沿选定的路线挖沟，然后将电缆埋设在沟内。电缆直接埋地敷设时，沿同一路径敷设的电缆数不宜超过 6 根。电缆直埋敷设具有施工简便，费用较低，电缆散热好等优点，但土方量大，电缆还易受到土壤中酸碱物质的腐蚀。电缆直埋敷设的施工工艺如图 4-3 所示。

图 4-3　电缆直埋敷设的施工工艺

（1）挖电缆沟

按图纸用白灰在地面上划出电缆行径的线路和沟的宽度。电缆沟的宽度取决于电缆的数量，如数条电力电缆与控制电缆在同一沟中，则应考虑散热等因素，其形状见图 4-4。

电缆沟的深度一般要求不小于 800mm，以保证电缆表面与地面的距离不小于 700mm。当遇到障碍物或冻土层以下、电缆沟的转角处，要挖成圆弧形，以保证电缆的弯曲半径。电缆接头的两端以及引入建筑和引上电杆处需挖出备用电缆的预留坑。

（2）预埋电缆保护管

当电缆与铁路、公路交叉，电缆进入建筑物，穿过楼板及墙壁，以及其他可能受到机械损伤的地方，应事先埋设电缆保护管，然后将电缆穿在管内。这样能防止电缆受机械损伤，而且也便于检修时电缆的拆换。例如，电缆引入、引出地面时（如电缆从沟道引至电杆、设备、墙外表面或室内等人们易于接近处），应有 2m 以上高度的金属管保护。电缆引入、引出建筑物时，其保护管应超出建筑物防水坡 250mm 以上。电线穿过铁路、道路时，保护管应伸出路基两侧边缘各 2m 以上等。

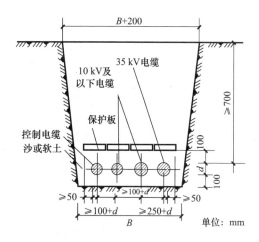

图 4-4　电缆直埋敷设示意图

（3）敷设电缆

电缆敷设常用的方法有两种，即人工敷设和机械牵引敷设。无论采用何种方法，都要先将电缆盘稳固地架设在放线架上，使它能自由地活动，然后从盘的上端引出电缆，逐渐松开放在滚轮上，用人工或机械向前牵引，如图 4-5 所示，在施放过程中，电缆盘的两侧应有专人协助转动，并备有适当的工具，以便随时刹住电缆盘。

图 4-5　电缆用滚轮敷设方法

电缆放在沟底，不要拉得很直，使电缆长度比沟长 0.5%～1%，这样可以防止电缆在冬季停止使用时，不致因冷缩长度变短而受过大的拉力。电缆的上、下需铺上不小于 100mm 厚的细沙，再在上面铺盖一层砖或水泥预制盖板，其覆盖宽度应超过电缆两侧各 50mm，以便将来挖土时，可表明土内埋有电缆，使电缆不受机械损伤。

（4）回填土

电缆敷设完毕，应请建设单位、监理单位及施工单位的质量检查部门共同进行隐蔽工程验收，验收合格后方可覆盖、填土。填土时应分层夯实，覆土要高出地面 150～200mm，以备松土沉陷。

（5）打标桩

直埋电缆在直线段每隔 50～100m 处、电缆的拐弯、接头、交叉、进出建筑物等地段应设标桩。标桩露出地面以 15cm 为宜。

4.3.2　电缆在电缆沟和电缆隧道内敷设

1. 一般规定

（1）电缆沟可分为无支架沟、单侧支架沟、双侧支架沟三种。当电缆根数不多（一般不超过 5 根）时，可采用无支架沟，电缆敷设于沟底。户外电缆沟的沟口宜高出地面 50mm，以减少地面排水进入沟内。但当盖板高出地面影响地面排水或交通时，可采用具有覆盖层的电缆沟，盖板顶部一般低于地面300mm。

（2）电缆沟应采取防水措施，其底部纵向排水坡度不应小于0.5%，并设集水井。积水的排出，有条件时可直接排入下水道，否则可经集水井用泵排出。电缆沟较长时应考虑分段排水，每隔50m左右设置一个集水井。

（3）当电缆沟两侧均有支架时，1kV及以下的电力电缆和控制电缆，宜与1kV以上的电力电缆分别敷设于两侧支架上。

（4）电缆沟内的电缆支架长度，不宜大于300mm。电缆隧道内的电缆支架长度，不宜大于500mm。

（5）电缆沟在进入建筑物处应设有防火墙。

（6）电缆沟一般采用钢筋混凝土盖板，盖板质量不宜超过50kg。在户内需经常开启的电缆沟盖板，宜采用花纹钢盖板，钢盖板质量不宜超过30kg。

（7）电缆沟和电缆隧道内应设接地干线，沟内金属支架应可靠接地。

（8）电缆隧道应采取防水措施，其做法与电缆沟相同，并每隔100m左右设置一个集水井。

（9）当电缆隧道长度大于7m时，两端应设出口。当两个出口之间的距离超过75m时，应增加出口。人孔井可作为出口，人孔井的直径不应小于0.7m。

（10）电缆隧道内应设照明，照明电压不应超过25V，否则需采取安全措施。

（11）与电缆隧道无关的管线不得通过电缆隧道。电缆隧道与其他地下管线交叉时，应尽可能避免隧道局部下降。

（12）各种电缆在支架上的排列顺序：高压电力电缆应放在低压电力电缆的上层，电力电缆应放在控制电缆的上层。强电控制电缆应放在弱电控制电缆的上层。若电缆沟和电缆隧道两侧均有支架时，1kV以下的电力电缆与控制电缆应与1kV以上的电力电缆分别敷设在不同侧的支架上。

2. 施工工艺及流程

电缆沟敷设方式主要适用于在厂区或建筑物内地下电缆数量较多，但不需采用隧道时，以及城镇人行道开挖不便，且电缆需分期敷设时。电缆隧道敷设方式主要适用于同一通道的地下中低压电缆达40根以上或高压单芯电缆多回路的情况，以及位于有腐蚀性液体或经常有地面水流溢出的场所。电缆沟和电缆隧道敷设具有维护、保养和检修方便等特点。电缆沟和电缆隧道敷设的施工工艺见图4-6。

图4-6　电缆沟和电缆隧道敷设的施工工艺

（1）砌筑沟道

电缆沟和电缆隧道通常由土建专业人员用砖和水泥砌筑而成。其尺寸应按照设计图的规定，沟道砌筑好后，应有5～7天的保养期。室外电缆沟的断面见图4-7。电缆隧道内净高不应低于1.9m，有困难时局部地区可适当降低。电缆隧道断面图如图4-8所示。图中尺寸c与电缆的种类有关，当电力电缆为36kV时，$c \geqslant 400$mm。电力电缆为10kV及以下时，$c \geqslant 300$mm。若为控制电缆，$c \geqslant 250$mm。其他各部位尺寸也应符合有关规定。

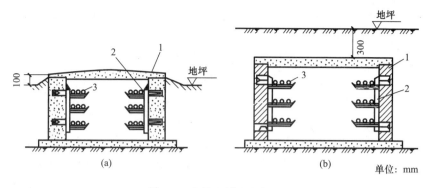

图 4-7　室外电缆沟的断面

（a）无覆盖电缆沟；（b）有覆盖电缆沟

1—接地线；2—支架；3—电缆

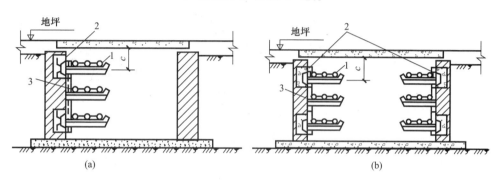

图 4-8　电缆隧道断面图

（a）单侧支架；（b）双侧支架

1—电力电缆；2—接地线；3—支架

电缆沟和电缆隧道应采取防水措施，其底部应做成坡度不小于 0.5% 的排水沟，积水可及时直接接入排水管道，或经积水坑、积水井用水泵抽出，以保证电缆线路在良好环境下运行。

（2）制作、安装支架

常用的支架有角钢支架和装配式支架，角钢支架需要自行加工制作，装配式支架由工厂加工制作。支架的选择、加工要求一般由工程设计决定。也可以按照标准图集的做法加工制作。安装支架时，宜先找好直线段两端支架的准确位置，并安装固定好，然后拉通线，再安装中间部位的支架，最后安装转角和分岔处的支架。角钢支架安装示意见图 4-9。电缆支架间或固定点间的最大间距见表 4-15。

（3）电缆敷设

按电缆沟或电缆隧道的电缆布置图敷设电缆并逐条加以固定，固定电缆可采用管卡子或单边管卡子，也可用 U 形夹及 Ⅱ 形夹固定。电缆固定的方法见图 4-10（a）和图 4-10（b）。

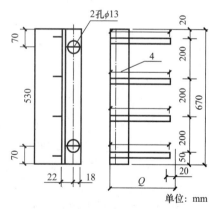

图 4-9　角钢支架安装示意图

电缆在电缆沟内敷设时电缆支架间或固定点间的最大间距（m）　表 4-15

敷设方式		水平敷设	垂直敷设
塑料护套或钢带铠装	电力电缆	1.0	1.5
	控制电缆	0.8	1.0
钢丝铠装		3.0	6.0

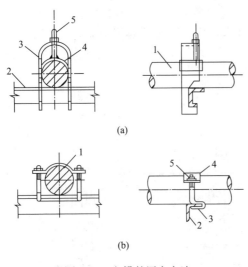

图 4-10　电缆的固定方法

（a）电缆在支架上用 U 形夹固定安装

1—电缆；2—支架；3—U 形夹；4—压板；5—螺栓

（b）电缆在支架上用Ⅱ形夹固定安装

1—电缆；2—支架；3—Ⅱ形夹；4—压板；5—螺母

（4）盖盖板

电缆沟盖板的材料有水泥预制块、钢板和木板。采用钢板时，钢板应做防腐处理。采用木板时，木板应做防火、防蛀和防腐处理。电缆敷设完毕后，应清除杂物，盖好盖板，必要时还应将盖板缝隙密封。

4.3.3　电缆在排管内敷设

电缆排管敷设方式，适用于电缆数量不多（一般不超过 12 根），而与道路交叉较多，路径拥挤，又不宜采用直埋或电缆沟敷设的地段。穿电缆的排管大多是水泥预制块，排管也可采用混凝土管或石棉水泥管。电缆排管敷设的施工工艺见图 4-11。

（1）挖沟

电缆排管敷设时，首先应根据选定的路径挖沟，沟的挖设深度为 0.7m 加排管厚度，宽度略大于排管的宽度。排管沟的底部应垫平夯实，并应铺设厚度不小于 80mm 的混凝土垫层。垫层坚固后方可安装电缆排管。

图 4-11　电缆排管敷设的施工工艺

（2）人孔井设置

为便于敷设、拉引电缆，在敷设线路的转角处、分支处和直线段超过一定长度时，均应设置人孔井。一般人孔井间距不宜大于 150m，净空高度不应小于 1.8m，其上部直径不小于 0.7m。人孔井内应设集水坑，以便集中排水。人孔井由土建专业人员用水泥砖块砌筑而成。人孔井的盖板也是水泥预制板，待电缆敷设完毕后，应及时盖好盖板。

（3）安装电缆排管

将准备好的排管放入沟内，用专用螺栓将排管连接起来，既要保证排管连接平直，又要保证连接处密封。排管安装的要求如下：

1）排管孔的内径不应小于电缆外径的 1.5 倍，但电力电缆的管孔内径不应小于 90mm，控制电缆的管孔内径不应小于 75mm。

2）排管应倾向人孔井侧有不小于 0.5％的排水坡度，以便及时排水。

3）排管的埋设深度为排管顶部距离地面不小于 0.7m，在人行道下面可不小于 0.5m。

4）在选用的排管中，排管孔数应充分考虑发展需要的预留备用。一般不得少于 1～2 孔，备用回路配置于中间孔位。

（4）覆土

与直埋电缆的方式类似。

（5）埋标桩

与直埋电缆的方式类似。

（6）穿电缆

穿电缆前，首先应清除孔内杂物，然后穿引线，引线可采用毛竹片或钢丝绳。在排管中敷设电缆时，把电缆盘放在井坑口，然后用预先穿入排管孔眼中的钢丝绳，将电缆拉入管孔内，为了防止电缆受损伤，排管口应套以光滑的喇叭口，井坑口应装设滑轮，见图 4-12。

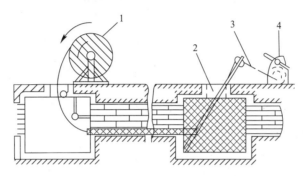

图 4-12　在两人孔井间拉引电缆

1—电缆盘；2—井坑；3—绳索；4—绞磨

4.3.4　电缆在电缆桥架（梯架或托盘）内敷设

电缆桥架适用于电缆数量较多或较集中的场所。电缆桥架按材质分主要有钢板、铝合金和玻璃钢等，按结构形式分主要有梯架式、托盘式和槽式等，按防火要求分有耐火型和普通型。

1. 一般规定

（1）电缆桥架水平安装时，支撑点间距宜为 1500～3000mm。垂直安装时，其固定点间距不宜大于 2000mm。当不能满足要求时，宜采用大跨度电缆桥架。

（2）除技术夹层和特殊场合外，电缆桥架水平段距地面的高度不宜低于 2500mm，垂直段距地面的高度不宜低于 1800mm。除在电气专用房间里外，当不能满足要求时，应采取防机械损伤措施。

（3）电缆桥架多层安装时，其层间净距离应符合下列规定：

1）电力电缆桥架之间不应小于 300mm。

2）电信（控制）电缆桥架与电力电缆桥架之间不应小于 500mm。当有屏蔽措施时，不应小于 300mm。

3）控制电缆桥架之间不应小于 200mm。

4）电缆桥架上部距顶棚、楼板或梁等其他障碍物不宜小于 300mm。

（4）当两组或两组以上电缆桥架在同一高度平行安装时，各相邻电缆桥架之间应留有满足维护、检修的距离。

（5）在电缆桥架内可以无间距敷设电缆。桥架内敷设的电缆总截面积不宜超过桥架横截面积的 40%；

（6）下列不同电压、用途的电缆，不宜敷设在同一层的电缆桥架上：①1kV 以上与 1kV 及以下的电缆。②向同一负荷供电的两回路电源电缆。③应急照明和其他照明的电缆。④电力电缆与电信电缆。当受条件限制需敷设在同一电缆桥架上时，应采用金属隔板隔开。

（7）电缆在电缆桥架内敷设应排列整齐，少交叉。水平敷设的电缆，首尾两端、转弯两侧及每隔 5~10m 处设固定点。垂直敷设的电缆固定点间距，不应小于表 4-16 所列数值。

（8）桥架起始端、末端、桥架分支处应设置电缆标志牌，桥架内不应有电缆接头。

电缆在桥架内垂直敷设固定点间距　　　　　　　　表 4-16

电缆种类		固定点间距（mm）
电力电缆	全塑型	1000
	除全塑型外	1500
控制电缆		1000

2. 安装工艺

梯架、托盘和槽盒安装工艺如图 4-13 所示。

图 4-13　梯架、托盘和槽盒安装工艺

由纵向支撑件和牢固地固定在纵向支撑组件上的一系列横向支撑构件构成的电缆支撑物为电缆梯架，带有连续底盘和侧边，但没有盖子的电缆支撑物为电缆托盘，用于围护绝缘导线和电缆，带有底座和可移动盖子的封闭壳体为槽盒。梯架、托盘和槽盒见图 4-14，安装方式见图 4-15。

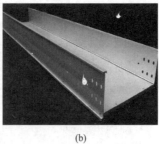

(a)　　　　　　　　(b)　　　　　　　　(c)

图 4-14　梯架、托盘和槽盒
（a）梯架；（b）托盘；（c）槽盒

4.4　电缆头的制作

电缆线路两末端的接头称为终端头，中间的接头称为中间接头，终端头和中间接头又统称为电缆头。电缆头一般是在电缆敷设就位后在现场进行制作。其主要作用是使电缆保持密封，使线路畅通，并保证电缆接头处的绝缘等级，使其能够安全可靠地运行。

4.4.1　电缆头施工的基本要求

（1）施工前应做好一切准备工作，如熟悉安装工艺；对电缆、附件以及辅助材料进行验收和检查，施工用具配备到位。

（2）当周围环境及电缆本身的温度低于5℃时，必须供暖和加温，对塑料绝缘电缆则应在0℃以上。

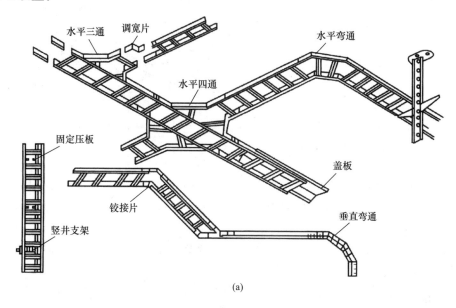

(a)

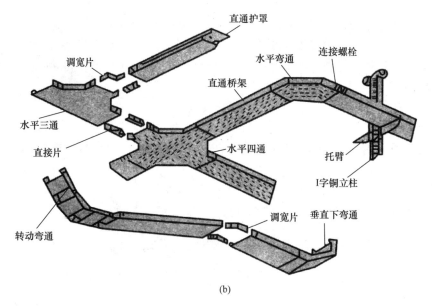

(b)

图 4-15　电缆桥架安装（一）

（a）梯架；（b）托盘

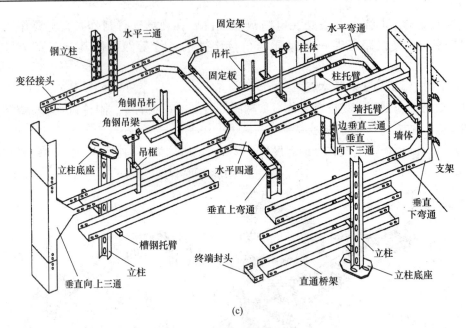

图 4-15　电缆桥架安装（二）
(c) 槽式

（3）施工现场周围应不含导电粉尘及腐蚀性气体，操作中应保持材料工具的清洁，环境应干燥，霜、雪、露、积水等应清除。当相对湿度高于70％时，不宜施工。

（4）操作时，应严格防止水和其他杂质侵入绝缘层材料，尤其在天热时，应防止汗水滴落在绝缘材料上。

（5）用喷灯封铅或焊接地线时，操作应熟练、迅速，防止过热，避免灼伤铅包及绝缘层。

（6）从剖铅开始到封闭完成，应连续进行，且要求时间越短越好，以免潮汽进入。

（7）切剥电缆时，不允许损伤线芯和应保留的绝缘层，且使线芯沿绝缘表面至最近接地点（金属护套端部及屏蔽）的最小距离应符合下列要求：1kV 电缆为 50mm，6kV 电缆为 60mm，10kV 电缆为 125mm。

4.4.2　10kV 交联聚乙烯电缆热缩型终端头制作

热缩型终端头所用主要附件和材料有：接线端子、热收缩绝缘管、热收缩护套管、热收缩应力管、热收缩三叉手套、相色密封管、热缩防雨罩、热熔胶带、铝箔带、铜编织地线、酒精等。

1. 10kV 交联聚乙烯电力电缆户内终端头制作工艺流程

10kV 交联聚乙烯电力电缆户内终端头制作工序流程如图 4-16 所示。制作过程如下：

（1）电缆测试。制作前用 2500V 兆欧表测量绝缘电阻，一般应大于 5000MΩ。

（2）剥切外护套。用电缆夹将电缆垂直固定，按图 4-17 所示尺寸，户内头由末端量取 550mm、户外头由末端量取 750mm，剥去外护套。

（3）剥铠装。从外护套断口处量取 30mm 铠装保留，用铜扎线绑扎 3 道，其余剥除。

（4）剥内垫层。在铠装断口处向末端保留 20mm 内垫层，其余剥除。

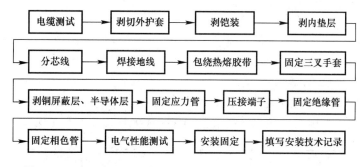

图 4-16　10kV 交联聚乙烯电力电缆户内终端头制作工序流程图

（5）分芯线。割弃线芯间填充物，把线芯小心分开。

（6）焊接地线。用砂布打光铠装上的接地线焊区。取铜纺织地线，用砂布将两端打光，一端牢固地焊在铠装上，另一端分成三股，分别焊在三根芯线的铜屏蔽带上，焊接处表面应平整、光滑、无虚焊。

（7）包绕热熔胶带。在三叉根部从内垫层外缘至外护套 10mm 处用半叠法包缠热熔胶带长约为 65mm，形似橄榄状最大处直径大于电缆外径约为 15mm。

（8）固定三叉手套。将三叉手套套入三叉根部，由手指根部依次向两端加热固定。

（9）剥铜屏蔽层、半导体层。由手套手指根部量取 55mm 铜屏蔽层，其余剥除。保留 20mm 半导体层，其余剥除。清理绝缘表面。

（10）固定应力管。按图 4-18 套入应力管，应力管搭接半导体层 20mm，加热固定。

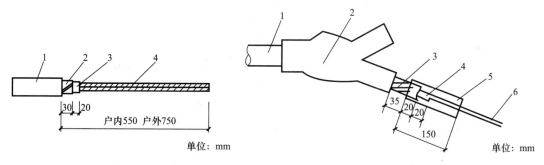

图 4-17　电缆终端头剥切示意图	图 4-18　热收缩应力管固定示意图
1—PVC 护；2—铠装带；	1—PVC 护套；2—热收缩三叉手套；3—铜屏蔽层；
3—内垫层；4—铜屏蔽层	4—半导体层；5—热收缩应力管；6—芯线绝缘层

（11）压接端子。按端子孔深加 5mm 剥去芯线绝缘，端部削成"铅笔头"状，压接端子。压坑一般为两个，压坑深度为端子管壁厚度的 4/5，两坑之间的距离为 15～20mm，距离端子管边缘不得小于 10mm。压坑用铝箔带填平。"铅笔头"处包绕热熔胶带，并搭接端子和绝缘层各 10mm。

（12）固定绝缘管。在电缆手指根部包绕一层热熔胶带套入热收缩绝缘管至三叉根部，管上端超出热熔胶带 10mm，由根部起加热固定。

（13）固定相色密封管。将相色密封管套在端子圆管部位，先预热端子，由上部起加热固定。

（14）电气性能测试。用 2500V 兆欧表测试绝缘电阻，并做直流耐压试验及泄漏电流测定，应合格。

（15）安装固定。将电缆头固定在预定支架上，核对相位无误后，再连接到设备上，将接地线引出、接地至此，户内热缩型终端头即制作完毕。

（16）填写安装技术记录。

2. 10kV交联聚乙烯电力电缆户外终端头制作

10kV交联聚乙烯电力电缆户外终端头制作工序流程如图4-19所示。

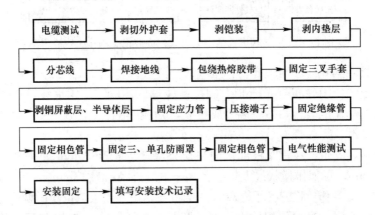

图4-19　10kV交联聚乙烯电力电缆户外终端头制作工序流程图

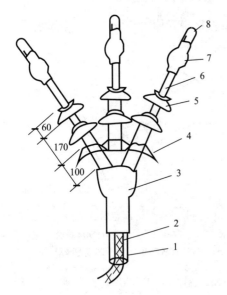

图4-20　热缩型户外终端头示意图
1—PVC护套；2—接地线；
3—热收缩三叉手套；4—热缩三孔防雨罩；
5—热缩单孔防雨罩；6—热缩绝缘管；
7—相色密封管；8—接线端子

户外电缆终端头制作从测试电缆起到固定绝缘管的制作和户内终端头的（1）～（13）项相同。

（14）固定三孔、单孔防雨罩。按图4-20在三孔、单孔防雨罩固定位置包一层热熔胶带，分别套入三孔、单孔防雨罩，加热颈部固定。

（15）固定相色密封管。在相色密封管位置包绕热熔胶带一层，将相色密封管套在端子圆管部位，先预热端子，由上端起加热固定。

（16）、（17）、（18）项与户内终端头的（14）、（15）、（16）项相同。

4.5　封闭式母线槽安装

4.5.1　母线槽基本认知

封闭式母线槽（简称母线槽）是由金属板（钢板或铝板）为保护外壳、导电排、绝缘材料及有关附件组成的母线系统。它可制成每隔一段距离设有插接分线盒的插接型封闭母线，也可制成中间不带分线盒的馈电型封闭式母线。

母线槽按绝缘方式可分为空气式插接母线槽、密集绝缘插接母线槽和高强度插接母线槽三种。按其结构及用途分为密集绝缘、空气绝缘、空气附加绝缘、耐火、树脂绝缘和滑触式母线槽，按其外壳材料分为钢外壳、铝合金外壳和钢铝混合外壳母线槽。

在高层建筑的供电系统中，动力和照明线路往往分开设置，母线槽作为供电主干线在电气竖井内沿墙垂直安装一趟或多趟。按用途一趟母线槽一般由始端母线槽、直通母线槽（分带插孔和不带插孔两种）、L形垂直（水平）弯通母线、Z形垂直（水平）偏置母线、T形垂直（水平）三通母线、X形垂直（水平）四通母线、变容母线槽、膨胀母线槽、终端封头、终端接线箱、插接箱、母线槽有关附件及紧固装置等组成。

母线槽特点是具有系列配套、商品性生产、体积小、容量大、设计施工周期短、装拆方便、不会燃烧、安全可靠、使用寿命长。母线槽产品适用于交流 50Hz，额定电压380V，额定电流 250～6300A 的供配电系统工程中。图 4-21 所示为封闭式母线槽配电系统安装示意图。

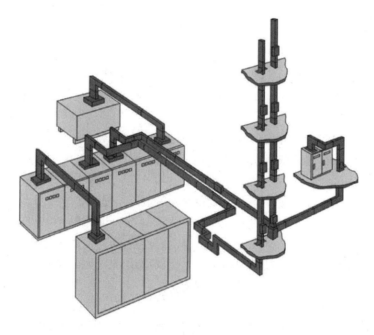

图 4-21　封闭式母线槽配电系统安装示意图

当母线槽的金属外壳作为保护导体（PE）时，其外壳导体应具有连续性且应符合现行国家标准《低压成套开关设备和控制设备　第 1 部分：总则》GB/T 7251.1—2013 的规定。母线槽的金属外壳作为 PE 导体是允许的，但需要满足一定的条件，因此产品提供时应同时提供母线槽的金属外壳可作为保护接地导体（PE）的相关说明，包括：外壳具有可靠的连接和连续性，截面满足作为 PE 导体的要求，短路耐受能力为三相短路耐受能力的 60%，连接部位的接触电阻足够小。

4.5.2　安装工艺

封闭式母线槽安装工艺如图 4-22 所示。

图 4-22　封闭式母线槽安装工艺

4.5.3　工艺要点

1. 母线槽支架安装应符合下列规定

（1）除设计要求外，承力建筑钢结构构件上不得熔焊连接母线槽支架，且不得热加工开孔。

（2）与预埋铁件采用焊接固定时，焊缝应饱满，采用膨胀螺栓固定时，选用的螺栓应适配，连接应牢固。

（3）支架应安装牢固、无明显扭曲，采用金属吊架固定时应有防晃支架，配电母线槽的圆钢吊架直径不得小于 8mm。照明母线槽的圆钢吊架直径不得小于 6mm。

（4）金属支架应进行防腐，位于室外及潮湿场所的应按设计要求做处理。

（5）水平或垂直敷设的母线槽固定点应每段设置一个，且每层不得少于一个支架，其间距应符合产品技术文件的要求，距拐弯 0.4～0.6m 处应设置支架，固定点位置不应设置在母线槽的连接处或分接单元处。

2. 母线槽的金属外壳等外露可导电部分应符合下列规定

（1）母线槽的金属外壳等外露可导电部分应与保护导体可靠连接；

（2）每段母线槽的金属外壳间应连接可靠，且母线槽全长与保护导体可靠连接不应少于 2 处；

（3）分支母线槽的金属外壳末端应与保护导体可靠连接；

（4）连接导体的材质、截面积应符合设计要求。

母线槽是供配电线路主干线，其外露可导电部分均应与保护导体可靠连接，可靠连接是指与保护导体干线直接连接，且应采用螺栓锁紧紧固，是为了一旦母线槽发生漏电可直接导入接地装置，防止可能出现的人身和设备危害。要求母线槽全长不应少于 2 处与保护导体可靠连接，是在每段金属母线槽之间已有可靠连接的基础上提出的，但并非局限于 2 处，对通过金属母线分支干线供电的场所，其金属母线分支干线的外壳也应与保护导体可靠连接，因此从母线全长的概念上讲是不少于 2 处。

3. 母线槽安装应符合下列规定

（1）母线槽是长期通电运行的设备，安装于水管正下方且母线槽又不防水时，一旦水管爆裂，或水管配件损坏漏水，极易造成母线槽运行不正常或发生事故，故不宜安装在水管的正下方；

（2）母线应与外壳同心，允许偏差应为 ±5mm；

（3）当母线槽段与段连接时，两相邻段母线及外壳宜对准，相序应正确，连接后不应使母线及外壳受额外应力。母线槽段与段的连接口不应设置在穿越楼板或墙体处，垂直穿越楼板处应设置与建（构）筑物固定的专用部件支座，其孔洞四周应设置高度为 50mm 及以上的防水台，并应采取防火封堵措施。

（4）由于母线槽属于项目定制型成套设备，母线槽安装应考虑相序、安装次序、精度、功能单元（如弯头、支接单元、安装吊架等）位置、防护等级等因素，母线槽的连接程序、伸缩节的设置和连接以及其他相关说明在产品技术文件中均有规定，因此母线槽的安装应严格按照产品相关技术文件要求进行。外壳与底座间、外壳各连接部位及母线的连接螺栓应按产品技术文件要求选择正确、连接紧固。

（5）母线槽连接用部件的防护等级应与母线槽本体的防护等级一致。母线槽上无插接部件的接插口及母线端部应采用专用的封板封堵完好。

（6）母线槽跨越建筑物变形缝处，应设置补偿装置，母线槽直线敷设长度超过 80m，每 50～60m 宜设置伸缩节；

（7）母线槽直线段安装应平直，水平度与垂直度偏差不宜大于 1.5‰，全长最大偏差不宜大于 20mm。照明用母线槽水平偏差全长不应大于 5mm，垂直偏差不应大于 10mm。

母线吊装、母线穿楼板安装以及母线穿墙及防火楼板做法分别如图 4-23～图 4-25 所示。

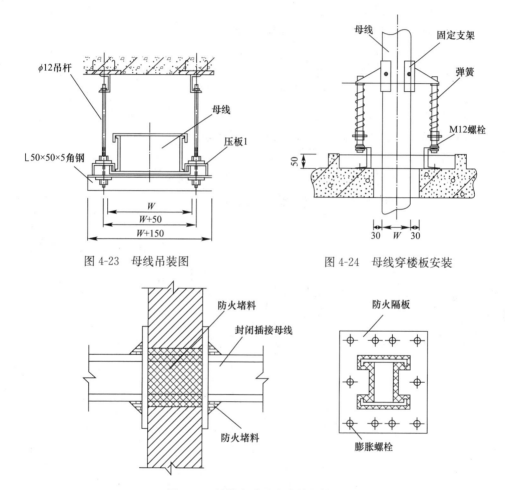

<table>
<tr><td>图 4-23　母线吊装图</td><td>图 4-24　母线穿楼板安装</td></tr>
</table>

图 4-25　母线穿墙及防火楼板做法

（8）母线槽与各类管道平行或交叉的净距应符合表 4-17 要求。

母线槽与管道的最小净距（mm）　　　　　　　　　表 4-17

管道类别		平行净距	交叉净距
一般工艺管道		400	300
可燃或易燃易爆气体管道		500	500
热力管道	有保温层	500	300
	无保温层	1000	500

4. 对母线与母线、母线与电器或设备接线端子搭接的规定

（1）搭接面的处理应符合下列规定：

1）铜与铜：当处于室外、高温且潮湿的室内时，搭接面应搪锡或镀银；干燥的室内，可不搪锡、不镀银。

2）铝与铝：可直接搭接。

3）钢与钢：搭接面应搪锡或镀锌。

4）铜与铝：在干燥的室内，铜导体搭接面应搪锡；在潮湿场所，铜导体搭接面应搪锡或镀银，且应采用铜铝过渡连接。

5）钢与铜或铝：钢搭接面应镀锌或搪锡；

（2）螺栓连接应符合下列规定：

1）母线的各类搭接连接的钻孔直径和搭接长度、连接螺栓的力矩值应符合表 4-18 和表 4-19 的规定，当一个连接处需要多个螺栓连接时，每个螺栓的拧紧力矩值应一致；

2）母线接触面应保持清洁，宜涂抗氧化剂，螺栓孔周边应无毛刺；

3）连接螺栓两侧应有平垫圈，相邻垫圈间应有大于 3mm 的间隙，螺母侧应装有弹簧垫圈或锁紧螺母；

4）螺栓受力应均匀，不应使电器或设备的接线端子受额外应力。

母线螺栓搭接尺寸　　　　　　　　　　　　　　表 4-18

搭接形式	类别	序号	连接尺寸（mm）			钻孔要求		螺栓规格
			b_1	b_2	a	ϕ(mm)	个数	
	直线连接	1	125	125	b_1 或 b_2	21	4	M20
		2	100	100	b_1 或 b_2	17	4	M16
		3	80	80	b_1 或 b_2	13	4	M12
		4	63	63	b_1 或 b_2	11	4	M10
		5	50	50	b_1 或 b_2	9	4	M8
		6	45	45	b_1 或 b_2	9	4	M8
	直线连接	7	40	40	80	13	2	M12
		8	31.5	31.5	63	11	2	M10
		9	25	25	50	9	2	M8
	垂直连接	10	125	125	—	21	4	M20
		11	125	80～100	—	17	4	M16
		12	125	63	—	13	4	M12
		13	100	80～100	—	17	4	M16
		14	80	63～80	—	13	4	M12
		15	63	50～63	—	11	4	M10
		16	50	50	—	9	4	M8
		17	45	45	—	9	4	M8

续表

搭接形式	类别	序号	连接尺寸（mm）			钻孔要求		螺栓规格
			b_1	b_2	a	ϕ(mm)	个数	
	垂直连接	18	125	40～50	—	17	2	M16
		19	100	40～63	—	17	2	M16
		20	80	40～63	—	15	2	M14
		21	63	40～50	—	13	2	M12
		22	50	40～45	—	11	2	M10
		23	63	25～31.5	—	11	2	M10
		24	50	25～31.5	—	9	2	M8
	垂直连接	25	125	25～31.5	60	11	2	M10
		26	100	25～31.5	50	9	2	M8
		27	80	25～31.5	50	9	2	M8
	垂直连接	28	40	31.5～40	—	13	1	M12
		29	40	25	—	11	1	M10
		30	31.5	25～31.5	—	11	1	M10
		31	25	22	—	9	1	M8

母线搭接螺栓的拧紧力矩　　　　　　　　表 4-19

序号	螺栓规格	力矩值（N·m）
1	M8	8.8～10.8
2	M10	17.7～22.6
3	M12	31.4～39.2
4	M14	51.0～60.8
5	M16	78.5～98.1
6	M18	98.0～127.4
7	M20	156.9～196.2
8	M24	274.6～343.2

5. 母线的相序排列及涂色应符合下列规定

（1）对于上、下布置的交流母线，由上至下或由下至上排列应分别为 L1、L2、L3；直流母线应正极在上、负极在下；

（2）对于水平布置的交流母线，由柜后向柜前或由柜前向柜后排列应分别为 L1、L2、L3，直流母线应正极在后、负极在前；

（3）对于面对引下线的交流母线，由左至右排列应分别为 L1、L2、L3，直流母线应正极在左、负极在右；

（4）对于母线的涂色，交流母线 L1、L2、13 应分别为黄色、绿色和红色，中性导体应为淡蓝色，直流母线应正极为赭色、负极为蓝色，保护接地导体 PE 应为黄-绿双色组合色，保护中性导体（PEN）应为全长黄-绿双色、终端用淡蓝色，或全长淡蓝色、终端用黄-绿双色；在连接处或支持件边缘两侧 10mm 以内不应涂色。

6. 母线槽通电运行前应进行检验或试验，并应符合的规定

（1）高压母线交流工频耐压试验应按规定交接试验合格；

（2）低压母线绝缘电阻值不应小于 0.5MΩ；

（3）检查分接单元插入时，接地触头应先于相线触头接触，且触头连接紧密，退出时，接地触头应后于相线触头脱开；

（4）检查母线槽与配电柜、电气设备的接线相序应一致。

练习思考题

1. 简述电力电缆的分类。

2. 电缆的基本结构主要由哪几部分组成？

3. 电缆敷设的一般规定有哪些？

4. 直埋电缆敷设主要有哪些要求？

5. 简述电缆直埋敷设的过程。

6. 电缆沟敷设主要有哪些要求？

7. 简述 10kV 交联聚乙烯电缆热缩型终端头的制作过程。

8. 简述封闭式母线槽的安装工艺流程。

9. 母线的相序排列及涂色有什么规定？

第5章 室内配线工程施工技术

室内配线要遵循一定的原则和规定。室内配线工程主要内容包括线管敷设及线管穿线、槽盒内敷线，塑料护套线直敷布线、钢索布线、电气竖井布线以及导线的连接等内容，本章将从敷设要求、施工工艺和方法等方面进行讲解。

5.1 室内配线的方式、基本原则与一般规定及施工工序

5.1.1 室内配线的方式

敷设在建筑物内的配线，统称室内配线，也称室内配线工程。根据房屋建筑结构及要求的不同，室内配线又分为明配和暗配两种。明配是敷设于墙壁、顶棚的表面及桁架等处；暗配是敷设于墙壁、顶棚、地面及楼板等处的内部，一般是先预埋管子，然后再向管内穿线。

按配线敷设方式，分为硬塑料管配线、半硬塑料管配线、钢管配线、普利卡金属套管配线、金属线槽配线、瓷夹和瓷瓶配线、塑料护套线配线、塑料线槽配线及钢索配线、桥架配线等。

5.1.2 室内配线的基本原则

室内配线首先应符合电气装置安装的基本原则，具体如下：

（1）安全。室内配线及电气设备必须保证安全运行。因此，施工时选用的电气设备和材料应符合图纸要求，必须是合格产品。施工中对导线的连接、接地线的安装以及导线的敷设等均应符合质量要求，以确保运行安全。

（2）可靠。室内配线是为了供电给用电设备而设置的，必须合理布局，安装牢固。

（3）经济。在保证安全可靠运行和发展的可能条件下，应该考虑其经济性，选用最合理的施工方法，尽量节约材料。

（4）方便。室内配线应保证操作运行可靠，使用和维修方便。

（5）美观。室内配线施工时，配线位置及电器安装位置的选定，应注意不要损坏建筑物的美观，且应有助于建筑物的美化。

配线施工除考虑以上几条基本原则外，还应使整个线路布置合理、整齐、安装牢固。在整个施工过程中，还应严格按照其技术要求，进行合理的施工。

5.1.3 室内配线的一般规定

（1）布线及敷设方式应根据建筑物的性质、要求，用电设备的分布及环境特征等因素确定。在一般环境和场所内宜采用铜芯线缆，规模较大的重要公共建筑应采用铜芯电缆，敷设在管内的电缆宜采用塑料护套电缆。

（2）敷设方式可分为：明敷，导线直接或者在管子、线槽等保护体内，敷设于墙壁、顶棚的表面及桁架、支架等处。暗敷，导线在管子、线槽等保护体内，敷设于墙壁、顶

棚、地坪及楼板等内部，或者在混凝土板孔内敷线等。混凝土现制楼板内的电线管最大外径不宜超过板厚的 1/3。

（3）金属管、塑料管及金属线槽、塑料线槽等布线，应采用绝缘电线和电缆。在同一根管或线槽内有几个回路时，所有绝缘电线和电缆都应具有与最高标称电压回路绝缘相同的绝缘等级。

（4）布线工程中所有外露可导电部分必须接至同一接地装置。

（5）布线用塑料管、塑料线槽及附件，应采用氧指数为 27 以上的阻燃型制品。

（6）插座回路与照明回路宜分开供电，低压配电线路支线宜以防火分区或结构缝为界。线缆穿越防火分区、楼板、墙体的洞口等处应做防火封堵。通常可采用消防部门检测合格的无机防火堵料。

（7）有条件时，强电和弱电线路宜分别设置在配电间和弱电间内。如受条件限制必须合用电气间，强电与弱电线路应分别在电气间的两侧敷设或采用隔离措施。强电、弱电线路间距应符合规范要求。当工程设有电信布线系统时，不应将电信管线与强电管道同路径敷设。

（8）穿管的绝缘导线（两根除外）总截面积（包括外护层）不应超过管内截面积的40%，配管的埋设深度与建筑物、构筑物表面的距离应大于 15mm。

5.1.4 室内配线的施工程序

（1）根据施工图纸，确定电器安装位置、导线敷设途径及导线穿过墙壁和楼板的位置。

（2）在土建抹灰前，将配线所有的固定点打好孔洞，埋设好支撑构件，同时，配合土建工程做好预留、预埋工作。

（3）装设绝缘支持物、线夹、支架或保护管。

（4）敷设导线。

（5）安装灯具及电气设备。

（6）测试导线绝缘，连接导线。

（7）校验、自检、试通电。

5.2 线管敷设及线管内穿线

线管配线必须符合一定的要求，在此基础上还要包括线管选择、线管加工、线管连接、线管敷设和穿线等几道工序。

5.2.1 线管敷设要求

5.2.1.1 线管种类

电气工程中，常用的电线线管主要有金属和塑料电线管两种。

金属管：水煤气钢管（又称焊接钢管，分为镀锌和不镀锌两种，其管径以内径计算）、电线管（管壁较薄、管径以外径计算）、套接紧定式镀锌铁管、薄壁镀锌铁管。

塑料管：聚氯乙烯硬质管、聚氯乙烯塑料波纹管。

金属软管：俗称蛇皮管。

5.2.1.2 线管敷设一般要求

（1）施工中应遵守国家现行相关的规范和标准，工程中使用的电缆、管材、母线、桥架等均应符合国家和相关部门的产品技术标准。要求国家强制认证的需要有相应的认证标志。

（2）内线工程使用的金属配件，金属管材等均应做防腐处理，除设计另有要求外，均应刷防锈底漆一道，明敷时应刷灰色面漆两道，潮湿场所等还可采取镀锌处理。钢管内外壁均应做防腐处理，暗敷于混凝土中的钢管外壁无需做防腐处理。

（3）配线工程的支持件应采用预埋螺栓、预埋铁件、膨胀螺栓等方法固定，严禁使用木塞法固定。

（4）各种金属构件的安装螺孔不得采用电气焊开孔。

（5）室内电气线路与其他管道之间的最小净距，如设计无特殊说明时按表 5-1 进行调整。

室内电气线路与其他管道之间的最小净距（m）　　　　　　　　表 5-1

敷设方式	名称	管线	电缆	绝缘导线	滑触线	封闭母线
平行	煤气（氧气）管	0.5	0.5	1.0	1.5	1.5
	蒸汽管	1.0/0.5	1.0/0.5	1.0/0.5	1.5	1.5
	天然气管	0.5	0.5	0.5	1.5	1.5
	通风管	0.1	0.5	0.1	1.5	0.1
	上下水管	0.1	0.5	0.1	1.5	0.1
	二氧化碳管	0.1	0.5	0.1	1.5	0.1
	压缩空气管	0.1	0.5	0.1	1.5	0.1
交叉	煤气（氧气）管	0.1	0.3	0.3	0.5	0.5
	蒸汽管	0.3	0.3	0.3	—	—
	天然气管	0.5	0.3	1.0	0.5	0.5
	通风管	0.1	0.1	0.1	0.5	0.1
	压缩空气管	0.1	0.1	0.1	0.5	0.1
	上下水管	0.1	0.5	0.1	0.5	0.1
	二氧化碳管	0.1	0.5	0.1	0.5	0.1

注：线路与蒸汽管不能保持表中的距离时，在其中间加隔层，平行距离可减至 0.2m。

（6）导线在管内不应有接头，接头应在接线盒内进行。

（7）线管的弯曲半径应符合下列规定：

1）明配的线管，其弯曲半径不宜小于管外径的 6 倍，当两个接线盒间只有一个弯曲时，其弯曲半径不宜小于管外径的 4 倍。

2）暗配的线管，当埋设于混凝土内时，其弯曲半径不应小于管外径的 6 倍，当埋设于地下时，其弯曲半径不应小于管外径的 10 倍。

（8）当线管敷设遇下列情况时，中间宜增设接线盒或拉线盒，且盒子的位置应便于穿线。

1）线管长度每大于 40m，无弯曲。

2）线管长度每大于 30m，有 1 个弯曲。

3）线管长度每大于 20m，有 2 个弯曲。

4）线管长度每大于 10m，有 3 个弯曲。

（9）垂直敷设的线管遇下列情况时，应设置固定电线用的拉线盒：

1）管内电线截面积为 50mm² 及以下且长度每大于 30m 时。

2）管内电线截面积为 70～95mm² 且长度每大于 20m 时。

3）管内电线截面积为 120～240mm² 且长度每大于 18m 时。

（10）敷设在潮湿或多尘场所，线管管口、盒（箱）盖板及其他各连接处均应密封。

（11）线管不宜穿越设备或建筑物、构筑物的基础，当必须穿越时，应采取保护措施。

（12）金属线管不宜穿越常温与低温的交界处，当必须穿越时在穿越处应有防止产生冷桥的措施。

5.2.1.3　线管选择

线管选择主要从以下三个方面考虑：

（1）线管类型的选择。根据使用场合、使用环境、建筑物类型和工程造价等因素选择合适的线管类型。一般明配于潮湿场所和埋于地下的管子，均应使用厚壁钢管。明配或暗配于干燥场所的钢管，宜使用薄壁钢管。硬塑料管适用于室内或有酸、碱等腐蚀介质的场所，但不得在高温和易受机械损伤的场所敷设。半硬塑料管和塑料波纹管适用于一般民用建筑的照明工程暗敷设，但不得在高温场所敷设。软金属管多用来作为钢管和设备的过渡连接。

（2）线管管径的选择。可根据线管的类型和穿线的根数参照表 5-2 选择合适的管径。

单芯导线穿管选择　　　　表 5-2

线芯截面(mm²)	焊接钢管（管内导线根数）									电线管（管内导线根数）									线芯截面(mm²)
	2	3	4	5	6	7	8	9	10	10	9	8	7	6	5	4	3	2	
1.5	15	15	20	20	25	25	25	25	25	32	32	32	25	25	25	20	20	20	1.5
2.5	15	15	20	20	20	25	25	25	25	32	32	32	25	25	25	20	20	20	2.5
4	15	20	20	25	25	25	32	32	32	32	32	32	32	25	25	20	20	20	4
6	20	20	25	25	32	32	32	32	32	40	40	32	32	32	25	25	20	20	6
10	20	25	25	2	40	40	50	50	50			40	40	32	32	25	25		10
16	25	25	32	32	40	50	50	50	50				40	40		32	32		16
25	32	32	40	40	50	50	70	70	70							40	40	32	26
35	32	40	40	50	50	70	70	80	80								40		35
50	40	50	50	70	70	70	80	80	80										50
70	50	50	70	70	80	80													70
95	50	70	70	80	80														95
120	70	70	80	80															120
150	70	70	80																150
185	70	80																	185

（3）线管外观的选择。所选用的线管不应有裂缝和严重锈蚀，弯扁程度不应大于管外径的 10%，线管应无堵塞，管内应无铁屑及毛刺，切断口应锉平，管口应光滑。

5.2.2　钢管敷设

线管敷设，俗称配管。配管工作一般从配电箱开始，逐段配至用电设备处，有时也可从用电设备端开始，逐段配至配电箱处。线管敷设有暗配和明配两种，暗配较为常见。常见的配管有钢管、电线管和普利卡金属可挠性软管等，此处重点介绍钢管的暗配。

钢管配线一般适用于室内外场所，但对钢管有严重腐蚀的场所不宜采用。建筑物顶棚内宜采用钢管配线。钢管不应有折扁和裂缝，管内应无铁屑及毛刺，切断口应平整，管口应光滑。

5.2.2.1　明敷

明敷于潮湿场所或埋地敷设的钢管配线，应采用水煤气钢管。明敷或暗敷于干燥场所的钢管配线可采用电线管。明配钢管应排列整齐，固定点间距应均匀，钢管管卡间的最大距离应符合规定。管卡与终端、弯头中点、电气器具或盒（箱）边缘的距离宜为 150～500mm。

（1）明配单根钢管采用金属管卡固定；两根及以上配管并列敷设时，可用管卡子沿墙敷设或在吊架、支架上敷设。

（2）明配钢管在管端部和弯曲处两侧也需要有管卡固定，不能用器具设备和盒（箱）来固定管端。明配管沿墙固定时，当管孔钻好后，放入塑料胀管，待管固定时，先将管卡的一端螺钉拧进一半，然后将管敷于管卡内，再将管卡用木螺钉拧牢固定，如图 5-1 所示。沿楼板下敷设固定时，应先固定－16mm×4mm 的底板，在底板上用管卡子固定钢管，如图 5-2 所示。

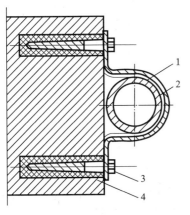

图 5-1　钢管沿墙敷设

1—钢管；2—管卡子；

3—ϕ4mm×（30～40mm）木螺钉；

4—ϕ6～ϕ7 塑料胀管

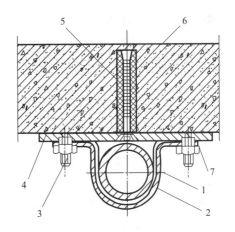

图 5-2　钢管沿楼板下敷设

1—钢管；2—管卡子；3—M4×10 沉头钉；

4—底板；5—ϕ4mm×（30～40mm）木螺钉；

6—ϕ6～ϕ7 塑料胀管；7—焊点

（3）明配钢管在拐角处敷设时，应使用拐角盒；多根明管排列敷设时，在拐角处应使用中间接线箱进行连接，也可按管径的大小弯成排管敷设。所有管子应排列整齐，转弯部分应按同心圆弧的形式进行排列。

（4）易燃材料吊顶内应使用钢管敷设，管与管或管与盒的连接均应用螺纹连接。管与盒连接时，应在盒的内、外侧均套锁紧螺母与盒体固定。吊顶内敷设钢管直径为 ϕ25 及以下时，管子允许利用轻钢龙骨吊顶的吊杆和吊顶的轻钢龙骨上边进行敷设，并应使用吊装卡具吊装。

5.2.2.2　暗敷

绝缘电线不宜穿金属管在室外直接埋地敷设。必要时对于次要用电负荷且较短的线路（15m 以下），可穿金属管埋地敷设，但应采取可靠的防水、防腐蚀措施。

（1）钢管在现浇混凝土框架结构中以及在楼（屋）面垫层内、地面内、预制空心楼板内、轻质砌块墙内的敷设方法与硬塑料管基本相同。

（2）在现浇混凝土构件内敷设管子时，可用钢将管子绑扎在钢筋上，也可以用钉子将管子钉在木模板上，将管子用垫块垫起，用钢线绑牢，如图 5-3 所示。垫块可用碎石块，垫高 15mm 以上。此项工作是在浇灌前进行的。

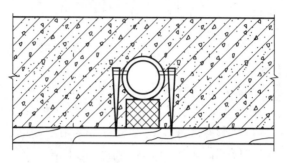

图 5-3　木模板上管子的固定方法

（3）当线管配在砖墙内时，一般是随土建砌砖时预埋。否则，应事先在砖墙上留槽或砌砖后开槽。线管在砖墙内的固定方法，可先在砖缝里打入木楔，再在木楔上钉钉子，用钢丝将管子绑扎在钉子上，再将钉子打入，使管子充分嵌入槽内，应保证管子离墙表面净距不小于 15mm。在地坪内，须在土建浇筑混凝土前埋设，固定方法可用木桩或圆钢等打入地中，用钢丝将管子绑牢。为使管子全部埋设在地坪混凝土层内，应将管子垫高，距离土层 15～20mm，这样，可减少地下湿土对管子的腐蚀作用。当许多管子并排敷设在一起时，必须使其离开一定距离，以保证其间也灌上混凝土。为避免管口堵塞影响穿线，管子配好后应将管口用木塞或牛皮纸堵好。管子连接处以及钢管与接线盒连接处，要做好接地处理。

（4）暗敷设工程中应尽量使用镀锌钢管。除埋入混凝土内的钢管外壁不需防腐处理外，钢管内外壁均应涂樟丹油一道。埋入焦砟层中的钢管，用水泥砂浆全面保护，厚度不应小于 50mm。直埋于土层内的钢管应刷两层沥青漆并用厚度不小于 50mm 的混凝土保护层保护。埋入有腐蚀性土层内的钢管应刷沥青油后缠麻布或玻璃丝布，外面再刷一道沥青油。包缠要紧密妥实，不得有空隙，刷油要均匀。使用镀锌钢管时，在镀锌层剥落处，也应涂防腐漆。设计有特殊要求时，应按设计规定进行防腐处理。

5.2.2.3　补偿装置

补偿装置配管管路通过建筑物变形缝时，要在其两侧各埋设接线盒（箱）做补偿装置，接线盒（箱）相邻面穿一短钢管，短管一端与盒（箱）固定，另一端应能活动自如，此端盒（箱）上开长孔不应小于管外径的 2 倍。管道通过变形缝处时，在同一轴线墙体上安装拐角接线箱，在不同轴线上，安装直筒式接线箱。

（1）吊顶内管线一侧设接线盒作为过伸缩缝方式的做法，如图 5-4 所示。

（2）对变形缝中的伸缩缝和抗震缝，由于缝下基础没有断开，施工中配管应尽量在基础内水平通过，避免在墙体上设置补偿装置。

（3）在建筑物伸缩缝、沉降缝两侧暗敷设，或吊杆固定明敷设两个接线盒（箱），两侧的接线盒（箱）以金属软管连接，如图 5-5(a) 所示。将伸缩缝、沉降缝的另一侧的接线箱省去不装金属软管加过渡接头直接连接钢管，如图 5-5(b)所示。使用金属管的线路应做好跨接地线。金属软管的地线连接，可采用铜导线与金属软管缠绕并焊锡的方法连接。

（4）钢管暗配管路在通过建筑物变形缝处无法设置接线盒（箱）时，还可外套钢保护管。保护管内径不宜小于配管管外径的 2 倍，保护管中间应断开，以便适应建筑物的变形。

明配钢管在通过建筑物伸缩缝和沉降缝应做补偿装置，如图 5-6 所示。

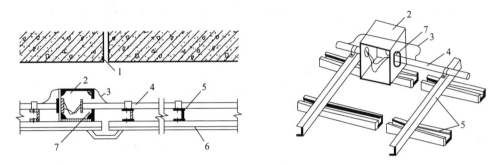

图 5-4　吊顶内管线过伸缩缝的做法

1—伸缩、沉降缝；2—接线盒；3—接地线；

4—钢管；5—轻钢龙骨；6—吊顶板；7—开长孔

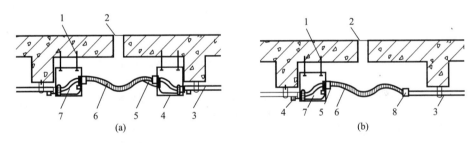

图 5-5　金属软管连接接线盒的补偿做法

（a）软管双侧连接接线盒；（b）软管单侧连接接线盒

1—吊顶；2—伸缩缝、沉降缝；3—钢管；4—接地线；

5—锡焊；6—金属软管；7—接线箱；8—过渡接头

5.2.3　线管内穿线

线管内穿线有以下一些要求和规定：

（1）除设计有特殊要求外，不同电压等级、交流与直流线路的电线不应穿于同一线管内。除下列情况外，不同回路的电线不宜穿于同一线管内：

1）额定工作电压 50V 及以下的回路。

2）同一设备或同一联动系统设备的主电路和无抗干扰要求的控制电路。

3）同一个照明器具的几个回路。

（2）当采用多相供电时，同一建（构）筑物的绝缘导线绝缘层颜色选择应一致。

1）交流三相线路：L1 相为黄色，L2 相为绿色，L3 相为红色，N 导体为淡蓝色，PE 线为黄/绿双色。

2）直流线路：正极（＋）为红褐色，负极（－）为蓝色。

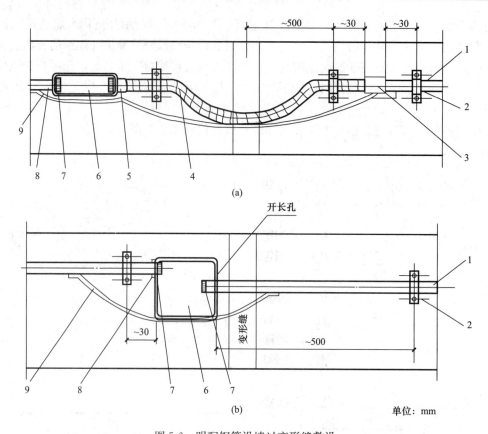

图 5-6　明配钢管沿墙过变形缝敷设

（a）做法之一；（b）做法之二

1—钢管；2—管卡子；3—过渡接头；4—金属软管；5—金属软管接头；

6—拉线箱；7—护圈帽；8—锁紧螺母；9—跨接线

3）黄绿双色只用于标记 PE 导体，不能用于其他标志，淡蓝色只能用于 N 导体。

4）导体色标可用规定的颜色或绝缘导体的表面颜色标志在导体的全部长度上，也可标记在导体上的易识别部位。

（3）三相或单相的交流单芯线，不得单独穿于钢线管内。

（4）管内电线的总截面积（包括外护层）不应大于线管内截面积的 40%，且电线总数不宜多于 8 根。

（5）电线穿入钢线管的管口在穿线前应装设护线口，对不进入盒（箱）的管口，穿入电线后应将管口密封。

（6）导线在变形缝处，补偿装置应活动自如，导线应留有一定的余量。

（7）敷设于垂直管路中的导线，当超过下列长度时，应在管口处和接线盒中加以固定：截面积为 50mm² 及以下导线为 30m，截面积为 70～95mm² 导线为 20m，截面积为 180～240mm² 之间的导线为 18m。

（8）导线在管内不得有接头和扭结，其接头应在接线盒或器具内连接。

（9）导线穿入钢管后，在导线出口处，应装护口保护导线，在不进入箱（盒）内的垂直管口，穿入导线后，应将管口做密封处理。

（10）绝缘导线接头应设置在专用接线盒（箱）或器具内，严禁设置在线管和槽盒内，盒（箱）的设置位置应便于检修。

（11）与槽盒连接的接线盒（箱）应选用明装盒（箱），配线工程完成后，盒（箱）盖板应齐全、完好。

5.3　槽盒内敷线

用于配线的线槽按材质分为金属线槽和塑料线槽。金属线槽一般适用于正常环境（干燥和不易受机械损伤）的室内场所明敷设。金属线槽多由厚度为 0.4～1.5mm 的钢板制成。为了适应现代化建筑内电气线路的日趋复杂、配线出口位置多变的实际需要，特制一种壁厚为 2mm 的封闭式矩形金属线槽，可直接敷设在混凝土地面、现浇钢筋混凝土楼板或预制混凝土楼板的垫层内，称为地面内暗装金属线槽。

5.3.1　线槽敷设的要求

（1）线槽应敷设在干燥和不易受机械损伤的场所。

（2）线槽的连接应连接无间断，每节线槽的固定点不应少于两个，在转角、分支处和端部应有固定点，并应紧贴墙面固定。

（3）线槽接口应平直、严密，槽盖应齐全、平整、无翘角。

（4）固定或连接线槽的螺钉或其他紧固件，紧固后其端部应与线槽内表面光滑相接。

（5）线槽的出线口应位置正确、光滑、无毛刺。

（6）线槽敷设应平直整齐，水平或垂直允许偏差为其长度的 0.2%，且全长允许偏差为 20mm；并列安装时，槽盖应便于开启。

5.3.2　金属线槽明敷设

（1）金属线槽的安装。金属线槽在墙上安装时，可采用 8mm×35mm 半圆头木螺钉配木砖或半圆头木螺钉配塑料胀管。当线槽的宽度 $b \leqslant 100$mm，可采用一个胀管固定，如图 5-7(a)所示；若线槽的宽度 $b > 100$mm，则用两个胀管并列固定。线槽在墙上安装的固定点间距为 0.5m，每节线槽的固定点不应少于 2 个。线槽固定用的螺钉，紧固后其端部应与线槽内表面光滑相连，线槽槽底应紧贴墙面固定，如图 5-7(b)所示。

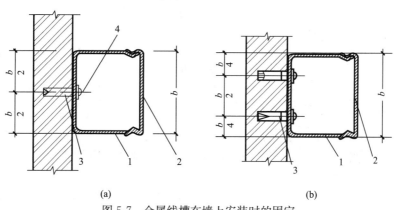

(a)　　　　　　　　　　　　　　(b)

图 5-7　金属线槽在墙上安装时的固定

(a) 单螺钉固定；(b) 双螺钉固定

1—金属线槽；2—槽盖；3—塑料胀管；4—8mm×35mm 半圆头木螺钉

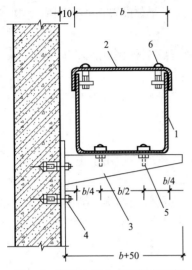

图 5-8　线槽在墙上水平架空安装
1—金属线槽；2—槽盖；3—托臂；
4—M10×85mm 膨胀螺栓；
5—M8×30mm 螺栓；
6—M5×20mm 螺栓

金属线槽敷设时，吊点及支持点的距离应根据工程具体条件确定，一般应在直线段不大于 3m 或线槽接头处、线槽首端、终端、进出接线盒 0.5m 处及线槽转角处设置吊架或支架。

金属线槽在墙上水平架空安装可使用托臂支撑。托臂在墙上的安装方式可采用膨胀螺栓固定，如图 5-8 所示。当金属线槽宽度 $b<100$mm 时，线槽在托臂上可采用一个螺栓固定。线槽在墙上水平架空安装也可使用扁钢或角钢支架支撑。

线槽用吊架悬吊安装时，采用吊架卡箍吊装，吊杆为 $\phi10$ 的圆钢制成，吊杆和建筑物预制混凝土楼板或梁的固定可采用膨胀螺栓及螺栓套筒进行连接，如图 5-9 所示。使用一 40mm×4mm 镀锌扁钢做吊杆时，固定线槽如图 5-10 所示。吊杆也可以使用不小于 $\phi8$ 的圆钢制作，圆钢上部焊接在 40mm×4mm 的┐形扁钢上，┐形扁钢上部用膨胀螺栓与建筑物结构固定。

在吊顶内安装时，吊杆可用膨胀螺栓与建筑结构固定。当与钢结构固定时，不允许进行焊接，将吊架直接吊在钢结构的指定位置处，也可以使用万能吊具与角钢、槽钢、工字钢等钢结构进行安装。金属线槽在吊顶下吊装时，吊杆应固定在吊顶的主龙骨上，不允许固定在副龙骨或辅助龙骨上。

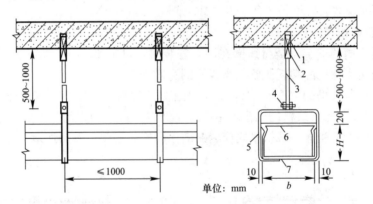

图 5-9　金属线槽用圆钢吊架安装
1—M10×85mm 膨胀螺栓；2—螺栓长筒；3—吊杆；
4—M6×50mm 螺栓；5—吊架卡箍；6—槽盖；7—金属线槽

吊装金属线槽安装时，可以开口向上安装，也可以开口向下安装。先安装干线线槽，后装支线线槽。安装时拧开吊装器，把吊装器下半部套在线槽上，使线槽与吊杆之间通过吊装器悬吊在一起。例如，在线槽上安装灯具时，灯具可用蝶形螺栓或蝶形夹卡与吊装器固定在一起，然后再把线槽逐段组装成形。线槽与线槽之间应采用内连接头或外连接头，用沉头或圆头螺栓配上平垫和弹簧垫圈用螺母紧固。

（2）金属线槽的连接。吊装金属线槽在水平方向分支时，应采用二通、三通、四通接线盒进行分支连接。线路在不同平面转弯时，在转弯处应采用立上弯头或立下弯头进行连接，安装角度要适宜。在线槽出线口处应利用出线口盒进行连接。线槽末端部位要装上封堵进行封闭。在盒（箱）进出线处应采用抱脚进行连接。金属线槽垂直或倾斜敷设时，应采取措施防止电线或电缆在线槽内移动。有金属线槽通过的墙体或楼板处应预留孔洞，金属线槽不得在穿过墙壁或楼板处进行连接，也不应将穿过墙壁或楼板的线槽与墙或楼板上的孔洞一并抹死。金属线槽在穿过建筑物变形缝处应有补偿装置，线槽本身应断开，线槽用内连接板搭接，不需固定死。

（3）金属线槽的接地。金属线槽应可靠接地或接零，所有非导电部分的铁件均应相互连接，金属外壳不应作为设备的接地导体。线槽的变形缝补偿装置处应用导线搭接，使之成为一连续导体。金属线槽应做好整体接地，应有可靠接地或接零。在强电金属线槽内应设置 $4mm^2$ 铜导线作接地干线用，线槽内分支或配出的接地（PE）线支线应从接地（PE）干线上引出。当线槽内敷设导线回路不需接地保护时，或线槽底板对地距离大于 2.4m 时，线槽内可不设保护（PE）线。当线槽底板小于 2.4m 时，线槽本身和线槽盖板均必须加装保护（PE）线。

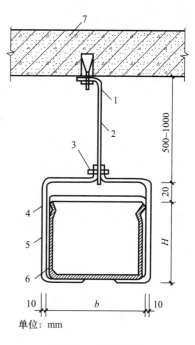

单位：mm

图 5-10　扁钢吊架

1—M10×85 膨胀螺栓；

2—40mm×4mm 扁钢吊杆；

3—M6×501m 螺栓；4—槽盖；

5—吊架卡箍；6—金属线槽；

7—预制混凝土楼板或梁

5.3.3　塑料线槽敷设

塑料线槽敷设一般适用于正常环境的室内场所，在高温和易受机械损伤的场所不宜采用。弱电线路可采用难燃型带盖塑料线槽在建筑顶棚内敷设。塑料线槽必须选用阻燃型的，外壁应有间距不大于 1m 的连续阻燃标记和制造厂标。难燃型塑料线槽明敷设安装，如图 5-11 所示。

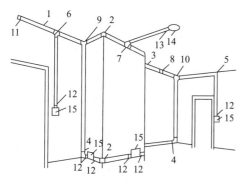

图 5-11　塑料线槽明配线示意图

1—直线线槽；2—阳角；3—阴角；4—直转角；

5—平转角；6—平三通；7—顶三通；8—左三通；

9—右三通；10—连接头；11—终端头；

12—开关盒插口；13—灯位盒插口；

14—开关盒及盖板；15—灯位盒及盖板

塑料线槽敷设时，宜沿建筑物顶棚与墙壁交角处的墙上及墙角和踢脚板上端边上敷设。先固定槽底，在分支时应做成"T"字分支，在转角处槽底应锯呈 45°角对接，对接连接面应严密平整，无缝隙。在线路连接、转角、分支及终端处应采用相应附件。

塑料线槽槽底可用伞形螺栓固定或用塑料胀管固定，也可用木螺钉固定在预先埋入在墙体内的木砖上。在石膏板或其他护板墙上及预制空心板处，可用伞形螺栓固定。固定线槽时，应先固定两端再固定中间，端部固定点距槽底终点不应小于50mm。

5.3.4 线槽内导线的敷设

金属线槽组装成统一整体并经清扫后可敷设导线。按规定将导线放好，并将导线按回路（或按系统）用尼龙绳绑扎成束，分层排放在线槽内，做好永久性编号标志。

线槽内导线的规格和数量应符合设计规定。当设计无规定时，包括绝缘层在内的导线总截面面积不应大于线槽截面面积的40%。在可拆卸盖板的线槽内，包括绝缘层在内的导线接头处所有导线截面面积之和，不应大于线槽截面积的75%，在不易拆卸盖板的线槽内，导线的接头应置于线槽的接线盒内。

强电、弱电线路应分槽敷设。同一回路的所有相线和中性线（如果有中性线时）以及设备的接地线，应敷设在同一金属线槽内，以避免因电磁感应而使周围金属发热。同一路径无防干扰要求的线路，可敷设于同一金属线槽内。但同一线槽内的绝缘电线和电缆都应具有与最高标称电压回路绝缘相同的绝缘等级。

地面内暗装金属线槽内导线敷设方法和管内穿线方法相同。也应注意，导线在线槽中间不应有接头，接头应放在分线盒内，线头预留长度不宜小于150mm。

5.4 塑料护套线直敷布线

5.4.1 要求

塑料护套线应明敷，严禁直接敷设在建筑物顶棚内、墙体内、抹灰层内、保温层内或装饰面内。

塑料护套线不应沿建筑物木结构表面敷设，可沿经阻燃处理的合成木材（型材）构成的建筑物表面敷设。

室外受阳光直射的场所，不宜直接敷设塑料护套线。

5.4.2 敷设

塑料护套线与保护导体或不发热管道等紧贴交叉处及穿梁、墙、楼板等易受机械损伤的部位，应有保护。

塑料护套线在室内沿建筑物表面水平敷设高度距地面不应小于2.5m，垂直敷设时距地面高度1.8m以下的部分应有保护。

塑料护套线不论侧弯或平弯，其弯曲处护套和导线绝缘层均应完整无损伤，侧弯或平弯弯曲半径应分别不小于护套线宽度或厚度的3倍。

塑料护套线进入盒（箱）或与设备、器具连接时，其护套层应进入盒（箱）或设备、器具内，护套层与盒（箱）入口处应密封。

塑料护套线的固定应符合下列规定：

（1）固定应顺直、不松弛、不扭绞。

（2）护套线应采用线卡固定，固定点间距应均匀、不松动，固定点间距宜为150～200mm。

（3）在终端、转弯和进入盒（箱）、设备或器具等处，均应装设线卡固定，线卡距终端、转弯中点、盒（箱）、设备或器具边缘的距离宜为50～100mm。

（4）塑料护套线的接头应设在明装盒（箱）或器具内，多尘场所应采用IP5X等级的密闭式盒（箱），潮湿场所应采用 IPX5 等级的密闭式盒（箱），盒（箱）的配件应齐全，固定应可靠。

多根塑料护套线平行敷设的间距应一致，分支和弯头处整齐，弯头一致。

5.5　钢索布线

5.5.1　一般要求

（1）户内场所钢索的材料应采用镀锌钢绞线，不应采用含油芯的钢索。钢绞线的每股直径应小于 $0\sim5$mm，且不应有扭曲和断股等缺陷。户外布线以及敷设在潮湿或有酸、碱、盐腐蚀的场所，应采取防腐蚀措施，如用塑料护套钢索。

（2）户内的钢索布线，采用绝缘导线明敷时，应采用瓷夹、塑料夹、鼓形绝缘子或针式绝缘子固定在钢索上，采用护套绝缘导线、电缆、金属线管、中型阻燃型塑料线管或槽盒布线时，可直接固定在钢索上。

（3）户外的钢索布线，采用绝缘导线明敷时，应采用鼓形绝缘子或针式绝缘子固定在钢索上。采用护套绝缘导线、电缆、金属线管或金属槽盒布线时，可直接固定在钢索上。

（4）钢索布线所采用钢索的截面积，应根据跨距、荷重和机械强度等因素选择，最小截面积不宜小于 10mm^2，钢索固定件应镀锌或涂防腐漆。钢索的安全系数不应小于 2.5。钢索除两端拉紧外，跨距较大时应在钢索中间增加支持点，中间的支持点间距不宜大于 12m。

（5）在钢索上吊装金属线管或塑料线管布线时，支持点之间以及支持点与灯头盒之间的最大间距不大于表 5-3 所列数值。吊装接线盒和管道的扁钢卡子宽度，不应小于 20mm；吊装接线盒的卡子，不应少于 2 个。

钢索上支持点之间以及支持点与灯头盒之间的最大间距（mm）　　　表 5-3

布线类别	支持点之间	支持点与灯头盒之间
金属线管	1500	200
中型阻燃塑料线管	1000	150
橡胶绝缘或护套绝缘导线	500	100

（6）在钢索上吊装橡套绝缘或护套绝缘导线布线时，支持点之间以及支持点与灯头盒之间的最大间距不大于表 5-3 所列数值，且接线盒应采用塑料制品。

（7）在钢索上采用绝缘子吊装绝缘导线布线时，支持点之间的最大间距以及线间的距离，应满足表 5-4 所列数值，且扁钢吊架终端应加拉线，拉线的直径不应小于 3mm。

钢索上吊装瓷瓶支持点之间以及导线线间距离（mm）　　　表 5-4

类别	支持点之间	线间距离
绝缘子吊装	≤1500	
户内		250
户外		>100

当钢索长度在 50m 及以下时，应在钢索一端装设花篮螺栓紧固，当钢索长度超过

50m 时，应在钢索两端装设花篮螺栓紧固。

钢索与终端拉环套接处应采用心形环，固定钢索的线卡不应少于 2 个，钢索端头应用镀锌铁线绑扎紧密。

钢索中间吊架间距不应大于 12m，吊架与钢索连接处的吊钩深度不应小于 20mm，并应有防止钢索跳出的锁定零件。钢索两端应接地可靠。

5.5.2 钢索布线施工工艺

钢索布线施工工艺如图 5-12 所示。

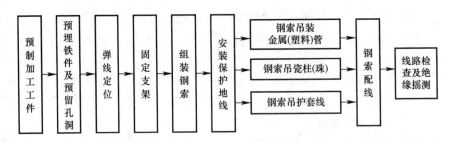

图 5-12 钢索布线施工工艺图

1. 预制加工工件

（1）加工预埋铁件：其尺寸不应小于 120mm×60mm×6mm。焊在铁件上的锚固钢筋的直径不应小于 8mm，其尾部要弯成燕尾状。

（2）根据施工图设计的要求尺寸加工好预留孔洞的木套箱，加工好抱箍、支架、吊架、吊钩、耳环、固定卡子等镀锌铁件。非镀锌铁件应先除锈再刷防锈漆。

（3）钢管进行调直、切断、套丝、揻弯，为管路连接做好准备。

（4）塑料管进行揻管、断管，为管路连接做好准备。

（5）采用镀锌钢绞线或圆钢作为钢索时，应按实际所需长度剪断，去除表面的油污，预先将其伸直，以减少其伸长率。

2. 预埋铁件及预留孔洞

应根据施工图设计的几何尺寸、位置和标高，在土建结构施工时将预埋件固定好，并配合土建准确地将孔洞预留好。

3. 弹线定位

根据施工图设计确定出固定点的位置和标高，弹出粉线，均匀分出挡距，并用色漆做出明显的标识。

4. 固定支架

将已经加工好的抱箍支架固定在土建结构上，将心形环穿套在耳环和花篮螺栓上用于吊装钢索，固定好的支架可作为线路的始端、中间点和终端。

5. 组装钢索

钢索安装做法如图 5-13 所示。

（1）将预先拉直的钢索一端穿入耳环，并折回穿入心形环，再用两只钢索卡固定两道。为了防止钢索尾端松散，可用钢丝将其绑紧。

（2）将花篮螺栓两端的螺杆均旋进螺母，使其保持最大距离，以备继续调整钢索松紧度。

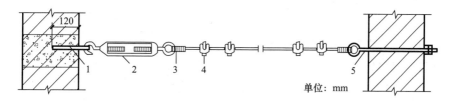

图 5-13　钢索安装做法

1—起点端耳环；2—花篮螺栓；3—心形环；4—钢索卡；5—终点端耳环

（3）将绑在钢索尾端的钢丝拆去，将钢索穿过花篮螺栓和耳环，折回后嵌进心形环，再用两只钢索卡固定两道。

（4）将钢索与花篮螺栓同时拉起，并钩住另一端的耳环，然后用大绳把钢索收紧，由中间开始，把钢索固定在吊钩上，调节花篮螺栓的螺杆使钢索的松紧度符合要求。

（5）钢索的长度在 50m 以内时，允许只在一端装设花篮螺栓，长度超过 50m 时，两端均应装设花篮螺栓，长度每增加 50m，就应加装一个中间花篮螺栓。

6. 安装保护地线

钢索就位后，在钢索的一段必须装有明显的保护地线，每个花篮螺栓处均应做跨接地线。

7. 钢索吊装金属管

（1）根据设计要求选择金属管、三通及五通专用明装接线盒及相应规格的吊卡。

（2）在吊装管路时，应按照先干线、后支线的顺序操作，把加工好的管子从始端到终端按顺序连接起来，与接线盒连接的丝扣应拧牢固，进盒的丝扣不得超过两扣。吊卡的间距应符合施工质量验收规范要求。每个灯头盒均应用两个吊卡固定在钢索上。其安装做法如图 5-14 所示。

（3）双管并行吊装时，可用将两个吊卡对接起来的方式进行吊装，管与钢索应在同一平面内。

（4）吊装完毕后应做整体接地保护，接线盒的两端应跨接接地线。

8. 钢索吊装塑料管

（1）根据设计要求选择塑料管、专用明装接线盒及灯头盒、管子接头及吊卡。

（2）管路的吊装方法与金属管的吊装方法相同，管进入接线盒及灯头盒时，可以用管接头进行连接，两管对接可用管箍粘结法。

（3）吊卡应固定平整，吊卡间距应均匀。

9. 钢索吊瓷柱（珠）

（1）根据施工图设计要求，在钢索上准确地量出灯位、吊架的位置及固定卡子之间的间距，用色漆作出明显标识。

（2）对自制加工的二线式扁钢吊架和四线式扁钢吊架进行调整、打孔，然后将瓷柱（珠）垂直平整，固定在吊架上。瓷珠在吊卡上的安装方法如图 5-15 所示。

（3）将上好瓷柱（珠）的吊架，按照已确定的位置用螺钉固定在钢索上，钢索上的吊架不应有歪斜和松动现象。

（4）终端吊架与固定卡子之间必须用镀锌拉线连接牢固。

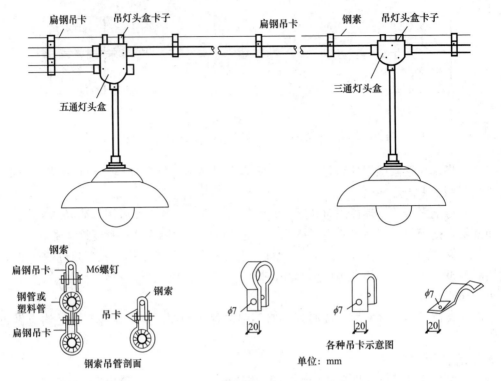

图 5-14　钢索吊装金属管

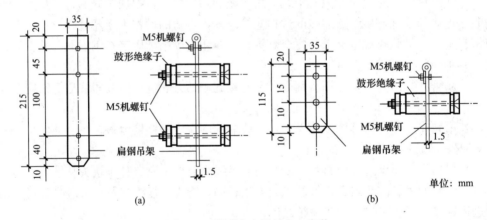

(a)　　　　　　　　　　　　(b)

图 5-15　瓷珠在扁钢吊卡上安装

（a）四线式扁钢吊卡；（b）二线式扁钢吊卡

钢索吊瓷珠安装示意图如图 5-16 所示。

（5）瓷柱（珠）及支架的安装规定。

1）瓷柱（珠）用吊架或支架安装时，一般应使用不小于 30mm×30mm×3mm 的角钢或使用不小于 40mm×4mm 的扁钢。

2）瓷柱（珠）固定在望板上，望板的厚度不应小于 20mm。

3）瓷柱（珠）配线时其支持点间距及导线的允许距离应符合表 5-5 的规定。

4）瓷柱（珠）配线时导线至建筑物的最小距离应符合表 5-6 的规定。

5）瓷柱（珠）配线时其绝缘导线距地面的最低距离应符合表 5-7 的规定。

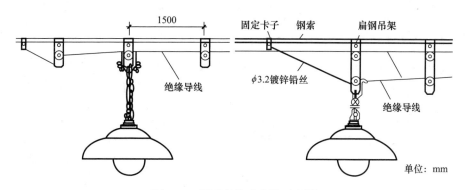

图 5-16　钢索吊瓷珠安装示意图

支持点间距及导线的允许距离　　　　表 5-5

导线截面（mm²）	瓷柱（珠）型号	支持点间最大允许距离（mm）	线间最小允许距离（mm）		线路分支、转角处至电门、灯具等处支持点间距离（mm）	导线边线对建筑物最小水平距离（mm）
			6mm² 以下导线	10mm² 以上导线		
1.5～4	G38(296)	1500	50	7100	100	60
6～10	G50(294)	1500	50	7100	100	60

导线至建筑物的最小距离　　　　表 5-6

导线敷设方式	最小距离（mm）
水平敷设时的垂直距离，距阳台、平台上方，跨越屋顶	2500
在窗户上方	200
在窗户下方	800
垂直敷设时至阳台、窗户的水平间距	600
导线至墙壁、构架的间距（挑檐除外）	35

导线距地面的最低距离　　　　表 5-7

导线敷设方式		最低距离（mm）
导线水平敷设	室内	2500
	室外	2700
导线垂直敷设	室内	1800
	室外	2700

10. **钢索吊护套线**

（1）根据施工图设计要求，在钢索上量出灯位及固定的位置，将护套线按段剪断，调直后放在线架上。

（2）敷设时应从钢索的一端开始，放线时应先将导线理顺，同时，用卡子在标出固定点的位置上将护套线固定在钢索上，直至终端。

（3）在接线盒两端 100～150mm 处应加卡子固定，盒内导线应留有适当余量。

（4）灯具为吊装灯时，从接线盒至灯头的导线应依次编叉在吊链内，导线不应受力。

塑料护套线在钢索上的安装方法如图 5-17 所示。

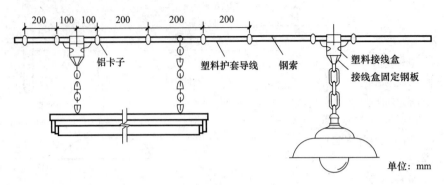

图 5-17　塑料护套线在钢索上的安装方法

5.6　电气竖井布线

在高层建筑中电能和电气信号的垂直传输量要大于水平传输量。大截面的导线和数量众多的线缆在垂直方向敷设，使穿管敷设做法不能胜任。因此在高层建筑中要从底层到顶层留出一定截面的井道，叫电气竖井。

电气竖井分为强电竖井和弱电竖井，一般分设在电梯井或楼梯间的两侧。在竖井内可以使用电缆、电缆桥架、金属线槽、金属管、封闭式母线槽等多种线路敷设方式。不论哪种方式都要把线缆或管线用支架、卡具固定在竖井壁上，这时要考虑重力的作用，要固定得非常牢固。

5.6.1　电气竖井布线一般要求

（1）电气竖井布线适用于多层和高层建筑物内垂直配电干线的敷设。

（2）电气竖井垂直布线时应考虑下列因素：

1）顶部最大垂直变位和层间垂直变位对干线的影响。

2）导线及金属保护管等自重所带来的载重影响及其固定方式。

3）垂直干线与分支干线的连接方式。

（3）电气竖井内垂直布线采用大容量单芯电缆、大容量母线作干线时，应满足下列条件：

1）载流量要留有一定的裕度。

2）分支容易、安全可靠、安装及维修和造价经济。

（4）电气竖井的位置和数量应根据用电负荷性质、供电半径、建筑物的沉降缝设置和防火分区等因素加以确定，并应符合下列规定：

1）应靠近用电负荷中心，尽量减少干线的长度和电能损耗。

2）应避免邻近烟囱、热力管道及其他散热量大或潮湿的设施。

3）不应和电梯、管道间共用同一竖井。

（5）电气竖井的井壁应采用耐火极限不低于 1h 的非燃烧体。电气竖井在每层楼层应设维护检修门并应开向公共走廊，检修门的耐火极限不应低于丙级。楼层间楼板应采用防火密封隔离措施及防水密封措施。线缆在楼层间穿线管时，其两端管口空隙应做密封隔离。

（6）消防配电线路宜与其他配电线路分开敷设在不同的电气竖井内，确有困难需敷设在同一电气竖井内时，应分别敷设在电气竖井的两侧，且消防配电线路应采用矿物绝缘类不燃性电缆。敷设在同一电气竖井内的高压、低压和应急电源的电气线路，相互之间的间距不应小于 300mm 或采取隔离措施，并且高压线路应设有明显标志。

（7）管路垂直敷设时，为保证管内导线不因自重而折断，应按下列要求装设导线固定盒，在盒内用线夹将导线固定：

1）导线截面在 $50mm^2$ 及以下且长度大于 30m 时。

2）导线截面在 $50mm^2$ 以上且长度大于 20m 时。

（8）电气竖井的尺寸，除应满足布线间隔以及配电箱、端子箱布置的要求外，宜在箱体前留有不小于 0.8m 的操作、维护距离。当条件受限制时，可利用公共走廊满足操作、维护距离的要求。

（9）电气竖井内不应有与其无关的管道通过。

（10）电气竖井内应设照明、检修电源插座以及接地干线。

（11）电气竖井内电缆宜采用电缆梯架敷设。

（12）预分支电缆在电气竖井内敷设时，电气竖井顶部的楼板上应预留拉电缆用的吊钩。

5.6.2　电气竖井内垂直布线

电气竖井内常用的布线方式为金属管、金属线槽、电缆或电缆桥架及封闭母线等。在电气竖井内除敷设干线回路外，还可以设置各层的电力、照明分线箱及弱电线路的端子箱等电气设备。

1. 电缆桥架布线

支架、隔板等部件的固定宜采用膨胀螺栓和塑料胀管作为紧固方案。

现场加工制作金属支架及支撑钢构件若无特殊要求应除锈，刷樟丹一道、灰漆一道，保护钢管等配件应按工程设计规定镀锌或涂漆处理。

电气竖井内电缆桥架垂直安装时电缆采用塑料电缆卡子固定，接地干线用螺钉固定，如图 5-18 所示。

2. 竖井内配电箱的安装

（1）金属线槽与配电箱安装

电气竖井内金属线槽与配电箱安装如图 5-19 所示。

（2）封闭式母线与配电箱安装

电气竖井内封闭式母线与配电箱安装如图 5-20 所示。

（3）柜、箱安装

电缆接头盒、分线箱安装如图 5-21 所示。

端子箱安装如图 5-22 所示。

配电箱安装如图 5-23 所示。

3. 电气竖井防火

为防止电气竖井内电缆可能着火，导致严重事故，应有适当的阻火分隔和封堵，可采用防火堵料、填料或阻火包、耐火隔板等，并能承受巡视人员的荷载。阻火墙的构成，宜采用阻火包、矿棉块等软质材料或防火堵料、耐火隔板等便于增添或更换电缆时不致损伤其他电缆的方式，且在可能经受积水浸泡或鼠害作用下具有稳固性的防火堵料，防火堵料和阻火包应选用国家鉴定的定型产品，使用中应首先检查产品是否过期失效，然后严格按照制造厂家的使用说明施工。

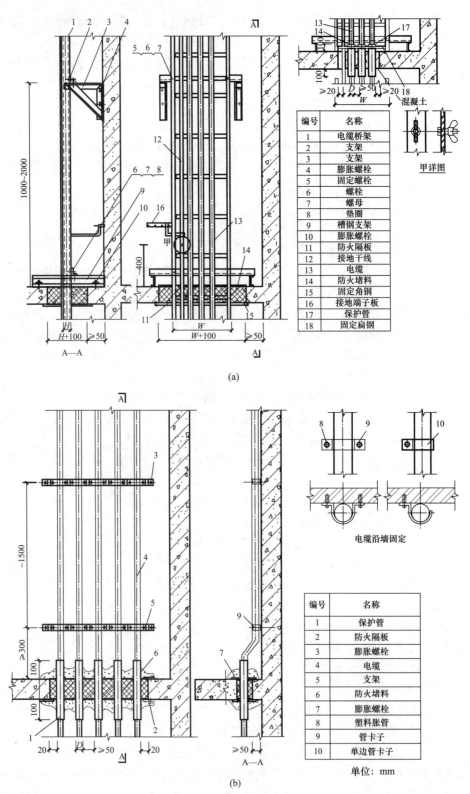

编号	名称
1	电缆桥架
2	支架
3	支架
4	膨胀螺栓
5	固定螺栓
6	螺栓
7	螺母
8	垫圈
9	槽钢支架
10	膨胀螺栓
11	防火隔板
12	接地干线
13	电缆
14	防火堵料
15	固定角钢
16	接地端子板
17	保护管
18	固定扁钢

(a)

编号	名称
1	保护管
2	防火隔板
3	膨胀螺栓
4	电缆
5	支架
6	防火堵料
7	膨胀螺栓
8	塑料胀管
9	管卡子
10	单边管卡子

单位：mm

(b)

图 5-18　电缆桥架垂直安装

（a）方案 1；（b）方案 2

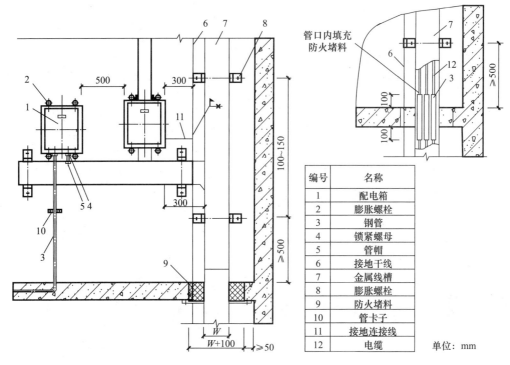

编号	名称
1	配电箱
2	膨胀螺栓
3	钢管
4	锁紧螺母
5	管帽
6	接地干线
7	金属线槽
8	膨胀螺栓
9	防火堵料
10	管卡子
11	接地连接线
12	电缆

单位：mm

图 5-19　电气竖井内金属线槽与配电箱安装

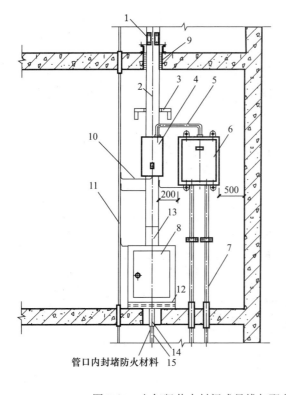

编号	名称
1	支架
2	封闭式母线
3	固定支架
4	插接箱
5	金属软管
6	配电箱
7	钢管
8	进线箱
9	防火堵料
10	接地连接线
11	接地干线
12	槽钢支架
13	母线进线节
14	保护管
15	电缆

单位：mm

图 5-20　电气竖井内封闭式母线与配电箱安装

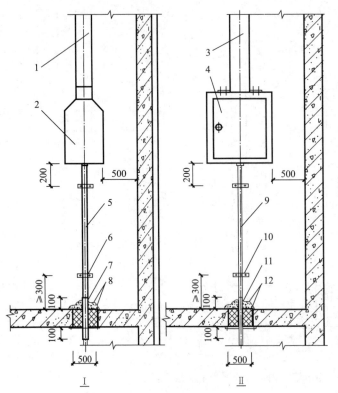

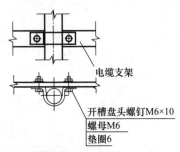

电缆支架

开槽盘头螺钉M6×10
螺母M6
垫圈6

电缆沿墙敷设固定安装

编号	名称
1	封闭式母线
2	电缆接头盒
3	封闭式母线
4	电缆分线箱
5	电缆
6	管卡子
7	保护管
8	防火堵料
9	电缆
10	管卡子
11	保护管
12	防火堵料

单位：mm

图 5-21 电缆接头盒、分线箱安装

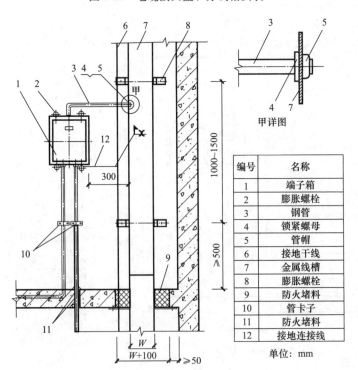

甲详图

编号	名称
1	端子箱
2	膨胀螺栓
3	钢管
4	锁紧螺母
5	管帽
6	接地干线
7	金属线槽
8	膨胀螺栓
9	防火堵料
10	管卡子
11	防火堵料
12	接地连接线

单位：mm

图 5-22 端子箱安装

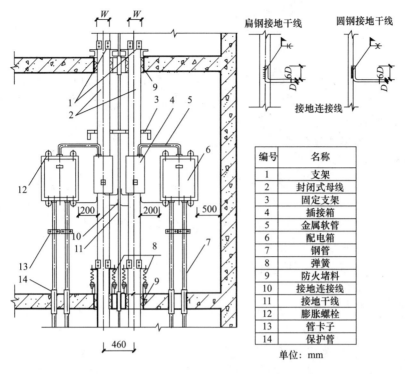

编号	名称
1	支架
2	封闭式母线
3	固定支架
4	插接箱
5	金属软管
6	配电箱
7	钢管
8	弹簧
9	防火堵料
10	接地连接线
11	接地干线
12	膨胀螺栓
13	管卡子
14	保护管

单位：mm

图 5-23　配电箱安装

4. 电气竖井接地

电气竖井接地示例如图 5-24 所示。电气竖井内每层均设置楼层等电位联结端子板，将竖井内所有设备的金属外壳、金属线槽（或钢管）、电缆桥架、垂直接地干线、浪涌保护器接地端和建筑物结构钢筋预埋件等互相连通起来。电气竖井内沿电缆桥架或封闭式母线或墙面垂直敷设接地干线，该接地干线应与楼层等电位联结端子板、总等电位联结端子板和基础钢筋相连。

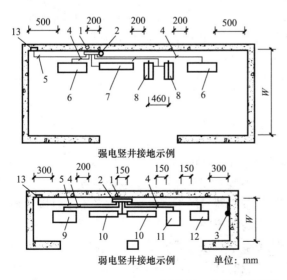

编号	名称
1	楼层等电位联结端子板
2	接地干线
3	弱电专用接地干线
4	接地支线
5	等电位联结线
6	配电箱
7	强电用电缆桥架
8	封闭式母线
9	控制箱
10	弱电用电缆桥架
11	金属线槽
12	接线端子箱
13	建筑物钢筋预埋件

单位：mm

图 5-24　电气竖井接地

5.7 导线的连接

在进行电气线路、设备的安装过程中，如果当导线不够长或要分接支路时，就需要进行导线与导线间的连接。常用导线的线芯有单股 7 芯和 19 芯等几种，连接方法随芯线的金属材料、股数不同而异。

5.7.1 导线连接注意事项

1. 导线间的连接

截面积在 $6mm^2$ 及以下的铜芯线间的连接应采用导线连接器或缠绕搪锡连接。

（1）导线连接器应符合《家用和类似用途低压电路用的连接器件 第 1 部分：通用要求》GB/T 13140.1—2008 的相关要求，还应符合下列规定：

1）导线连接器应与导线截面积相匹配。

2）单芯导线与多芯软导线连接时，多芯软导线宜搪锡处理。

3）与导线连接后不应明露芯线。

4）多尘场所的导线连接应选用 IP5X 及以上的防护等级连接器，潮湿场所的导线连接应选用 IPX5 及以上的防护等级连接器。

（2）导线采用缠绕搪锡连接时，连接接头缠绕搪锡后应采取可靠绝缘措施。

1）单芯线并接头：导线绝缘台并齐合拢，在距绝缘层 12mm 处用其中一根线芯在其连接端缠绕 5~7 圈后剪断，把余头并齐折回压在缠绕线上。

2）不同直径导线接头，如果是独根（导线截面积小于 $2.5mm^2$）或多芯软线，则先进行搪锡，再将细线在粗线端（独根）缠绕 5~7 圈，将粗导线端折回压在细线上。

3）采用机械压紧方式制作导线接头时，应使用确保压接力的专用工具。

LC 型安全型压线帽：铜导线压线帽分为黄、白、红三种颜色，分别适用于截面积为 $1.0~4.0mm^2$ 的 2~4 根导线的连接。其操作方法是：将导线绝缘层剥去 8~10mm（按帽的型号决定），清除线芯表面的氧化物，按规格选用配套的压线帽，将线芯插入压线帽的压接管内，若填不实，可将线芯折回头（剥长加倍），直至填满为止，线芯插到底后，导线绝缘层应和压接管平齐，并包在帽壳上，用专用压接钳压紧即可。

2. 导线与设备或器具的连接

（1）截面积在 $10mm^2$ 及以下的单股铜芯线和单股铝芯线可直接与设备或器具的端子连接。

（2）截面积在 $2.5mm^2$ 及以下的多芯铜芯线应接续端子或拧紧搪锡后与设备或器具的端子连接。

（3）截面积大于 $2.5mm^2$ 的多芯铜芯线，除设备自带插接式端子外，应接续端子后与设备或器具的端子连接，多芯铜芯线与插接式端子连接前，端部应拧紧搪锡。

（4）多芯铝芯线应接续端子后与设备、器具的端子连接，多芯铝芯线接续端子前应去除氧化层并涂抗氧化剂，连接完成后应清洁干净。

（5）每个设备或器具的端子接线不多于 2 根导线或 2 个导线端子。

（6）电线端子的材质和规格应与芯线的材质和规格适配，截面积大于 $1.5mm^2$ 的多股铜芯线与器具端子连接用的端子孔不应开口。

3．接线端子压接

多股导线可采用与导线同材质且规格相应的接线端子。削去导线的绝缘层，但不要碰伤线芯，将线芯紧紧地绞在一起，清除接线端子孔内的氧化膜，将线芯插入，用压接钳压紧，导线外露部分应小于 1～2mm。

4．导线与平压式接线桩连接

（1）单芯线连接：用一字或十字螺钉旋具压接时，导线要顺着螺钉旋进方向紧绕一圈后再紧固，不允许反圈压接，盘圈开口不宜大于 2mm。

（2）多股铜芯线螺钉压接时，应先安装（压接或焊接）端子（开口或不开口两种），然后用螺钉紧固。注意：该两种方法压接后外露线芯的长度不宜超过 1～2mm。

5．导线与针孔式接线桩头连接（压接）

把要连接的导线的线芯插入接线桩头针孔内，导线裸露出针孔大于导线直径 1 倍时需要折回头插入压接。

5.7.2　导线的连接步骤

对于绝缘导线的连接，其基本步骤为剥切绝缘层、线芯连接（焊接或压接）、恢复绝缘层。以下以铜导线为例。

1．剥切绝缘层

在导线连接前，需要把导线端部的绝缘层剥去，剥去绝缘层的长度，依照接头方法和导线截面不同而不同。剥切方法通常有单层剥法、分段剥切法和斜削法三种。单层剥法适用于塑料电导线；分层剥法适用于绝缘层较多的导线，如橡皮线、铅皮线等。斜削法就是像削铅笔一样，导线绝缘层剥切后的形状如图 5-25 所示。剥切时，不要割伤线芯，否则会降低导线的机械强度，会因截面减小而增加电阻。

2．线芯连接（焊接或压接）

（1）单芯铜导线连接。

1）直接连接。单芯铜导线直线连接有绞接法和缠卷法。

① 绞接法适用于 4.0mm² 及以下的单芯线连接。将两线互相交叉，用双手同时把两芯线互绞 2～3 圈后，扳直与连接线成 90°，将每个芯线在另一芯线上缠绕 5 圈，剪断余头，如图 5-26 所示。

② 缠绕卷法有加辅助线和不加辅助线两种，适用于 6.0mm² 及以上的单芯线直接连接。将两线相互并合，加辅助线（填一根同径芯线）后，用绑线在并合部位中间向两端缠卷，长度为导线直径的 10 倍。然后将两线芯端头折回，在此向外再单卷 5 圈，与辅助线捻绞 2 圈，余线剪掉，如图 5-27 所示。

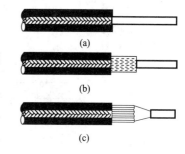

图 5-25　导电线绝缘层
剥切后的形状

（a）单层剥法；（b）分段剥切法；
（c）斜削法

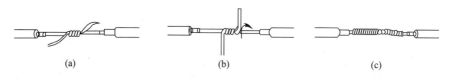

| (a) | (b) | (c) |

图 5-26　直线连接的绞接法

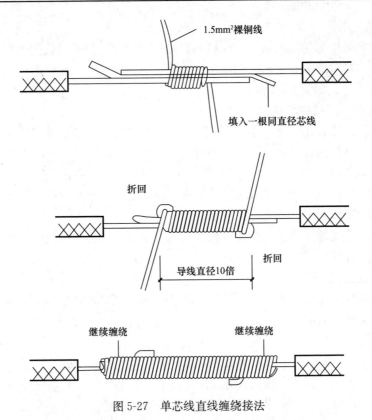

图 5-27　单芯线直线缠绕接法

2）分支连接。单股铜导线的 T 字分支连接如图 5-28 所示，将支路芯线的线头紧密缠绕在干路芯线上 5～8 圈后剪去多余线头即可。对于较小截面的芯线，可先将支路芯线的线头在干路芯线上打一个环绕结，再紧密缠绕 5～8 圈后剪去多余线头即可。

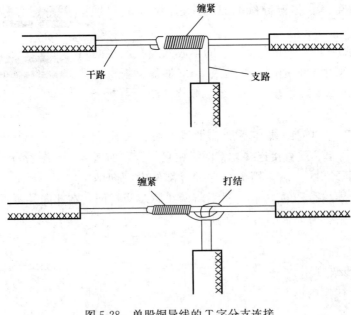

图 5-28　单股铜导线的 T 字分支连接

单股铜导线的十字分支连接如图 5-29 所示，将上下支路芯线的线头紧密缠绕在干路芯线上 5～8 圈后剪去多余线头即可。可以将上下支路芯线的线头向一个方向缠绕，也可以向左右两个方向缠绕。

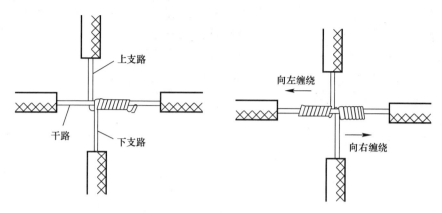

图 5-29　单股铜导线的十字分支连接

3）并接连接。

① 将芯线捻绞 2 圈，留余线适当长剪断、折回压紧，防止线端部插破所包扎的绝缘层，如图 5-30 所示。

② 单芯线并接三根及以上导线时，将连接线端相并合，在距绝缘层 15mm 处用其中一根芯线，在其连接线端缠绕 5 圈剪断。把余线头折回压在缠绕线上，如图 5-31 所示。

③ 不同直径的导线并接头，若细导线为软线时，则应先进行挂锡处理。先将细线在粗线上距离绝缘层 15mm 处交叉，并将线端部向粗线端缠卷 5 圈，将粗线端头折回，压在细线上，如图 5-32 所示。

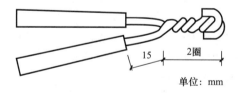

图 5-30　两根单芯线并接头

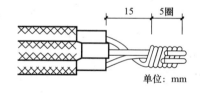

图 5-31　三根及以上单芯线并接头

4）压接连接。单芯铜导线塑料压线帽压接，可以用在接线盒内铜导线的连接，也可用在夹板配线的导线连接。单芯铜导线塑料压线帽，用于 1.0～4.0mm² 铜导线的连接，是将导线连接管（镀银紫铜管）和绝缘包缠复合为一体的接线器件，外壳用尼龙注塑成型。

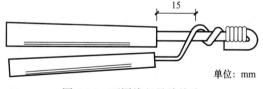

图 5-32　不同线径导线接头

使用压线帽进行导线连接时，在导线的端部剥削绝缘后，根据压线规格、型号分别露出线芯长度 13mm、15mm、18mm 插入压线帽内。如填不实，再用 1～2 根同材质、同线径的线芯插入压线帽内填补，也可以将线芯剥出后回折插入压线帽内，使用专用阻尼式手握压力钳压实。

（2）多芯铜导线连接。

1）直线连接。先将剖去绝缘层的芯线头散开并拉直，然后把靠近绝缘层约1/3线段的芯线绞紧，接着把余下的2/3芯线分散成伞状，并将每根芯线拉直，如图5-33(a)所示。把两个伞状芯线隔根对叉，并将两端芯线拉平，如图5-33(b)所示。以7芯铜导线为例，把其中一端的7股芯线按2根、3根分成3组，把第一组两根芯线扳起，垂直于芯线紧密缠绕，如图5-33(c)所示。缠绕两圈后，把余下的芯线向右拉直，把第二组的两根芯线扳直，与第一组芯线的方向一致，压着前两根扳直的芯线紧密缠绕，如图5-33(d)所示。缠绕两圈后，也将余下的芯线向右扳直，把第三组的三根芯线扳直，与前两组芯线的方向一致，压着前四根扳直的芯线紧密缠绕，如图5-33(e)所示。缠绕三圈后，切去每组多余的芯线，钳平线端，如图5-33(f)所示。除芯线缠绕方向相反，另一侧的制作方法与前述相同。

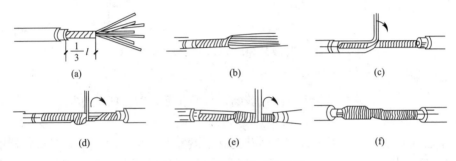

图 5-33　7 芯铜线的直线连接

2）分支连接。以7芯铜导线为例，把分支芯线散开钳平，将距离绝缘层1/8处的芯线绞紧，再把支路线头7/8的芯线分成4根和3根两组，并排齐。然后用螺钉旋具把干线的芯线撬开分为两组，把支线中4根芯线的一组插入干线两组芯线之间，把支线中另外3根芯线放在干线芯线的前面，如图5-34(a)所示。把3根芯线的一组在干线右边紧密缠绕3~4圈，钳平线端。再把4根芯线的一组按相反方向在干线左边紧密缠绕，如图5-34(b)所示。缠绕4~5圈后，钳平线端，如图5-34(c)所示。

7芯铜线的直线连接方法同样适用于19芯铜导线，只是芯线太多可剪去中间的几根芯线。连接后，需要在连接处进行钎焊处理，这样可以改善导电性能和增加其力学强度。19芯铜线的T形分支连接方法与7芯铜线也基本相同。将支路导线的芯线分成10根和9根两组，而把其中10根芯线那组插入干线中进行绕制。

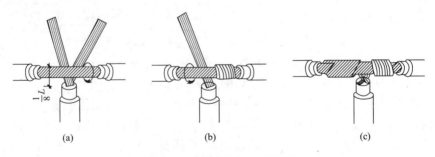

图 5-34　7 芯铜线的 T 形连接

3）人字连接。多芯铜导线的人字连接，适用于配电箱内导线的连接，在一些地区也用于进户线与接户线的连接。多芯铜导线人字连接时，按导线线芯的接合长度，剥去适当长度的绝缘层，并各自分开线芯进行合拢，用绑线进行绑扎，绑扎长度应为双根导线直径的 5 倍，如图 5-35 所示。

4）用接线端子连接。铜导线与接线端子连接适用于 2.5mm² 以上的多股铜芯线的终端连接。常用的连接方法有锡焊连接和压接连接。铜导线和端子连接后，导线芯线外露部分应小于 1～2mm。锡焊连接是把铜导线端头和铜接线端子内表面涂上焊锡膏，双根导线放入熔化好的焊锡锅内挂满焊锡，将导线插入端子孔内，冷却即可。

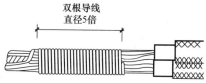

图 5-35　多芯铜导线人字连接

铜导线与端子压接可使用手动液压钳及配套的压模进行压接。剥去导线绝缘层的长度要适当，不要碰伤线芯。清除接线端子孔内的氧化膜，将芯线插入，用压接钳压紧。

（3）铜导线锡焊连接。

1）电烙铁锡焊。如果铜芯导线截面面积不大于 10mm²，它们的接头可用 150W 电烙铁进行锡焊。可以先将接头上涂一层无酸焊锡膏，待电烙铁加热后，再进行锡焊即可。

2）浇焊。对于截面面积大于 16mm² 的铜芯导线接头，常采用浇焊法。首先将焊锡放在化锡锅内，用喷灯或电炉使其熔化，待表面呈磷黄色时，说明焊锡已经达到高热状态，然后将涂有无酸焊锡膏的导线接头放在锡锅上面，再用勺盛上熔化的锡，从接头上面浇下，如图 5-36 所示。因为起初接头较凉，锡在接头上不会有很好的流动性，所以

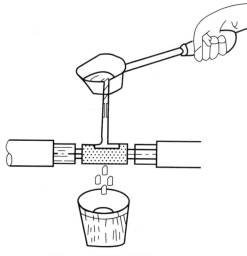

图 5-36　铜芯导线接头的浇焊

应持续浇下去，使接头处温度提高，直到全部缝隙焊满为止。最后用抹布擦去焊渣即可。

练习思考题

1. 室内导线常用的敷设方式有哪些？分别适用于什么环境和条件？
2. 室内配线一般技术要求是什么？
3. 简述室内配线的施工程序。
4. 线管敷设的一般要求是什么，线管如何选择？
5. 管内穿线有哪些要求和规定？
6. 常用的线槽有哪几种？敷设时有什么要求？
7. 简述金属线槽配线施工方法。
8. 钢索布线有什么要求？
9. 电气竖井布线有什么要求？
10. 请描述导线的连接步骤。

第6章　建筑用电设备检查接线

建筑用电设备的检查接线主要包括电动机的检查接线、电动执行机构的检查接线、开关、插座和风扇安装等内容，本章将逐一进行讲解。

6.1　电动机检查接线

6.1.1　电动机基本认知

电动机可以分为直流电动机和交流电动机，类型划分如表 6-1 所示。建筑用电设备一般采用笼型异步电动机。

电动机分类　　　　　　　　　　　　　　　　　　　　　　　表 6-1

直流电动机	励磁直流电动机	并励直流电动机	
		串励直流电动机	
		复励直流电动机	
	永磁直流电动机（小功率）		
交流电动机	异步电动机	鼠笼型异步电动机	
		绕线型异步电动机	
	同步电动机	普通同步电动机	
		无换向器电动机	励磁式无换向器电动机
			永磁式无换向器电动机
		磁阻同步电动机	

6.1.2　电动机抽芯检查

关于电动机是否要抽芯检查是有争论的，有的认为施工现场条件没有制造厂车间内条件好，在现场拆卸检查没有好处，况且有的制造厂说明书明确规定不允许拆卸检查（如某些特殊电动机或进口的电动机）。另一种意见认为，电动机安装前应做抽芯检查，只要在施工现场找一个干净通风，湿度在允许范围内的场所即可，尤其是开启式电动机一定要抽芯检查。为此，现行国家标准《电气装置安装工程　旋转电机施工及验收标准》GB 50170—2018 第 5.3.2 条对是否要抽芯的条件做出了规定。同时也明确了制造厂不允许抽芯的电动机要另行处理。可以理解为电动机有抽芯检查的必要，而制造厂又明确说明不允许抽芯，则应召集制造厂代表会同协商处理，以明确责任。

对于出厂时间已超过了制造厂保证期限，或外观检查、电气试验、手动盘转和试运转有异常情况的电动机，需要抽芯检查，且应符合下列规定：

（1）电动机内部应清洁、无杂物；

（2）线圈绝缘层应完好、无伤痕，端部绑线不应松动，槽楔应固定、无断裂、无凸出和松动，引线应焊接饱满，内部应清洁、通风孔道无堵塞；

（3）轴承应无锈斑，注油（脂）的型号、规格和数量应正确，转子平衡块应紧固、平衡螺丝锁紧，风扇叶片应无裂纹；

（4）电动机的机座和端盖的止口部位应无砂眼和裂纹；

（5）连接用紧固件的防松零件应齐全完整；

（6）其他指标应符合产品技术文件的要求。

6.1.3　电动机启动方式的选择

建筑用电设备一般采用笼型电动机，全压启动或降压启动。

降压启动的目的是限制启动电流，从而减小母线电压降。限制启动力矩，减少对设备的机械冲击。降压启动低压笼型电机的降压启动方式有星三角启动、电阻降压启动、自耦变压器降压启动、软启动器降压启动等。各种降压启动方式都比全压启动接线复杂、电气元件多、投资大、操作维护工作量大，故障率也相应增高，而电动机的温升也高。

对低压配电设计而言，根据制造标准，低压笼型电动机均允许全压启动。通用机械（风机、水泵、压缩机）绝大多数均能承受电动机全压启动的冲击转矩。不宜全压启动者则仅有长轴传动的深井泵之类极少例子而已。通常，只要电动机启动时配电母线的电压不低于系统标称电压的 85%，电动机额定功率不超过电源变压器额定容量的 30%，即可全压启动。仅在估算结果处于边缘情况时，才需要进行详细计算。因此，只在必要时才采用降压启动。

各种降压启动方式特征见表 6-2。

各种降压启动方式的特征比较　　　　表 6-2

启动方式		全压启动	Y-△降压启动	变压器-电动机组启动	电抗器降压启动	自耦变压器降压启动	软启动器启动
启动参数	启动电压	U_n	$\frac{1}{\sqrt{3}}U_n=0.58U_n$	kU_n	kU_n	kU_n	$(0.4\sim0.9)U_n$
	启动电流	I_{st}	$\left(\frac{1}{\sqrt{3}}\right)^2 I_{st}=0.33I_{st}$	kI_{st}	kI_{st}	$k^2 I_{st}$	$(2\sim5)I_n$
	启动转矩	M_{st}	$\left(\frac{1}{\sqrt{3}}\right)^2 M_{st}=0.33M_{st}$	$k^2 M_{st}$	$k^2 M_{st}$	$k^2 M_{st}$	$(0.15\sim0.8)M_{st}$
突跳启动		/	/	/	/	/	可选（90%U_n 或 80%M_{st}直接启动）
适用范围		高、低压电动机	定子绕组为△接线的中心型低压电动机	高、低压电动机	高、低压电动机	高、低压电动机	低压电动机
启动特点		启动方法简单，启动电流大，启动转矩大	启动电流小，启动转矩小	启动电流较大，启动转矩较小		启动电流小，启动转矩居中	启动电流小（自动可调），启动转矩小（自动可调）

注：k 为启动电压与标称电压的比值（对于自耦变压器，k 为变比）。

6.1.4　全压启动主回路接线

1. 笼型电动机全压启动

笼型电动机全压启动的主回路接线如图 6-1 所示。

2. 变极多速电动机的主回路接线

变极多速电机的定子绕组的连接方式有两种：一种是绕组从三角形改变成双星形，另一种是绕组从单星形改变成双星形，这两种接法都能使电机产生的磁极对数减少一半，即电动机的转速提高一倍。以第一种转换方式为例，电动机主接线图和绕组接线如图 6-2 所示。如图 6-2（b）所示的连接方式为由低速转换成高速。

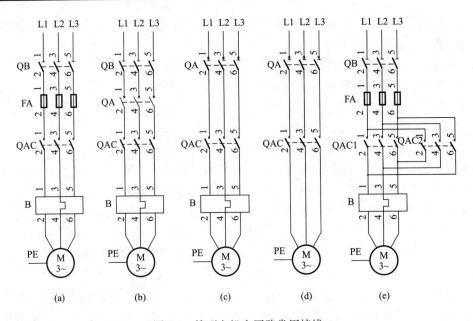

图 6-1　笼型电机主回路常用接线

（a）典型接线，短路和接地故障保护电器为熔断器；

（b）典型接线，短路和接地故障保护电器为断路器；（c）断路器兼做隔离电器；

（d）不装设过载保护或断路器兼做过载保护；（e）双向（可逆）旋转接线

QA—低压断路器；QB—隔离器或隔离开关；FA—熔断器；QAC—接触器；B—热继电器

注：1，2，3，4，5，6 等数字为对应端子编号，下同，不再重复标注。

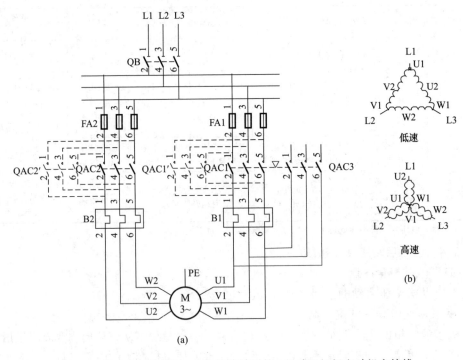

图 6-2　带 1 个抽头绕组、6 个接线端子的 4/2 或 8/4 极电动机主接线

（a）电动机主回路接线图；（b）电动机绕组接线图

QAC1—低速接触器；QAC2—高速接触器；QAC3—星形接触器

3. 带独立绕组多速电动机的主回路接线

带 2 个独立绕组、6 个接线端子的 6/4 或 8/6 极电动机主接线见图 6-3。带 2 个独立绕组（其中一个带抽头）、9 个接线端子的 6/4/2 或 8/4/2 或 8/6/2 极电动机主接线见图 6-4。

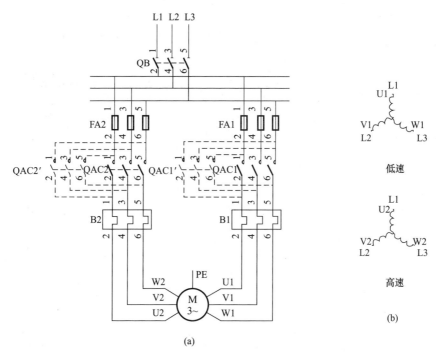

图 6-3　带 2 个独立绕组、6 个接线端子的 6/4 或 8/6 极电动机主接线
(a) 电动机主回路接线图；(b) 电动机绕组接线图
QAC1—低速接触器；QAC2—高速接触器

6.1.5　降压启动主回路接线

1. 星-三角降压启动

当负载对电动机启动力矩无严格要求又要限制电动机启动电流，电机满足三角形接线条件、电机正常运行时定子绕组接成三角形时才能采用星-三角（Y-△）启动方法。图 6-5 和图 6-6 分别为电动机 Y 接法和 △ 接法，普通"Y-△"启动主回路接线如图 6-7 所示。

"Y-△"启动电动机的"转矩-转速"和"电流-转速"曲线如图 6-8 所示。可以看出，由 33%U_{rM} 曲线转换到 100%U_{rM} 曲线时，电流出现很高的跃升，远远大于起始值。更有甚者，在这个电流上还要叠加一个暂态冲击值。对于"Y-△"启动方式的绕组切换过程及产生的二次冲击电流，应予以特别关注。

为避免出现过高的转换电流峰值，可采用不中断转换的"Y-△"启动方式，其主回路接线如图 6-9 所示。电动机在星型启动结束后，通过过渡接触器和过渡电阻，维持电流不中断，经 50ms 后无间歇转换到三角形接线。

过渡电阻按流过电动机额定电流的 1.5 倍设计，即：

$$R = \frac{U_{rM}}{\sqrt{3} \times 1.5 I_{rM}} \tag{6-1}$$

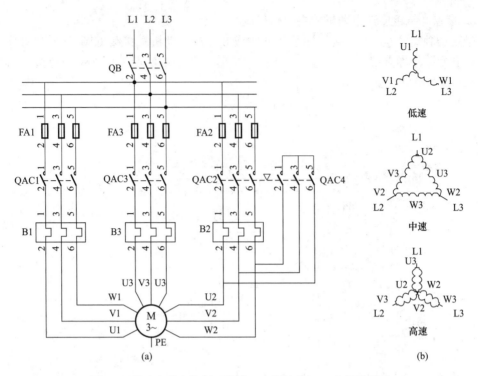

图 6-4 带 2 个独立绕组（其中一个带抽头）、9 个接线端子
的 6/4/2 或 8/4/2 或 8/6/2 极电动机主接线

（a）电动机主回路接线图；（b）电动机绕组接线图

QAC1—低速接触器；QAC2—中速接触器；QAC3—高速接触器；QAC4—星形接触器

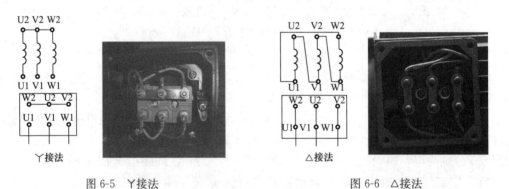

图 6-5 丫接法   图 6-6 △接法

用于每小时最多启动 12 次的所需功率 P_{12} 为：

$$P_{12} = \frac{U_{rM}^2}{1200R} \tag{6-2}$$

用于每小时最多启动 30 次的所需功率 P_{30} 为：

$$P_{30} = \frac{U_{rM}^2}{500R} \tag{6-3}$$

式中 U_{rM}——电动机的额定电压（V）；

         I_{rM}——电动机的额定电流（A）；

         R——过渡电阻（Ω）；

P_{12}——用于每小时最多启动 12 次的所需功率（W）；

P_{30}——用于每小时最多启动 30 次的所需功率（W）。

2. 串电阻降压启动

鼠笼型电动机串电阻降压启动主回路接线如图 6-10 所示。

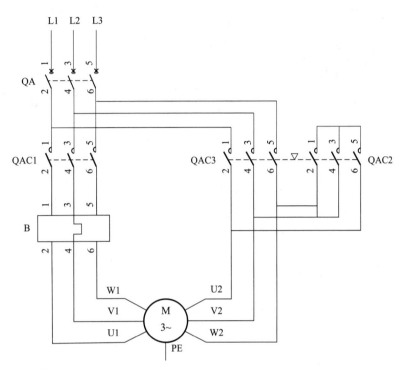

图 6-7　普通 "Y-△" 启动（启动时间不超过 10s）

QAC1—主接触器；QAC2—星形接触器；QAC3—三角形接触器

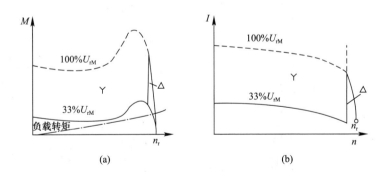

(a)　　　　　　　　　　　　(b)

图 6-8　"Y-△" 启动电动机的转矩-转速曲线和电流-转速曲线

（a）M-n 曲线；（b）I-n 曲线

3. 自耦变压器降压启动

鼠笼型电动机自耦变压器降压启动主回路接线如图 6-11 所示。

4. 软启动器降压启动

鼠笼型电动机用软启动器启动主回路接线如图 6-12 所示。

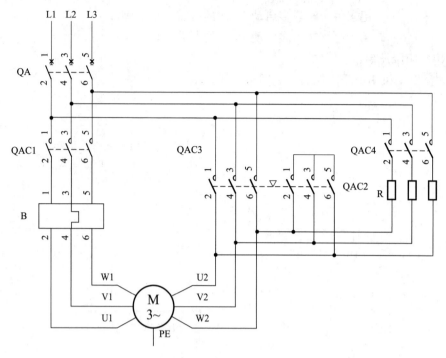

图 6-9　不中断的星—三角启动

QAC1—主接触器；QAC2—星形接触器

QAC3—三角形接触器；QAC4—过渡接触器；R—过渡电阻

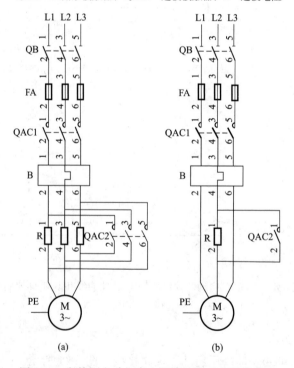

(a)　　　　　　　　(b)

图 6-10　鼠笼型电动机串电阻降压启动主回路接线

(a) 降低启动电流；(b) 降低启动转矩

QAC1—主接触器；QAC2—加速接触器；R—过渡电阻

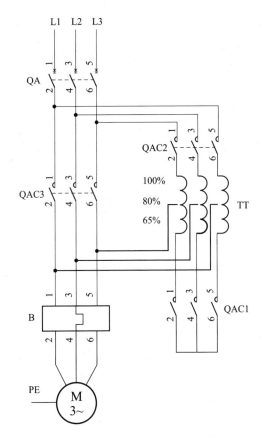

图 6-11 鼠笼型电动机用自耦变压器降压
启动主回路接线

QAC1—星形接触器；QAC2—变压器接触器；
QAC3—主接触器

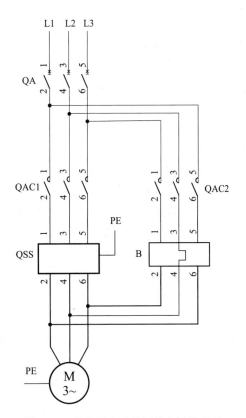

图 6-12 鼠笼型电动机用软启动器启动
主回路接线

QAC1—主接触器；QAC2—旁路接触器
（若软启动器自带旁路接触器，
QAC2 和 B 可省略）

6.1.6 控制回路

1. 控制回路的要求

（1）电动机的控制回路应装设隔离电器和短路保护电器，但由电动机的主回路供电，且符合下列条件之一时，可不另装设：

1）主回路短路保护器件能有效保护控制回路的线路时；

2）控制回路接线简单、线路很短且有可靠的机械防护时；

3）控制回路断电会造成严重后果时。

（2）电动机的控制回路的电源及接线方式应安全可靠、简单适用，并应符合下列规定：

1）TN 系统或 TT 系统中的控制回路发生接地故障时，控制回路的接线方式应能防止电动机意外启动或不能停车。

2）对可靠性要求高的复杂控制回路可采用 UPS 供电，也可采用直流电源。直流控制回路宜采用不接地系统，并应装设绝缘监视装置。

3）控制电压不宜大于 220V，因为随着电压升高，接触器和继电器线圈的圈数增加、导线截面积减小，机械强度和过负荷能力降低，容易发生故障。接触器磁路气隙因多次动作变大或异物侵入，均可导致线圈过负荷。随着电压升高，控制导线的电容电流和泄漏电流增加。控制线路延伸较长时，可能导致动断触头不能释放，甚至动合触头误接通。控制电压不宜小于24V，因为电压低的回路中，因接触电阻导致故障的概率增大，特别是触头稍有污染即可导致严重故障。另外，电压越低，工作电流相应越高，控制线缆选择不经济。同时控制线路延伸较长时，电压降可能导致接触器不能吸合。额定电压不超过交流50V或直流120V的控制回路的接线和布线，应能防止引入较高的电压和电位。

（3）当控制回路采用交流电源供电时，以下任一情况下，需要使用控制变压器：

1）电源工作电压超过220V；

2）或者电动机主回路中不带中性导体时；

3）要求控制电压不同于电源电压时；

4）为保证可靠性，要求控制电路对地绝缘时；

5）在短路电流高的电网中，需要减少控制触头熔焊危险时。

但发生接地故障的概率很小时，控制电路由交流电源供电时可不使用控制变压器，例如：仅用单一电动机启动器和不超过两只控制器件（如联锁器件、启停控制台）的机械。或者电动机主回路和控制回路均处在同一柜体。

（4）电动机的控制按钮或控制开关，宜装设在电动机附近便于操作和观察的地点。当需在不能观察电动机或机械的地点进行控制时，应在控制点装设指示电动机工作状态的灯光信号或仪表。

（5）自动控制或联锁控制的电动机，应有手动控制和解除自动控制或联锁控制的措施。远方控制的电动机，宜有就地控制和解除远方控制的措施。当突然启动可能危及周围人员安全时，应在机械设备旁装设启动预告信号和应急断电开关或自锁式按钮。

（6）当反转会引起危险时，反接制动的电动机应采取防止制动终了时反转的措施。

（7）电动机旋转方向的错误将危及人员和设备安全时，应采取防止电动机倒相造成旋转方向错误的措施。

2. 控制回路的接线方式

TN或TT系统中的控制回路发生接地故障时，保护或控制接点可被PE导体或大地短接，使控制失灵或线圈通电，造成电动机不能停车或意外启动。当控制回路接线复杂，线路很长，特别是在恶劣环境中装有较多的行程开关和联锁接点时，这个问题更加突出。

为避免上述危险，除使用控制变压器外，还应采用正确的接线方式，并配合适当的接地方式。供分析用的控制回路接线示例，见图6-13。

（1）图中接线Ⅰ是正确的：当a、b、c任何一点接地时，控制接点均不被短接。a或b甚至a和b两点同时接地时，也因过电流保护动作而停车。

（2）图中接线Ⅱ是错误的：当e点接地时，控制接点被短接，运行中的电动机将不能停车，不工作的电动机将意外启动，这种接法不应采用。

（3）图中接线Ⅲ的问题更复杂：当h点接地时，仅L3上的过电流保护动作，线圈接于相电压下，通电的接触器不能可靠释放，不通电的接触器则可能吸合，从而可能造成电动机不能停车或意外启动。这种做法不宜采用。

（4）当图中 a、b、d、g、h 或 i 点接地时，相应的过电流保护动作，电动机将被迫（a、b、d 点）或可能（g、h、i 点）停止工作。为提高控制回路的可靠性，可在控制回路中装设控制变压器，二次侧采用不接地系统，不仅可避免电动机意外启动或不能停车，而且任何一点接地时电动机能继续坚持工作。

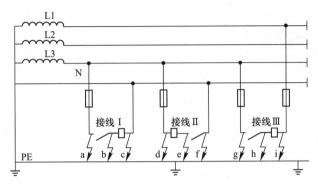

图 6-13　控制回路接线示例

（5）直流控制电源如为一极接地系统，当控制回路发生接地故障时的情况可按以上分析类推。因此，最好采用不接地系统，并应装设绝缘监视装置，但仅为节能和减少接触器噪声而采用整流电源时，可不受此限制。

6.1.7　安全及保护接地

为防止操作过电压引起放电，避免发生事故，在设备接线盒内裸露的不同相间和相对地间电气间隙应符合产品技术文件要求，或采取绝缘防护措施。不同电压等级的电动机接线盒内的导线间或导线对地间的电气间隙是不同的，因此应根据不同的电压等级，按产品制造标准或产品技术说明书要求进行检查或施工。

电动机的外露可导电部分必须与保护导体干线直接连接且应采用锁紧装置紧固，以确保使用安全。使用安全电压（36V 及以下）或建筑智能化工程的相关类似用电设备时，其可接近裸露导体是否需与保护导体连接，应由相关设计文件加以说明。

6.2　电动执行机构检查接线

电动执行机构是电动阀门的重要组成部分，按照被控对象的运动方式可以分为角行程（转角小于 360°）、直行程、部分回转型、多回转式（转角大于 360°），角行程执行机构根据连接和安装方式可以分为基座式和直连式。电动执行机构按照供电方式可以分为交流供电和直流供电模式，其额定电压、额定输出扭矩、行程、转角等参数应由执行器所处应用环境和驱动的阀门决定。按照被控系统需求，可以分为开关型（开环控制）和调节型（闭环控制）两大类。

各厂家产品的接线原理略有不同，但基本由壳体、电源、电机及减速机构、控制电路、反馈信号、接线端子组成，典型开关型阀门控制原理如图 6-14 所示。

随着集成电路和数字技术的发展，机电开关和模拟运算放大电路已开始被微型芯片电路板取代，出现了智能型电动执行器，如图 6-15 所示。

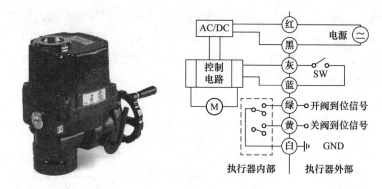

图 6-14　开关型电动执行机构控制接线图

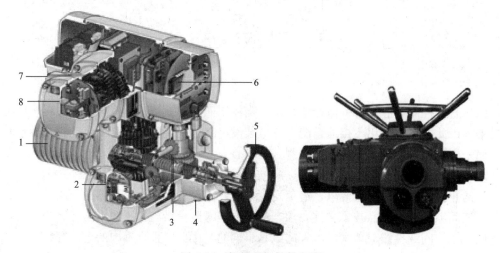

图 6-15　智能型电动执行器

1—电动机；2—行程和力矩传感器；3—减速器；4—阀门附件；
5—手动轮；6—执行器控制板；7—电气接线；8—现场总线板

6.3　开关、插座和风扇安装

6.3.1　照明开关的安装

开关的作用是接通或断开照明灯具电源。根据安装形式分为明装式和暗装式两种。明装式有拉线开关、扳把开关等，暗装式多采用跷板式开关。

同一建筑物、构筑物内，开关的通断位置应一致，操作灵活，接触可靠。同一室内安装的开关控制有序不错位，相线应经开关控制。

开关的安装位置应便于操作，同一建筑物内开关边缘距门框（套）的距离宜为 0.15～0.2m。同一室内相同规格相同标高的开关高度差不宜大于 5mm，并列安装相同规格的开关高度差不宜大于 1mm，并列安装不同规格的开关宜底边平齐，并列安装的拉线开关相邻间距不小于 20mm。

当设计无要求时，开关安装高度应符合下列规定：

（1）开关面板底边距地面高度宜为 1.3～1.4m。

（2）拉线开关底边距地面高度宜为 2～3m，距顶板不小于 0.1m，且拉线出口应垂直向下。

（3）无障碍场所开关底边距地面高度宜为 0.9～1.1m。

（4）老年人生活场所的开关，宜选用宽面板按键开关，开关底边距地面高度宜为 1.0～1.2m。

暗装的开关面板应紧贴墙面或装饰面，四周应无缝隙，安装应牢固，表面应光滑整洁、无碎裂、划伤，装饰帽（板）齐全。接线盒应安装到位，接线盒内干净整洁，无锈蚀。安装在装饰面上的开关，其电线不得裸露在装饰层内。

6.3.2　温控开关的安装

风机盘管温控开关是依据输入值，自动控制风机盘管启停、调整转速、调整电动阀开度或开断的装置。按照控制原理分类：温控开关有电子式和机械式两种，按照是否具备通信功能可分为联网型和非联网型。温控开关安装应符合下列规定：

温控开关应安装在既便于操作，又能采集被控区域实际温度的位置。温控开关安装高度宜与照明开关一致。同一室内并列安装的温控开关高度宜一致，且控制有序不错位。

温控开关接线应正确，显示屏指示应正常，安装标高应符合设计要求。

因风机盘管分为两管制和四管制，故应根据被控对象不同，按照图 6-16 和图 6-17 方法接线。

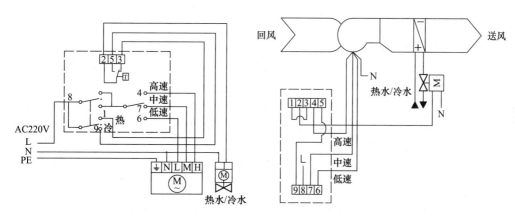

图 6-16　两管制盘管温控器接法

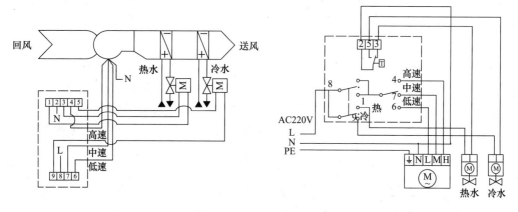

图 6-17　四管制盘管温控器接法

6.3.3 插座的安装

6.3.3.1 插座的安装要求

（1）交、直流或不同电压的插座应分别采用不同的形式，并有明显标志，且其插头与插座均不能互相插入。

（2）插座的安装高度应符合下列要求：

1）一般应在距离室内地坪0.3m处埋设，特殊场所暗装的高度应不小于0.15m，潮湿场所其安装高度应不低于1.5m。

2）托儿所、幼儿园及小学等儿童活动场所安装高度不小于1.8m。

3）住宅内插座盒距离地坪1.8m及以上时，可采用普通型插座。若使用安全插座时，安装高度可为0.3m。

4）潮湿场所采用密封型并带保护地线触头的保护型插座，安装高度不低于1.5m。

5）车间及试验室的插座安装高度距离地面不小于0.3m，特殊场所暗装的插座高度不小于0.15m，同一室内插座安装高度一致。

6）地面插座面板与地面齐平或紧贴地面，盖板固定牢固，密封良好。

（3）插座接线应符合下列做法：

1）单相电源一般应用单相三极三孔插座，三相电源应用三相四极四孔插座。插座接线孔的排列顺序如图6-18所示。同样用途的三相插座，相序应排列一致。同一场所的三相插座，其接线的相位必须一致。接地（PE）线在插座间不串联连接。

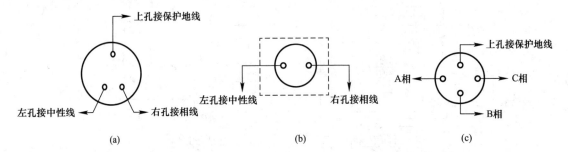

图6-18 插座接线孔的排列顺序

(a) 单相三孔插座；(b) 单相两孔插座；(c) 三相四孔插座

2）带开关的插座接线时，电源相线应与开关的接线柱连接，中性线应与插座的接线柱相连接。带指示灯带开关的插座接线图如图6-19所示。

（4）当接插有触电危险家用电器的电源时，采用能断开电源的带开关插座，开关断开相线。

6.3.3.2 插座的安装方法

插座明装应安装在绝缘台上，接线完毕后把插座盖固定在插座底盒上。

插座暗装时，应设有专用接线盒，一般是先进行预埋，再用水泥砂浆填充抹平，接线盒口应与墙面粉刷层平齐，待穿线完毕后再安装插座，

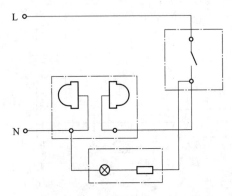

图6-19 带指示灯带开关插座接线图

其盖板或面板应端正，紧贴墙面。暗装插座与面板连成一体，接线柱上接好线后，将面板安装在插座盒上。当暗装插座芯与盖板为活装面板时，应先接好线后，把插座芯安装在安装板上，最后安装插座盖板。

6.3.4　吊扇的安装

吊扇为转动的电气器具，运转时有轻微的振动，为了防止安装器件松动而发生坠落，大型吊扇的吊钩应随主体楼板施工的同时预埋预留，吊杆上、下扣碗应安装到位，各种防松措施不得缺失。

6.3.4.1　一般规定

1）吊扇挂钩安装牢固，吊扇挂钩的直径不小于吊扇挂销直径，且不小于 8mm，有防振橡胶垫，挂销的防松零件齐全、可靠。

2）吊扇扇叶距离地面高度不小于 2.5m。

3）吊扇组装不改变扇叶角度，扇叶固定螺栓防松零件齐全。

4）吊杆之间、吊杆与电机之间螺纹连接，啮合长度不小于 20mm，且防松零件齐全、紧固。

5）吊扇接线正确，运转时扇叶无明显颤动和异常声响。

6）涂层完整，表面无划痕、无污染，吊杆上下扣碗安装牢固。

7）同一室内并列安装的吊扇开关高度一致，且控制有序、不错位。

6.3.4.2　安装方法

1）吊扇组装时，应根据产品说明书进行，且应注意不能改变扇叶角度。扇叶的固定螺钉应安装防松装置。吊扇吊杆之间、吊杆与电动机之间，螺纹连接啮合长度不得小于 20mm，并必须有防松装置。吊扇吊杆上的悬挂销钉必须装设防振橡皮垫，销钉的防松装置应齐全、可靠。

2）吊钩直径不应小于悬挂销钉的直径，且应采用直径不小于 8mm 的圆钢制作。吊钩应弯成 T 形或 Γ 形。吊钩应由盒中心穿下，严禁将预埋件下端在盒内预先弯成圆环。现浇混凝土楼板内预埋吊钩，应将 Γ 形吊钩与混凝土中的钢筋相焊接，无条件焊接时，应与主筋绑扎固定。在预制空心板板缝处，应将 Γ 形吊钩与短钢筋焊接，或者使用 T 形吊钩，吊钩在板面上与楼板垂直布置，使用 T 形吊钩还可以与板缝内钢筋绑扎或焊接。

3）安装吊扇前，将预埋吊钩露出部位弯制成型，曲率半径不宜过小。吊扇吊钩伸出建筑物的长度，应以安上吊扇吊杆保护罩将整个吊钩全部遮住为好，如图 6-20（a）所示。

4）在挂上吊扇时，应使吊扇的重心和吊钩的直线部分处在同一条直线上，如图 6-20（b）所示。将吊扇托起，吊扇的环挂

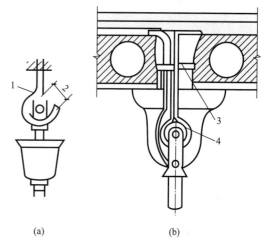

图 6-20　吊扇吊钩的安装

（a）吊钩；（b）吊扇吊钩做法

1—吊扇曲率半径；2—吊扇橡皮轮直径；
3—水泥砂浆；4—φ8 圆钢

在预埋的吊钩上，扇叶距地面的高度不应低于2.5m，按接线图接好电源，并包扎紧密。向上托起吊杆上的护罩，将接头扣于其中，护罩应紧贴建筑物或绝缘台表面，拧紧固定螺钉。

5）吊扇调速开关安装高度应为1.3m。同一室内并列安装的吊扇开关高度应一致，且控制有序、不错位。吊扇运转时，扇叶不应有明显的颤动和异常声响。

练习思考题

1. 电动机是如何分类的？
2. 电动机抽芯检查的内容有哪些？
3. 电动机启动方式有哪些？
4. 照明开关的安装应符合什么规定？
5. 插座接线有哪些具体规定？

第7章 电气照明系统安装调试技术

目前在照明装置中采用的都是电光源，为保证电光源正常、安全、可靠地工作，同时便于管理维护，又利于节约电能，就必须有合理的供配电系统和控制方式给予保证。本章首先讲述了照明对电能质量的要求、照明线路的保护方式，以及照明控制的各种形式，然后给出常用普通灯具和专用灯具的安装方法，最后给出建筑物照明通电试运行的具体要求。

7.1 照明配电及控制

7.1.1 电源与电压的选择

光源电压一般为交流 220V，1500W 及以上的光源电压宜为交流 380V。移动式灯具电压不超过 50V，潮湿场所电压不超过 25V。安装在水下的灯具应采用安全特低电压供电，用交流电压值不应大于 12V，采用无波纹直流供电时，不应大于 30V，水下亦可采用其他电压供电的光纤光源。

7.1.2 照明对电能质量的要求

7.1.2.1 电压偏移

按照《照明设计手册（第三版）》的要求，正常情况下，照明器具的端电压偏差允许值（以额定电压的百分数表示）宜符合下列要求：

1）在一般工作场所为±5％；

2）露天工作场所、远离变电站的小面积一般工作场所，难于满足±5％时，可为−10％～+5％；

3）应急照明、道路照明和警卫照明等为−10％～+5％。

照明器具的端电压不宜过高和过低，电压过高，会缩短光源寿命，电压低于额定值时，会使光通量下降，照度降低。当气体放电灯的端电压低于额定电压的 90％时，甚至不能可靠地工作。当电压偏移在−10％以内，长时间不能改善时，计算照度应考虑因电压不足而减少的光通量，光通量降低的百分数见表 7-1。

电压在 100％～90％额定电压范围内每下降 1％时光通量降低的百分数（％） 表 7-1

灯具	白炽灯	卤钨灯	荧光灯	高压汞灯	高压钠灯	金属卤化物灯
降低百分数	3.3	3.0	2.2	2.9	3.7	2.8

如采用金属卤化物灯照明，端电压为额定电压的 90％，则该金属卤化物灯的实际光通量为原光通量的 72％（即 1−10×2.8％）。

对于 LED 光源，电压只是能使其点亮的基础，超过其门槛电压，二极管就会发光，而电流决定其发光亮度，所以二极管一般采用恒流源来驱动。只要保持驱动电源是恒流源，电压在一定范围内变化就不影响 LED 光通量的变化。

7.1.2.2 电压波动与闪变

电压波动是指电压的快速变化，而不是单方向的偏移，冲击性功率负荷引起连续电压变动或电压幅值包络线周期性变动，变化速度不低于 0.2%/s 的电压变化。

闪变是指照度波动的影响，是人眼对灯闪的生理感觉。闪变电压是冲击性功率负荷造成供配电系统的波动频率大于 0.01Hz 闪变的电压波动。闪变电压限值 ΔU_f，就是引起闪变刺激性程度的电压波动值。人眼对波动频率为 10Hz 的电压波动值最为敏感。

电压波动和闪变会使人的视觉不舒适，也会降低光源寿命，为了减少电压波动和闪变的影响，照明配电尽量与动力负荷配电分开。目前，我国照明设计对电压波动没有提出具体要求，以下为国外在照明设计时对电压波动的要求，仅供参考。

当电压波动值小于等于额定电压的 1% 时，灯具对电压波动次数不限制，当电压波动值大于额定电压的 1% 时，允许电压波动次数按式（7-1）限定：

$$n = 6/(U_t\% - 1) \tag{7-1}$$

式中　n——在 1h 内最大允许电压波动次数；

　　　$U_t\%$——电压波动百分数绝对值。

如当 $U_t\% = 4$ 时，每小时内最大允许电压波动次数 $n = 6/(U_t\% - 1) = 2$，当 $U_t\% = 7$ 时，每小时内最大允许电压波动次数 $n = 6/(U_t\% - 1) = 1$。

7.1.3 照明配电的接地方式

低压配电系统接地共有 TN、TT 及 IT 三种方式。建筑物内照明配电系统的接地形式应与建筑物供电系统统一考虑，一般采用 TN-S、TN-C-S 系统，户外照明宜采用 TT 接地系统。

1. 接地方式文字代号的意义

TN、TT、IT 三种方式均使用两个字母，以表示三相电力系统和电气装置的外露可导电部分（即设备的外壳、底座等）的对地关系。

第一个字母表示电源端对地的关系，即：

T：电源端有一点直接接地；

I：电源端所有带电部分不接地或有一点经高阻抗接地。

第二个字母表示电气装置的外露可导电部分对地的关系，即：

T：电气装置的外露可导电部分直接接地，此接地点在电气上独立于电源端的接地点；

N：电气装置的外露可导电部分与电源端接地有直接电气连接。

在 TN 系统中，为了表示中性导体和保护导体的组合关系，有时在 TN 代号后面还可附加以下字母：

S：中性导体和保护导体（PE 导体）是分开的；

C：中性导体和保护导体（PE 导体）是合一的。

2. TN 系统

TN 系统分为单电源系统和多电源系统。对于单电源系统，电源端有一点直接接地（通常是中性点），电气装置的外露可导电部分通过 PEN 导体（保护接地中性导体）或 PE 导体（保护接地导体）连接到此接地点。

根据中性导体（N）和 PE 导体的组合情况，TN 系统的形式有以下三种：

（1）TN-S 系统：整个系统应全部采用单独的 PE，装置的 PE 可另外增设接地，见图 7-1。在这种系统中，中性线（N 线）和保护线（PE 线）是分开的，这就是 TN-S 中

"S"的含义。TN-S系统的最大特征是N线与PE线在系统中性点分开后，不能再有任何电气连接，这一条件一旦破坏，TN-S系统便不再成立。

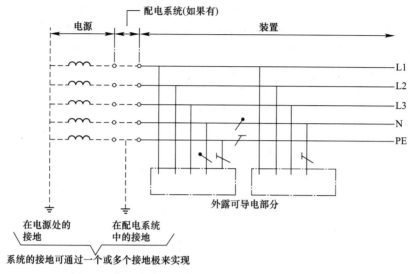

图7-1 全系统将N导体与PE导体分开的TN-S系统

在整个TN-S系统内，N线和PE线是分开的，除非施工有误，除不大的对地泄漏电流外，PE线基本不通过电流，其电位接近大地电位，不会对信息技术设备造成干扰，能大大降低电击或火灾危险，比较安全。缺点就是在回路全长多敷设一根导线，不太经济。适用于内部设有变电所的建筑物：如对供电连续性或防电击要求较高的公共建筑、医院、住宅等民用建筑，单相负荷较大或非线性负荷较多的工业厂房，信息系统较多以及对电磁兼容性要求较高的场所，有爆炸、火灾危险的场所。

（2）TN-C系统：整个系统中，N导体和PE导体是合一的（PEN）（见图7-2）。装置的PEN也可另外增设接地。

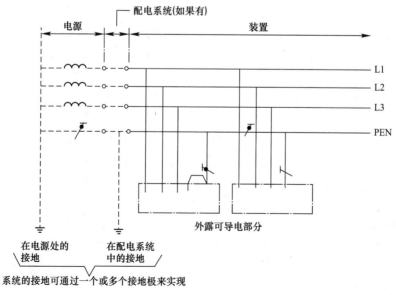

图7-2 TN-C系统

　　TN-C 系统中，因为 N 线和 PE 线是合并的，可以节省一根导线，比较经济。但是从电气安全角度来看，这个系统存在安全问题，比如在单相回路中，当 PEN 线中断时，设备金属外壳对地将带 220V 的故障电压，电击死亡危险很大。此外，因为 PEN 线通过中性线电流产生电压降，从而使所接设备的金属外壳对地带电位，此电位可能在爆炸危险场所内打火引爆。另外因为 PEN 线通过电流，各点对地电位不同，它也不能用于信息技术系统，避免设备对地电位不同而引起干扰。由于上述不安全因素，现在已很少采用，尤其是在民用配电中已基本上不允许采用 TN-C 系统。

　　（3）TN-C-S 系统：在全系统内，通常仅在低压电气装置电源进线点前 N 线和 PE 线是合一的，电源进线点后即分为两根线。对系统的 PEN 线和 PE 线也可另外增设接地。如图 7-3 所示：

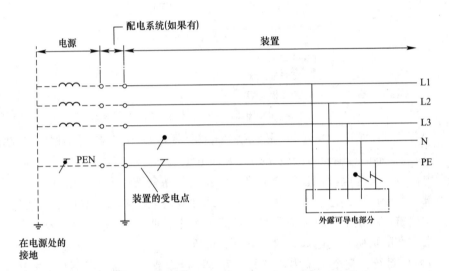

图 7-3　在装置的受电点的某处将 PEN 导体分成 PE 导体和 N
导体的三相四线制的 TN-C-S 系统

　　TN-C-S 系统在独立变电所与建筑物之间采用 PEN 线，但进建筑物后 N 线与 PE 线分开，由于电气装置内设有总等电位联结，而 PE 线并不产生电压降，整个电气装置对地电位在装置内没有出现电位差，其安全水平与 TN-S 系统相仿。因此，宜用于未附设配电变压器的上述（1）项所列建筑和场所的电气装置。

　　3. IT 系统

　　电源端所有带电部分不接地（与大地隔离），或有一点（一般为中性点）经过高阻抗（220V/380V 系统内取 1000Ω）与大地直接连接，用电设备外露可导电部分直接接地的系统，如图 7-4 所示。IT 系统中，连接设备外露可导电部分和接地体的导线，就是 PE 线。

　　IT 系统的缺点是不适用于具有大量 220V 的单相用电设备的供电，否则，需要采用 380V/220V 的变压器，给设计、施工、使用带来不便。IT 系统常用于对供电连续性要求较高的配电系统，或用于对电击防护要求较高的场所，前者如矿山的巷道供电，后者如医院手术室的配电等。

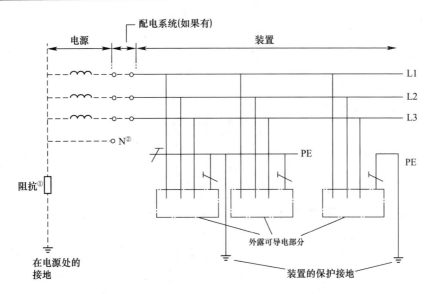

图 7-4　将装置的外露可导电部分成组接地或独立接地的 IT 系统
① 该系统可经足够高的阻抗接地；② 可以配出中性导体也可以不配出中性导体

4. TT 系统

TT 系统就是电源中性点直接接地、用电设备外露可导电部分也直接接地的系统，如图 7-5 所示。通常将电源中性点的接地叫作工作接地，而设备外露可导电部分的接地叫作保护接地。TT 系统中，这两个接地必须是相互独立的。设备接地可以是每一设备都有各自独立的接地装置，也可以若干设备共用一个接地装置。

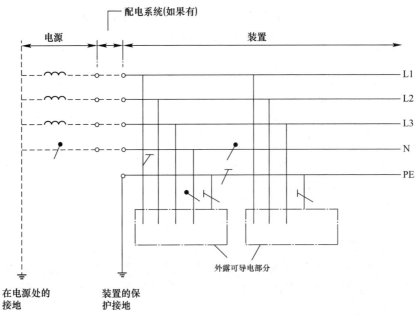

图 7-5　TT 系统

TT 系统因电气装置外露可导电部分与电源端系统接地分开单独接地，装置外壳为地电位且不会导入电源侧接地故障电压，防电击安全性优于 TN-S 系统，但需装剩余电流动作保护器（RCD）。适用于未附设配电变压器的建筑和场所的电气装置，尤其适用于无等电位联结的户外场所，例如户外照明、户外演出场地、户外集贸市场等场所的电气装置。

7.1.4 照明供电要求

对照明供电的要求主要有：

（1）应根据照明负荷中断供电可能造成的影响及损失，合理地确定负荷等级，并应正确地选择供电方案。

（2）当电压偏差或波动不能保证照明质量或光源寿命时，在技术经济合理的条件下，可采用有载自动调压电力变压器、调压器或专用变压器供电。

（3）三相照明线路各相负荷的分配宜保持平衡，最大相负荷电流不宜超过三相负荷平均值的 115%，最小相负荷电流不宜小于三相负荷平均值的 85%。

（4）特别重要的照明负荷，宜在照明配电盘采用自动切换电源的方式，负荷较大时可采用由两个专用回路各带约 50% 的照明灯具的配电方式，如体育场馆的场地照明，采用由两个专用回路各带约 50% 的照明灯具的配电方式，既节能，又可靠。

（5）在照明分支回路中不宜采用三相低压断路器对三个单相分支回路进行控制和保护。

（6）室内照明系统中的每一单相分支回路电流不宜超过 16A，光源数量不宜超过 25 个，大型建筑组合灯具每一单相回路电流不宜超过 25A，光源数量不宜超过 60 个（当采用 LED 光源时除外）。

（7）室外照明单相分支回路电流值不宜超过 32A，除采用 LED 光源外，建筑物轮廓灯每一单相回路不宜超过 100 个。

（8）当照明回路采用遥控方式时，应同时具有解除遥控的措施。

（9）重要场所和负载为气体放电灯和 LED 灯的照明线路，其中性导体截面积应与相导体规格相同。

（10）当采用配备电感镇流器的气体放电光源时，为改善其频闪效应，宜将相邻灯具（光源）分接在不同相别的线路上。

（11）不应将线路敷设在高温灯具的上部。接入高温灯具的线路应采用耐热导线配线或采取其他隔热措施。

（12）室内照明分支线路应采用铜芯绝缘导线，其截面积不应小于 $1.5mm^2$，室外照明线路宜采用双重绝缘铜芯导线，照明支路导线截面积不应小于 $2.5mm^2$。

（13）观众厅、比赛场地等的照明灯具，当顶棚内设有人行检修通道以及室外照明场所，单灯功率为 250W 及以上时，宜在每盏灯具处设置单独的保护。

7.1.5 照明线路保护

照明线路及照明器在发生电气故障时，为防止人身电击、电气线路损坏和电气火灾，应装设短路保护、过负荷保护及接地故障保护，用以切断供电电源或发出报警信号，一般采用熔断器、断路器和剩余电流动作保护器进行保护。

7.1.5.1 熔断器保护

熔断器主要用于线路的短路保护、过负荷保护和接地故障保护，由熔断体和熔断体支持件组成。熔断器使用类别见表 7-2。

熔断器使用类别分类 表 7-2

分类方式	代号	熔断器保护类别
按分断范围分类	g	全范围分断——在一定条件下，能分断使熔断体熔断的电流至额定分断能力之间的所有电流
	a	部分范围分断——在一定条件下，能分断示于熔断体熔断时间—电流特性曲线上的最小电流至额定分断能力之间的所有电流
按使用类别分类	G	一般用途——可用于保护配电线路
	M	用于保护电动机回路

注：对于上述两种分类可以有不同的组合，如 gG、aM。

熔断体额定电流的确定方法如下：

（1）熔断体额定电流的确定。

选择熔断器应满足正常工作时不动作，故障时在规定时限内可靠切断电源，在线路允许温升内保护线路，上、下级能够实现选择性切断电源。

1）按正常工作电流选择

$$I_N \geqslant I_C \qquad (7-2)$$

2）按启动尖峰电流选择

$$I_N \geqslant K_m I_C \qquad (7-3)$$

式中　I_N——熔断体额定电流（A）；

I_C——线路计算电流（A）；

K_m——熔断体选择计算系数，取决于电光源启动状况和熔断体时间—电流特性，其值见表 7-3。

K_m 取值 表 7-3

熔断器型号	熔断体额定电流（A）	K_m		
		白炽灯、卤钨灯、荧光灯	高压钠灯、金属卤化物灯	LED 灯
RL7、NT	≤63	1.0	1.2	1.1
RL6	≤63	1.0	1.5	1.1

为使熔断器迅速切断故障电路，其接地故障电流 I_k 与熔断体额定电流 I_N 应满足下式要求：

$$I_k/I_N \geqslant K_i \qquad (7-4)$$

K_i 取值见表 7-4。

TN 系统故障防护采用熔断器切断故障回路时 $I_k/I_N (K_i)$ 最小允许值 表 7-4

切断时间（s）	I_N(A)							
	16	20	25	32	40	50	63	80
5	4.0	4.0	4.2	4.2	4.3	4.4	4.5	5.3
0.4	5.5	6.5	6.8	6.9	7.4	7.6	8.3	9.4
	100	125	160	200	250	315	400	500
5	5.4	5.5	5.5	5.9	6.0	6.3	6.5	7.0
0.4	9.8	10.0	10.8	11.0	11.2	—	—	—

注：当不能满足上述要求时，应采取其他措施。

（2）熔断体支持件额定电流的确定。熔断体电流确定后，根据熔断体电流和产品样本可确定熔断体支持件的额定电流及规格、型号，但应按短路电流校验熔断器的分断能力。熔断器最大开断电流应大于被保护线路最大三相短路电流的有效值。

（3）熔断器与熔断器的级间配合。在一般配电线路过负荷和短路电流较小的情况下，可按熔断器的时间-电流特性不相交，或按上下级熔体的额定电流选择比来实现。当弧前时间大于 0.01s 时，额定电流大于 12A 的熔断体电流选择比（即熔体额定电流之比）不小于 1.6：1，即认为满足选择性要求。

在短路电流很大，弧前时间小于 0.01s 时，除满足上述条件外，还需要用 I^2t 值进行校验，只有上一级熔断器弧前 I^2t 值大于下级熔断器的熔断 I^2t 值时，才能保证满足选择性要求。

7.1.5.2 断路器保护

断路器可用于照明线路的过负荷、短路和接地故障保护。断路器反时限和瞬时过电流脱扣器整定电流按下式确定：

$$I_{set1} \geqslant K_{set1} I_C$$
$$I_{set3} \geqslant K_{set3} I_C \qquad (7-5)$$
$$I_{set1} \geqslant I_z$$

式中　　I_{set1}——反时限过电流脱扣器整定电流（A）；

　　　　I_{set3}——瞬时过电流脱扣器整定电流（A）；

　　　　I_C——线路计算电流（A）；

　　　　I_z——导体允许载流量（A）。

K_{set1}、K_{set3}——反时限和瞬时过电流脱扣器可靠系数，取决于光源启动特性和断路器特性，见表 7-5。

脱扣器可靠系数取值　　　　　　表 7-5

低压断路器脱扣器种类	可靠系数	白炽灯、卤钨灯	荧光灯	高压钠灯、金属卤化物灯	LED 灯
反时限过电流脱扣器	K_{set1}	1.0	1.0	1.0	1.0
瞬时过电流脱扣器	K_{set3}	10～12	5	5	5

对于气体放电灯，启动时镇流器的限流方式不同，会产生不同的冲击电流，除超前顶峰式镇流器启动电流低于正常工作电流外，一般启动电流为正常工作电流的 1.7 倍左右，启动时间较长，高压汞灯为 4～8min，高压钠灯约 3min，金属卤化物灯为 2～3min，选择反时限过电流脱扣器整定电流值要躲过启动时的冲击电流，除在控制上要采取避免灯具同时启动的措施外，还要根据不同灯具启动情况留有一定裕度。

如果采用断路器可靠切断单相接地故障电路，则应满足下式：

$$I_{kmin} \geqslant K_i I_{set3} \qquad (7-6)$$

式中　　I_{kmin}——被保护线路末端最小单相接地故障电流（A）；

　　　　K_i——脱扣器动作可靠系数，取 1.3；

　　　　I_{set3}——瞬时过电流脱扣器整定电流（A）。

如果线路较长，单相接地故障电流较小，不能满足上述要求，可以采用剩余电流动作保护器作接地故障保护。

目前，断路器瞬时过电流脱扣器的整定电流一般为反时限过电流脱扣器整定电流的5～10倍。因此只要正确选择反时限过电流脱扣器的整定电流值，一般就满足瞬时过电流脱扣器的要求。但应按短路电流校验断路器的分断能力，即断路器的分断能力应大于等于被保护线路三相短路电流周期分量的有效值。

断路器的额定电流，尚应根据使用环境温度进行修正，尤其是装在封闭式的室外配电箱内，温度升高可达 10～15℃，其修正值一般情况下可按 40℃ 进行修正。

7.1.5.3　剩余电流动作保护器保护

剩余电流动作保护器的最显著功能是接地故障保护，其漏电动作电流一般有 30mA、50mA、100mA、300mA、500mA 等，带有过负荷和短路保护功能的剩余电流动作保护器称为有剩余电流动作保护功能的断路器。如果剩余电流动作保护器无短路保护功能，则应另行考虑短路保护，如加装熔断器配合使用。

(1) 剩余电流动作保护器的选择。剩余电流动作保护器应符合如下使用环境条件：

1) 环境温度：−5～55℃。

2) 相对湿度：85％（+25℃时）或湿热型。

3) 海拔：＜2000m。

4) 外磁场：＜5 倍地磁场值。

5) 抗振强度：0～8Hz，30min≥5g。

6) 半波，26g≥2000 震次，持续时间 6ms。

(2) 剩余电流动作保护器应符合如下选用原则：

1) 剩余电流动作保护器应能迅速切断故障电路，在导致人身伤亡及火灾事故之前切断电路。

2) 有剩余电流动作保护功能的断路器的分断能力应能满足过负荷及短路保护的要求。当不能满足分断能力要求时，应另行增设短路保护电器。

3) 对电压偏差较大的配电回路、电磁干扰强烈的地区、雷电活动频繁的地区（雷暴日超过 60 天）以及高温或低温环境中的电气设备，应优先选用电磁型剩余电流动作保护器。

4) 安装在电源进线处及雷电活动频繁地区的电气设备，应选用耐冲击型的剩余电流动作保护器。

5) 在恶劣环境中装设的剩余电流动作保护器，应具有特殊防护条件。

6) 有强烈振动的场所（如射击场等）宜选用电子型剩余电流动作保护器。

7) 为防止因接地故障引起的火灾而设置的剩余电流动作保护器，其动作电流宜为0.3～0.5A，动作时间为 0.15～0.5s，并为现场可调型。

8) 分级安装的剩余电流动作保护器的动作特性，上下级的电流值一般可取 3∶1，以保证上下级间的选择性，见表 7-6。

剩余电流动作保护器的配合表　　表 7-6

保护级别	第一级（$I_{\Delta n1}$）	第二级（$I_{\Delta n2}$）	
	干线	分干线	线路末端
动作电流（$I_{\Delta n}$）	2.5≤$I_{\Delta n}$<3 倍线路与设备泄漏电流总和，或≥3$I_{\Delta n2}$	2.5≤$I_{\Delta n}$<3 倍路与设备泄漏电流总和	3≤$I_{\Delta n}$<4 倍设备泄漏电流

在一般正常情况下，末端线路剩余电流动作保护器的动作电流不大于30mA，上一级的动作电流不宜大于300mA，配电干线的动作电流不大于500mA，并有适当延时。

7.1.6 照明控制

照明控制技术是随着建筑和照明技术的发展而发展的，在实施绿色照明工程的过程中，照明控制是一项很重要的内容，照明不仅要满足人们视觉上明亮的要求，还要满足艺术性要求，要创造出丰富多彩的意境，给人们以视觉享受，这些只有通过照明控制才能方便地实现。

7.1.6.1 照明控制的原则和作用

照明控制的基本原则是安全、可靠、灵活、经济。做到控制的安全性，是最基本的要求，可靠性是要求控制系统本身可靠，不能失控，要达到可靠的要求，控制系统要尽量简单，系统越简单，越可靠。建筑空间布局经常变化，照明控制要尽量适应和满足这种变化，因此灵活性是控制系统所必需的。经济性是照明工程要考虑的，性能价格比好，要考虑投资效益，照明控制方案不考虑经济性，往往是不可行的。

照明控制的作用体现在以下四个方面：

（1）照明控制是实现节能的重要手段，现在的照明工程强调照明功率密度不能超过标准要求，通过合理的照明控制和管理，节能效果是很显著的；

（2）照明控制减少了开灯时间，可以延长光源寿命；

（3）照明控制可以根据不同的照明需求，改善工作环境，提高照明质量；

（4）对于同一个空间，照明控制可实现多种照明效果。

7.1.6.2 照明控制的形式

照明控制的种类很多，控制方式多样，通常有以下几种形式。

1. 跷板开关控制或拉线开关控制

传统的控制形式把跷板开关或拉线开关设置于门口，开关触点为机械式，对于面积较大的房间，灯具较多时，采用双联、三联、四联开关或多个开关，此种形式简单、可靠，其原理接线如图7-6所示。

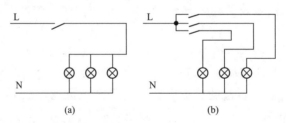

图7-6 面板开关控制原理接线图

(a) 单联单控开关控制；(b) 三联单控开关控制

对于楼道和楼梯照明，多采用双控方式（有的长楼道采用三地控制），在楼道和楼梯入口安装双控跷板开关，楼道中间需要开关控制处设置多地控制开关，其特点是在任意入口处都可以开闭照明装置，但平面布线复杂。其原理接线如图7-7所示。

2. 定时开关或声光控开关控制

为节能考虑，在楼梯口安装双控开关，但如果人没有好的节能习惯，楼梯也会出现长明灯现象，因此住宅楼、公寓楼甚至办公楼等楼梯间现在多采用定时开关或声光控开关控制，其原理接线如图 7-8 所示。

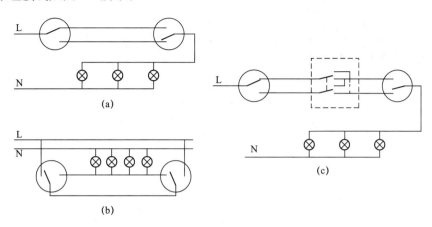

图 7-7　面板开关双控或三地控制原理接线图
（a）两地控制；（b）有穿越相线的两地控制；（c）三地控制

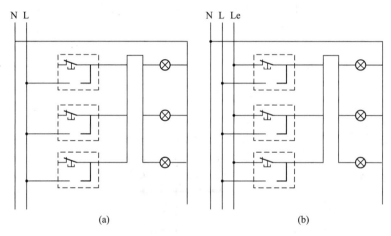

图 7-8　声光控制或延时控制原理接线图
（a）多地控制不接消防电源接线；（b）多地控制接消防电源接线

消防电源 Le 由消防值班室控制或与消防泵联动。对于住宅、公寓楼梯照明开关，采用红外移动探测加光控较为理想。

对于地下车库照明控制，采用 LED 灯具，利用红外移动探测、微波（雷达）感应等技术，很容易实现高低功率转换，甚至还可以利用光通信技术实现车位寻址功能，这是车库照明控制的趋势。

3. 断路器控制

对于大空间的照明，如大型厂房、库房、展厅等，照明灯具较多，一般按区域控制，如采用面板开关控制，其控制容量受限，控制线路复杂，往往在大空间门口设置照明配电箱，直接采用照明配电箱内的断路器控制，这种方式简单易行，但断路器一般为专业人员操作，非专业人员操作有安全隐患，断路器也不是频繁操作电器，目前较少采用。

4. 智能照明控制

随着照明技术的发展，建筑空间布局经常变化，照明控制要适应和满足这种变化，如果用传统控制方式，势必到处放置跷板开关，既不美观，也不方便，为增加控制的方便性，照明的自动控制越来越多，下述为智能控制的几种类型。

（1）建筑设备监控系统控制照明

对于较高级的楼宇，一般设有建筑设备监控系统（Building Automation System，BA系统），利用 BA 系统控制照明已为大家所接受，基本上是直接数字控制（Direct Digital Control，DDC），其原理接线如图 7-9 所示。

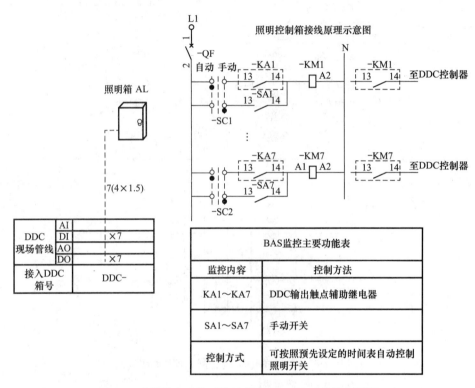

图 7-9　建筑设备监控系统控制照明（BA 系统控制照明）

由于 BA 系统不是专为照明而做的，有局限性，一是很难做到调光控制，二是没有专用控制面板，完全在计算机上控制，灵活性较差，对值班人员素质要求也较高。

（2）总线回路控制

现在有不少公司生产的智能照明控制系统在照明控制中得到应用，其控制方式也大同小异，基于回路控制，控制协议可以互通。总线回路控制示意图如图 7-10 所示。

智能照明常用控制方式一般有场景控制、恒照度控制、定时控制、红外线控制、就地手动控制、群组组合控制、应急处理、远程控制、图示化监控、日程计划安排等。其主要功能有：

1）场景控制功能。用户预设多种场景，按动一个按键，即可调用需要的场景。多功能厅、会议室、体育场馆、博物馆、美术馆、高级住宅等场所多采用此种方式。

2）恒照度控制功能。根据探头探测到的照度来控制照明场所内相关灯具的开启或关闭。写字楼、图书馆等场所，要求恒照度时，靠近外窗的灯具宜根据天然光的影响进行开启或关闭。

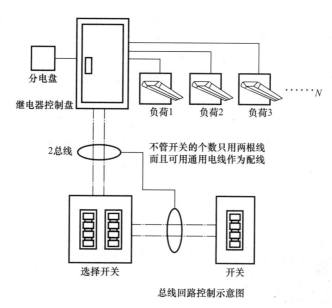

图 7-10　总线回路控制示意图

3）定时控制功能。根据预先定义的时间，触发相应的场景，使其打开或关闭。一般情况下，系统可根据当地的经纬度，自动推算出当天的日出和日落时间，根据这个时间来控制照明场景的开关，具有天文时钟功能，特别适用于夜景照明和道路照明。

4）就地手动控制功能。正常情况下，控制过程按程序自动控制，系统不工作时，可使用控制面板来强制调用需要的照明场景模式。

5）群组组合控制功能。一个按钮可定义为打开/关闭多个箱柜（跨区）中的照明回路，可一键控制整个建筑照明的开关。

6）应急处理功能。在接收到安保系统、消防系统的警报后，能自动将指定区域照明全部打开。

7）远程控制功能。通过因特网（Internet）对照明控制系统进行远程监控，能实现：①对系统中各个照明控制箱的照明参数进行设定、修改；②对系统的场景照明状态进行监视；③对系统的场景照明状态进行控制。

8）图示化监控功能。用户可以使用电子地图功能，对整个控制区域的照明进行直观的控制。可将整个建筑的平面图输入系统中，并用各种不同的颜色来表示该区域当前的状态。

9）日程计划安排功能。可设定每天不同时间段的照明场景状态。可将每天的场景调用情况记录到日志中，并可将其打印输出，方便管理。

（3）数字可寻址照明接口控制（DALI 控制）

数字可寻址照明接口（Digital Addressable Lighting Interface，DALI）最初是某照明电子（上海）有限公司专为荧光灯电子镇流器设计的，也可置入到普通照明灯具中去，目前也用于 LED 灯驱动器。DALI 控制总线采用主从结构，一个接口最多能接 64 个可寻址的控制装置/设备（独立地址），最多能接 16 个可寻址分组（组地址），每个分组可以设定最多 16 个场景（场景值），通过网络技术可以把多个接口互联起来控制大量的接口和灯具。采用异步串行协议，通过前向帧和后向帧实现控制信息的下达和灯具状态的反馈。DALI 寻址示意图如图 7-11 所示。

DALI 可做到精确地控制，可以单灯单控，即对单个灯具可独立寻址，不要求单独回路，与强电回路无关。可以方便控制与调整，修改控制参数的同时不改变已有布线方式。

DALI 标准的线路电压为 16V，允许范围为 9.5～22.4V，DALI 系统电流最大为 250mA，数据传输速率为 1200bit/s，可保证设备之间通信不被干扰，在控制导线截面积为 1.5mm² 的前提下，控制线路长度可达 300m，控制总线和电源线可以采用一根多芯导线或在同一管道中敷设，可采用多种布线方式如星型、树干型或混合型。

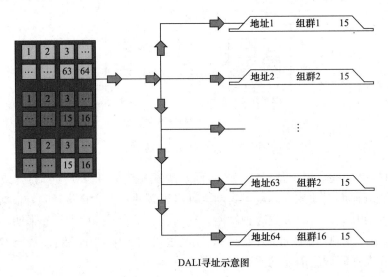

DALI寻址示意图

图 7-11　DALI 寻址示意图

（4）基于 DMX 控制协议（DMX512 控制协议）的调光控制

DMX 是 Digital Multiplex（数字多路复用）的英文缩写。DMX512 协议最先是由 USITT（美国剧院技术协会）发展而来的。DMX512 主要用于并基本上主导了室内外舞台类灯光控制及户外景观控制。基于 DMX512 控制协议进行调光控制的灯光系统称为数字灯光系统。目前，包括电脑灯在内的各种舞台效果灯、调光控制器、控制台、换色器、电动吊杆等各种舞台灯光设备，以其对 DMX512 协议的全面支持，已全面实现调光控制的数字化，并在此基础上逐渐趋于电脑化、网络化。

（5）基于 TCP/IP 协议的网络控制

不少公司随着智慧城市的发展，开发的照明控制系统基于 TCP/IP 协议的局域网（可以基于有线或 4G 搭建）控制逐步成熟，控制系统框架见图 7-12 和图 7-13：

（6）无线控制

照明无线控制技术发展很快，声光控制、红外移动探测、微波（雷达）感应等技术在建筑照明控制中得到广泛应用。基于网络的无线控制技术也逐步应用于照明控制中，主要有 GPRS、ZigBee、WiFi 等。

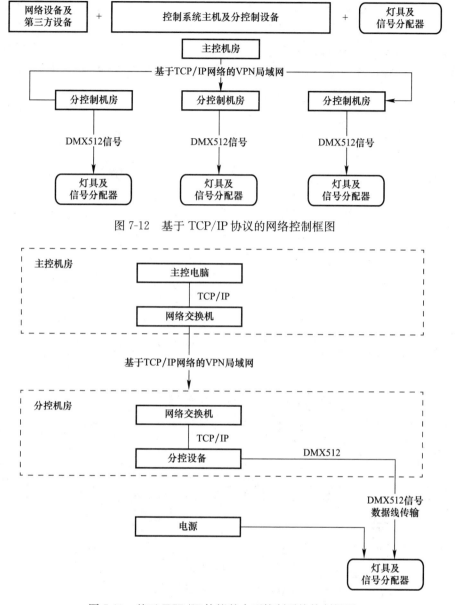

图 7-12　基于 TCP/IP 协议的网络控制框图

图 7-13　基于 TCP/IP 协议的大型控制系统控制框图

1）GPRS 控制。GPRS 是通用分组无线服务技术（General Packet Radio Service）的简称，是 GSM（Global System of Mobile communication）移动电话用户可用的一种移动数据业务，是 GSM 的延续。基于 GPRS 的城市照明控制网络如图 7-14 所示。

2）Zigbee 控制协议。ZigBee 是基于 IEEE802.15.4 标准的低功耗局域网协议，是一种短距离、低功耗、低速率的无线网络技术。适应无线传感器的低花费、低能量、高容错性等的要求。目前，在智能家居中得到广泛应用。

3）WiFi。WiFi 是一种允许电子设备连接到一个无线局域网（WLAN）的技术，通常使用 2.4GHz UHF 或 5GHz SHFISM 射频频段。连接到无线局域网通常是有密码保护的；但也可以是开放的，这样就允许任何在 WLAN 范围内的设备可以连接。WiFi 是一个无线网络通信技术的品牌，目的是改善基于 IEEE802.11 标准的无线网络产品之间的互通性。以前通过网线连接计算机，而 WiFi 则是通过无线电波来连接网络，常见的是一个无线路由器。那么在这个无线路由器电波覆盖的有效范围内都可以采用 WiFi 连接方式进行联网。如果无线路由器连接了一条 ADSL 线路或者别的上网线路，则又被称为热点。利用 WiFi 进行城市照明控制的示意如图 7-15 所示。

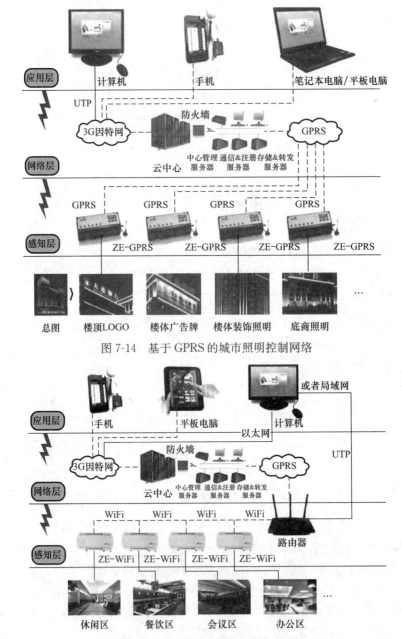

图 7-14　基于 GPRS 的城市照明控制网络

图 7-15　WiFi 城市照明控制拓扑图

7.1.6.3　照明控制的要求

不同建筑功能、不同场所对照明的要求是不同的。为节能和方便，照明控制基本上有下述要求：

（1）居住建筑的楼梯间、走道的照明，宜采用节能自熄开关，节能自熄开关宜采用红外移动探测加光控开关，应急照明应有应急时强制点亮的措施。

（2）高级公寓、别墅宜采用智能照明控制系统。

（3）公共建筑和工业建筑的走廊、楼梯间、门厅等公共场所的照明，宜采用集中控制，并按建筑使用条件和天然采光状况采取分区、分组控制措施。公共建筑包括学校、办公楼、宾馆、商场、体育场馆、影剧院、候机厅、候车厅等。

（4）对于小开间房间，可采用面板开关控制，每个照明开关所控光源数不宜太多，每个房间灯的开关数不宜少于 2 个（只设置 1 只光源的除外）。

（5）对于大面积的房间，如大开间办公室、图书馆、厂房等宜采用智能照明控制系统，在自然采光区域宜采用恒照度控制，靠近外窗的灯具随着自然光线的变化，自动点亮或关闭该区域内的灯具，保证室内照明的均匀和稳定。

（6）影剧院、多功能厅、报告厅、会议室等宜采用调光控制。

（7）博物馆、美术馆等功能性要求较高的场所应采用智能照明集中控制，使照明与环境要求相协调。

（8）宾馆、酒店的每间（套）客房应设置节能控制型总开关。

（9）医院病房走道夜间应能关掉部分灯具。

（10）体育场馆比赛场地应按比赛要求分级控制，大型场馆宜做到单灯控制。

（11）候机厅、候车厅、港口等大空间场所应采用集中控制，并按天然采光状况及具体需要采取调光或降低照度的控制措施。

（12）房间或场所装设有两列或多列灯具时，宜按下列方式分组控制：

1）所控灯列与侧窗平行；

2）生产场所按车间、工段或工序分组；

3）电化教室、会议厅、多功能厅、报告厅等场所，按靠近或远离讲台分组。

（13）有条件的场所，宜采用下列控制方式：

1）天然采光良好的场所，按该场所照度自动开关灯或调光；

2）个人使用的办公室，采用人体感应或动静感应等方式自动开关灯；

3）旅馆的门厅、电梯大堂和客房层走廊等场所，采用夜间定时降低照度的自动调光装置；

4）大、中型建筑，按具体条件采用集中或集散的、多功能或单一功能的自动控制系统。

（14）道路照明应根据所在地区的地理位置和季节变化合理确定开关灯时间，并应根据天空亮度变化进行必要的修正。宜采用光控和时控相结合的智能控制方式。

（15）道路照明采用集中遥控系统时，远动终端宜具有在通信中断的情况下自动开关路灯的控制功能和手动控制功能。同一照明系统内的照明设施应分区或分组集中控制。宜采用光控、时控、程控等智能控制方式，并具备手动控制功能。

（16）道路照明采用双光源时，在"半夜"应能关闭一个光源，采用单光源时，宜采用恒功率及功率转换控制，在"半夜"能转换至低功率运行。

（17）夜景照明应具备平日、一般节日、重大节日开灯控制模式。

（18）建筑物功能复杂、照明环境要求较高时，宜采用专用智能照明控制系统，该系统应具有相对的独立性，宜作为 BA 系统的子系统，应与 BA 系统有接口。建筑物仅采用 BA 系统而不采用专用智能照明控制系统时，公共区域的照明宜纳入 BA 系统控制范围。

（19）应急照明应与消防系统联动，保安照明应与安全防护系统联动。

7.2 常用普通灯具安装

7.2.1 吸顶式荧光灯安装

吸顶式荧光灯的安装大样图和节点详图如表 7-7 所示。

荧光灯吸顶式安装　　　　　　　　　　　　　　　　表 7-7

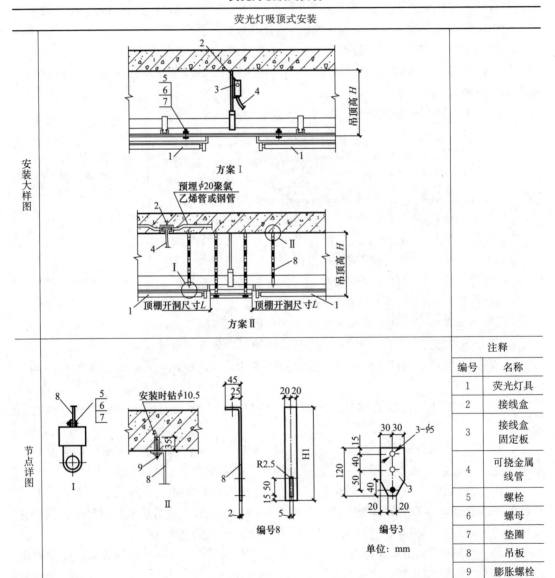

编号	名称
1	荧光灯具
2	接线盒
3	接线盒固定板
4	可挠金属线管
5	螺栓
6	螺母
7	垫圈
8	吊板
9	膨胀螺栓

续表

荧光灯吸顶式安装	
注意事项	1. 图上吊顶标高 H、吊板长度 H_1 及顶棚开孔尺寸由工程实际情况确定； 2. 荧光灯灯具吸顶吊挂方案 I、III 形由选用者确定；接线盒安装形式分明装、暗装多种类型，由选用者确定； 3. 荧光灯灯具固定有多种类型选择配套，本图仅表示两种类型

7.2.2　嵌入式荧光灯盘安装

此处主要给出大型荧光灯嵌入吊顶安装、荧光灯嵌入吊顶吊挂式安装以及空调格栅荧光灯嵌入式安装的图例，分别见表 7-8～表 7-10。

大型荧光灯嵌入吊顶安装　　　　　　　　　　　表 7-8

大型荧光灯嵌入吊顶安装		

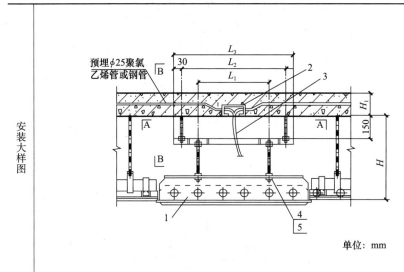

	注释	
编号	名称	
1	荧光灯具	
2	接线盒	
3	可挠金属线管	
4	螺母	
5	垫圈	
6	膨胀螺栓	
7	连接螺母	
8	吊杆 I	
9	横梁	
10	肋板	
11	吊杆 II	

安装大样图　单位：mm

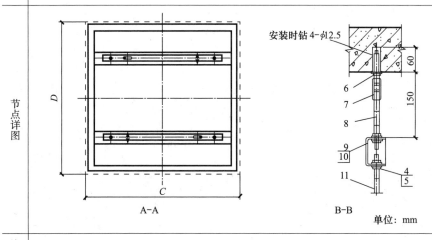

节点详图　A-A　B-B　单位：mm

注意事项	1. 荧光灯嵌入在吊顶内，用吊杆分两段吊挂； 2. 钢管和接线盒预埋在混凝土中； 3. 图上尺寸 H、H_1、L_1、L_2、L_3、C、D 等数值由工程设计定

建筑电气工程施工技术

荧光灯嵌入吊顶吊挂式安装　　　　　　　　　　表 7-9

荧光灯嵌入吊顶吊挂式安装

注释		
编号	名称	
1	灯具	
2	固定盘	
3	膨胀螺栓	
4	螺柱	
5	螺母	
6	连接梁	
7	螺栓	
8	螺母	
9	垫圈	

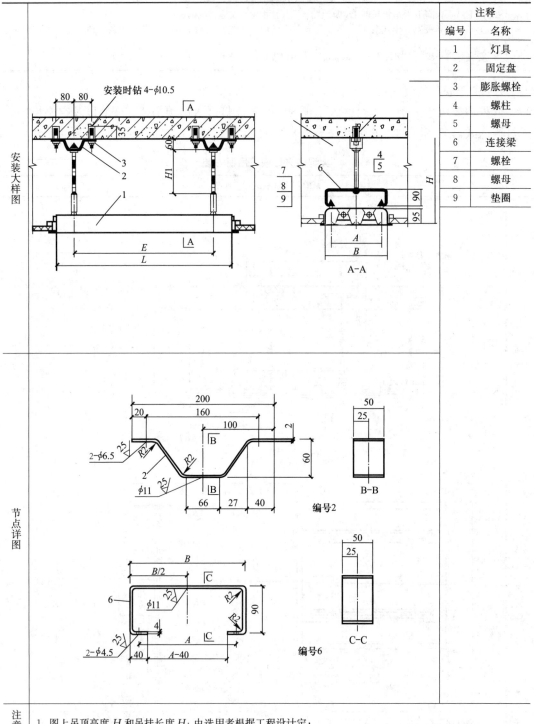

安装大样图

节点详图

注意事项

1. 图上吊顶高度 H 和吊挂长度 H_1 由选用者根据工程设计定；
2. 灯具详细尺寸参数 L、E、A、B 应具体参照产品样本

144

空调格栅荧光灯嵌入式安装　　　　　　　　　　　　　　　表 7-10

	空调格栅荧光灯嵌入式安装

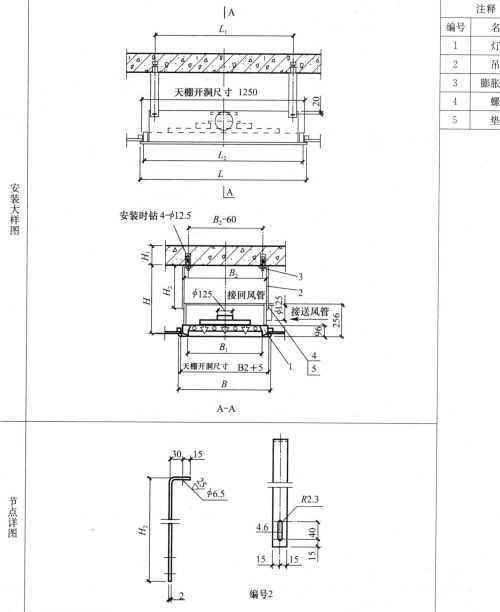

注释	
编号	名称
1	灯具
2	吊板
3	膨胀螺栓
4	螺栓
5	垫圈

安装大样图

天棚开洞尺寸 1250

安装时钻 4-ϕ12.5

ϕ125 接回风管　　接送风管

天棚开洞尺寸 B2+5

A-A

节点详图

ϕ6.5

$R2.3$

编号2

注意事项

1. 嵌入式空调荧光灯下部装有格栅片，属于漫反射式照明装置，可连接成灯带。
2. 在灯具顶部和一侧有送风、回风装置和灯具成为一体，灯具安装时由送、回风口与空调系统连接后即可起到照明和空调两方面的作用。这种灯具有两个系列：
(1) 回风散热式；
(2) 送回风组合式。
每个系列都有二、三、四管三种供选用。
3. 更换灯管等电气元件时，通过灯具下部一侧的挂钩开启格栅框。
4. 图上吊顶高度 H 和吊板长度 H_2 及楼板厚度 H_1 由选用者根据工程设计定。
5. 图上尺寸 B、B_1、B_2、L_1、L_2、L 等数值由工程设计定

7.2.3　金属线槽灯安装

金属线槽灯具安装见表7-11。

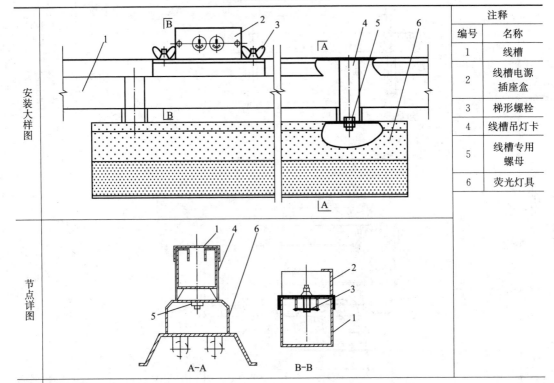

金属线槽灯具安装图　　图 7-11

安装大样图		

注释

编号	名称
1	线槽
2	线槽电源插座盒
3	梯形螺栓
4	线槽吊灯卡
5	线槽专用螺母
6	荧光灯具

A-A　　　B-B

注意事项：
1. 电源插座盒尺寸与线槽规格相配合，盒上可装单相或三相不同容量和个数的插座；
2. 电源插座盒的位置由工程设计确定；
3. 灯具电源引自电源插座盒

7.2.4　照明母线灯安装（表7-12）

照明母线灯安装　　表 7-12

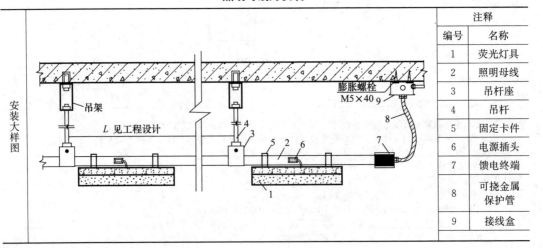

注释

编号	名称
1	荧光灯具
2	照明母线
3	吊杆座
4	吊杆
5	固定卡件
6	电源插头
7	馈电终端
8	可挠金属保护管
9	接线盒

吊架　　L 见工程设计　　膨胀螺栓 M5×40

节点详图	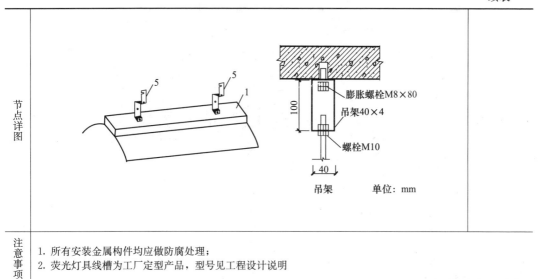 膨胀螺栓M8×80 吊架40×4 螺栓M10 100 40 吊架　　单位：mm
注意事项	1. 所有安装金属构件均应做防腐处理； 2. 荧光灯具线槽为工厂定型产品，型号见工程设计说明

7.2.5　大型吊链灯安装（表 7-13）

大型吊链灯安装　　　　　　　　　　　　　　　　　表 7-13

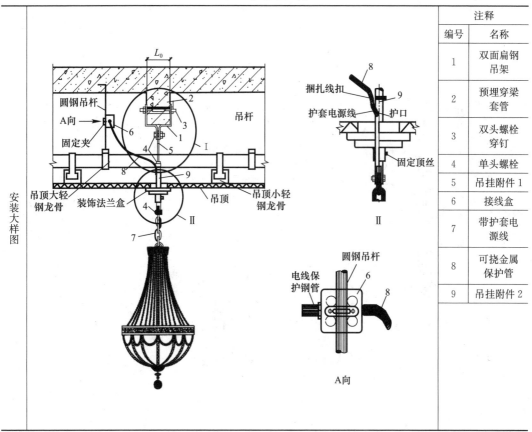

	注释	
编号	名称	
1	双面扁钢吊架	
2	预埋穿梁套管	
3	双头螺栓穿钉	
4	单头螺栓	
5	吊挂附件1	
6	接线盒	
7	带护套电源线	
8	可挠金属保护管	
9	吊挂附件2	

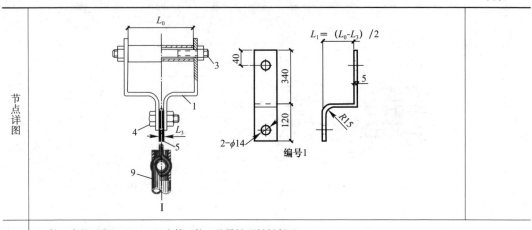

节点详图	

| 注意事项 | 1. 件4直径不小于6mm，且应等于件5及吊链环材料断面；
2. 电源线保护金属软管或可挠性管长度不宜超过2m；
3. 质量大于10kg的灯具悬吊装置安装完成后，灯具安装前在现场按灯具重量的5倍做恒定均布载荷强度试验，且持续时间不少于15min；
4. 本做法适合灯具重量不大于100kg |

7.2.6　广照型工厂灯安装（表7-14）

广照型工厂灯安装　　　　　表7-14

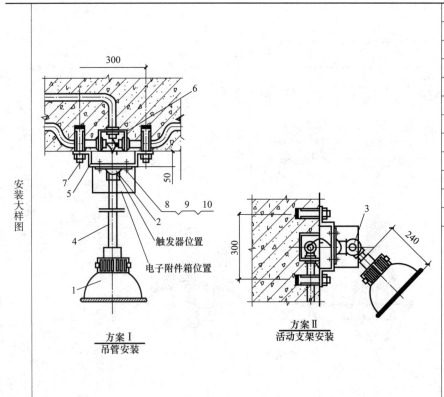

	注释
编号	名称
1	灯具
2	吸顶盒
3	活动支架
4	钢管
5	底板
6	接线盒
7	膨胀螺栓
8	螺钉
9	螺母
10	垫圈

续表

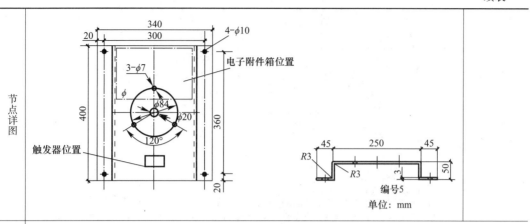

| 节点详图 | |

注意事项
1. 编号 4 钢管一端加工螺纹 G1/2A;
2. 电子附件箱与触发器安装孔、接线孔,按所选灯具配钻,并配置螺钉、弹簧垫圈固定;
3. 编号 5 的 3-φ7 孔须按灯具校核后钻孔

7.3　专用灯具安装

7.3.1　疏散指示灯（表 7-15）

疏散指示灯安装　　　　表 7-15

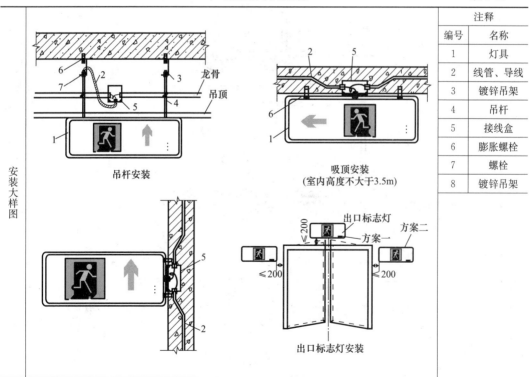

注释	
编号	名称
1	灯具
2	线管、导线
3	镀锌吊架
4	吊杆
5	接线盒
6	膨胀螺栓
7	螺栓
8	镀锌吊架

续表

节点详图	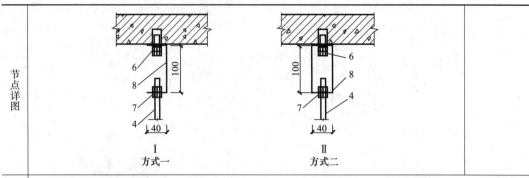 Ⅰ 方式一　　　　　　　Ⅱ 方式二
注意事项	1. 所有金属件因做防腐处理； 2. 疏散指示标志灯的安装位置和高度应以设计文件为准，不应影响正常通行，设计无要求时，一般室内高度不大于 3.5m 的场所，标志灯底边距地面高度宜为 2.2～2.5m。室内高度大于 3.5m 的场所，特大型、大型、中型标志灯宜采用吊装式安装，底边距地不宜小于 3m，且不宜大于 6m，且不应在其周围设置容易混同疏散标志灯的其他标志牌

7.3.2　手术台无影灯安装（表 7-16）

手术台无影灯安装　　　　　　　　　表 7-16

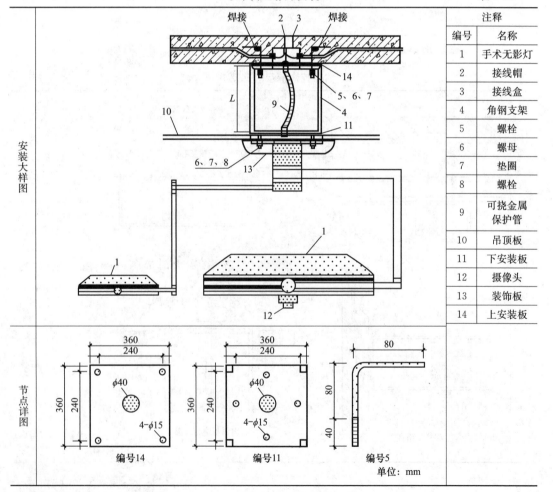

安装大样图	注释	
	编号	名称
	1	手术无影灯
	2	接线帽
	3	接线盒
	4	角钢支架
	5	螺栓
	6	螺母
	7	垫圈
	8	螺栓
	9	可挠金属保护管
	10	吊顶板
	11	下安装板
	12	摄像头
	13	装饰板
	14	上安装板

编号14　　　　　　　编号11　　　　　　　编号5

单位：mm

注意事项	1. 所有金属构件均应可靠焊接并做防腐处理。 2. 下安装板灯具安装孔距由现场确定，固定灯座的螺栓数量不应少于灯具法兰底座上的固定孔数，且螺栓直径应与底座孔径相适配，螺栓应采用双螺母锁固。 3. 灯具底座金属部分应可靠接地

7.3.3　应急照明灯具安装（表 7-17）

应急照明灯具灯安装　　　　　　　　　　　表 7-17

安装大样图	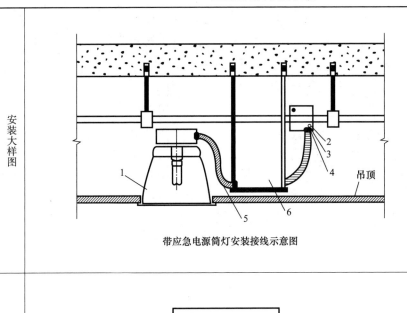 带应急电源筒灯安装接线示意图	注释	
		编号	名称
		1	灯具
		2	接线盒
		3	护口
		4	锁母
		5	金属软管
		6	应急电源
节点详图	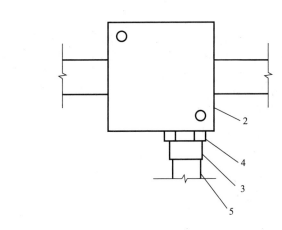		
注意事项	1. 消防应急照明回路的设置除应符合设计要求外，尚应符合防火分区设置的要求，穿越不同防火分区时应采取防火隔堵措施； 2. 对于应急灯具、运行中温度大于 60℃ 的灯具，当靠近可燃物时，应采取隔热、散热等防火措施； 3. EPS 供电的应急灯具安装完毕后，应检验 EPS 供电运行的最少持续供电时间，并应符合设计要求； 4. 消防应急照明线路在非燃烧体内穿钢线管暗敷时，暗敷钢线管保护层厚度不应小于 30mm		

7.3.4 泛光照明灯具安装（表7-18）

泛光照明灯安装　　　　表7-18

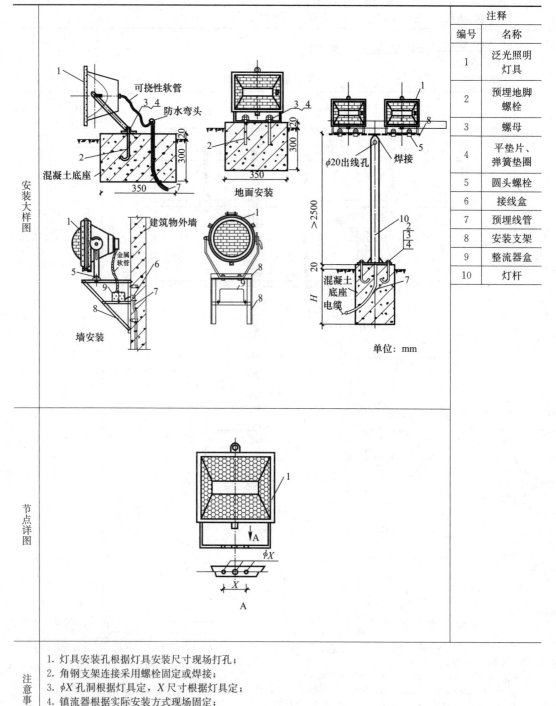

	注释	
编号		名称
1		泛光照明灯具
2		预埋地脚螺栓
3		螺母
4		平垫片、弹簧垫圈
5		圆头螺栓
6		接线盒
7		预埋线管
8		安装支架
9		整流器盒
10		灯杆

安装大样图

可挠性软管
防水弯头
混凝土底座
地面安装
建筑物外墙
金属软管
墙安装
φ20出线孔
焊接
混凝土底座
电缆
单位：mm

节点详图

注意事项

1. 灯具安装孔根据灯具安装尺寸现场打孔；
2. 角钢支架连接采用螺栓固定或焊接；
3. φX孔洞根据灯具定，X尺寸根据灯具定；
4. 镇流器根据实际安装方式现场固定；
5. 接地保护形式由设计确定；
6. 可选用灯具、镇流器自成一体灯具

7.3.5 露天景观灯具安装（表7-19）

露天景观灯具安装　　　　　　　　　　　　　　　　　　　　　表7-19

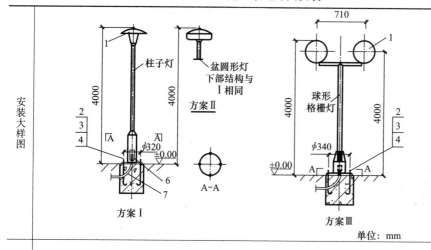

<table>
<tr><th>编号</th><th>名称</th></tr>
<tr><td>1</td><td>灯具</td></tr>
<tr><td>2</td><td>螺栓</td></tr>
<tr><td>3</td><td>螺母</td></tr>
<tr><td>4</td><td>垫圈</td></tr>
<tr><td>5</td><td>螺栓</td></tr>
<tr><td>6</td><td>接线盒</td></tr>
<tr><td>7</td><td>钢管</td></tr>
<tr><td>8</td><td>膨胀螺栓</td></tr>
</table>

安装大样图

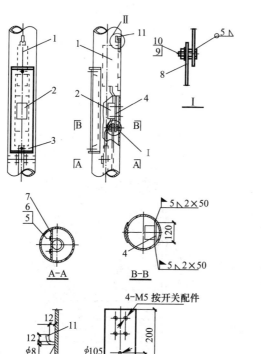

节点详图

编号	名称
1	电子附件箱
2	开关
3	防雨门
4	开关底板
5	管卡
6	螺母
7	扁钢
8	接地扁钢
9	螺栓
10	螺母
11	镇流器挂钩

注意事项

1. 在人行道等人员来往密集场所安装的落地式灯具，当无围栏防护时，灯具距地面高度应大于 2.5m；
2. 电源线管应伸出景观灯具基础 20~50mm，预埋螺栓长度 400~500mm；
3. 金属构架、路灯杆、金属保护管等外露可导电部分应分别与保护导体采用焊接或螺栓连接，连接处应设置接地标识

7.3.6 游泳池和类似场所灯具安装（表 7-20）

游泳池和类似场所灯具安装　　　　　　　表 7-20

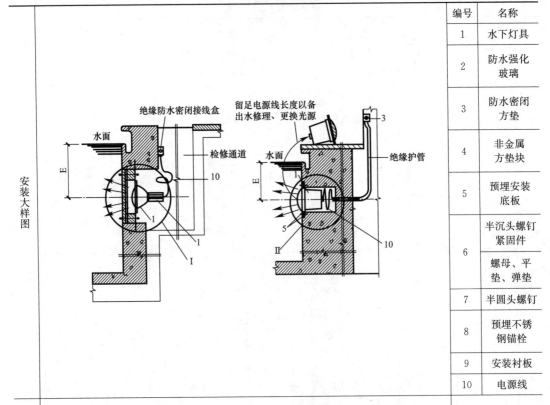

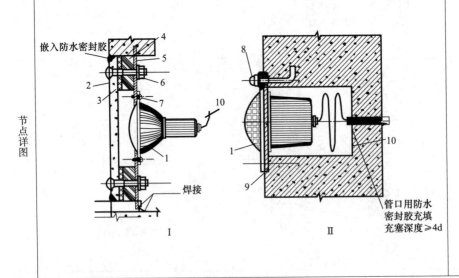

编号	名称
1	水下灯具
2	防水强化玻璃
3	防水密闭方垫
4	非金属方垫块
5	预埋安装底板
6	半沉头螺钉紧固件
6	螺母、平垫、弹垫
7	半圆头螺钉
8	预埋不锈钢锚栓
9	安装衬板
10	电源线

安装大样图

节点详图

注意事项

1. 施工中的安装固定件尽可能使用高强度耐老化塑料制品。
2. 灯具电源线保护管需用绝缘管，禁用金属管。
3. 每只灯具均应与随电源线一同敷设的 PE 线可靠连接，固定在水池构筑物上的金属部件应与保护导体可靠连接，并与结构钢筋做等电位连接

7.3.7　航空障碍标志灯安装（表 7-21）

航空障碍标志灯安装

表 7-21

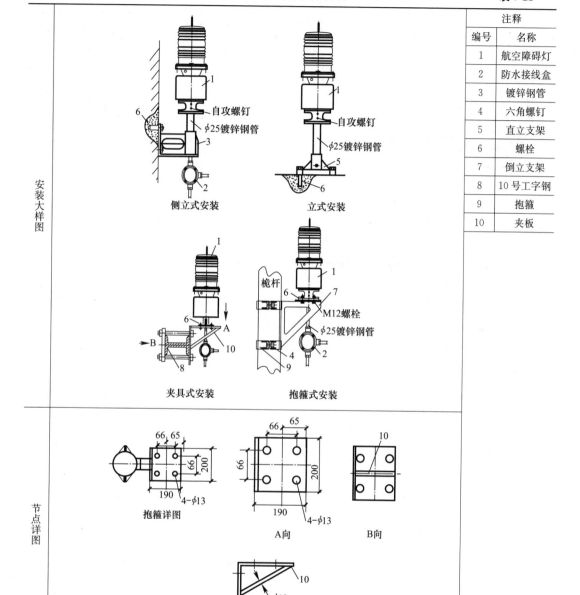

注释	
编号	名称
1	航空障碍灯
2	防水接线盒
3	镀锌钢管
4	六角螺钉
5	直立支架
6	螺栓
7	倒立支架
8	10 号工字钢
9	抱箍
10	夹板

安装大样图

侧立式安装　　立式安装

夹具式安装　　抱箍式安装

节点详图

抱箍详图　　A 向　　B 向

夹板式支架详图　　单位：mm

注意事项

1. 航空障碍灯的安装高度及位置、光控探头的安装位置及方式应符合有关规定、规范的要求，当灯具在烟囱顶上安装时，应安装在低于烟囱口 1.5～3m 的部位且应正三角形水平排列，对于安装于屋面接闪器保护范围以外的灯具，当需要设置接闪器时，其接闪器应与屋面接闪器可靠连接。
2. 灯具的电源按主体建筑中最高负荷等级要求供电。
3. 安装的金属构件应做防腐处理。
4. 灯具安装牢固可靠，且设置维修和更换光源的措施。
5. 可选择太阳能式航空障碍灯

7.3.8 洁净灯具安装（表7-22）

洁净灯具安装　　　　　　　　　　　　　　　　　　　表 7-22

安装大样图	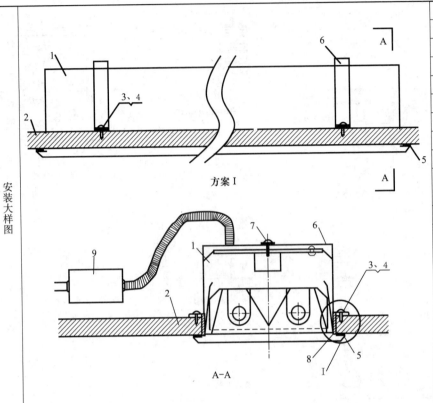 方案 I A—A	注释

编号	名称
1	灯具
2	金属壁板
3	弹簧垫圈
4	自攻螺钉
5	密封胶条
6	固定支架
7	螺钉
8	密封填充材料
9	接线盒

节点详图

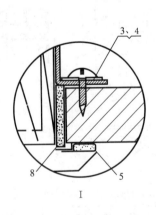

I

注意事项

1. 洁净场所灯具嵌入式安装时，灯具与顶棚之间的间隙应用密封胶条和衬垫密封，安装时密封胶条要平整，不得扭曲、折叠。
2. 灯具与金属壁板之间不得有间隙。
3. 灯具安装完毕后，应能经受 20Pa 压力，不得漏气

7.4　建筑物照明通电试运行

照明工程包括线路敷设、开关、插座和灯具的安装。安装施工结束后，要做通电试验，以检验施工质量和设计的预期功能，符合要求方能认为合格。建筑物照明通电试运行需满足以下前提条件：

（1）灯具全部安装完成；

（2）灯具回路控制应符合设计要求，且应与照明控制柜（箱、盘）及回路的标识一致；

（3）开关宜与灯具控制顺序对应，风扇的转向及调速开关应正常。

建筑物照明通电试运行有以下具体要求：

（1）公共建筑的照明工程负荷大、灯具众多，且本身要求可靠性严，所以要做连续负荷试验，以检查整个照明工程的发热稳定性和安全性，同时也可暴露一些灯具和光源的质量问题，以便于更换。若有照明照度自动控制系统，则试灯时可检测照度随着开启回路多少而变化的规律，给照明自动控制系统软件设计提供依据或检验其设计的合理性。住宅建筑也要通电试运行以检查线路和灯具的可靠性和安全性，但由于容量比公用建筑要小，故而通电时间要求不高。运行参数包括运行电流、运行电压和运行温度等。公共建筑照明系统通电连续试运行时间应为24h，住宅照明系统通电连续试运行时间应为8h。所有照明灯具均应同时开启，且应每2h按回路记录运行参数，连续试运行时间内应无故障。

（2）对公共建筑和建筑的公共部分等设计有照度测试要求的场所，试运行时应检测照度，并应符合设计要求。照度的测试可采用照度计，可见9.8小节。测试照度时，要求在无外界光源的情况下进行，一般可以在夜间或在白天测试区域有遮光的情况下进行。测试之前，光源应点亮一段时间。

练习思考题

1. 照明器具对端电压有什么要求，为什么？

2. 什么是电压波动和闪变？对照明有什么影响，如何避免？

3. 低压配电系统接地方式有哪几种？TN系统又有几种形式，有何区别？

4. 对照明线路的保护有哪些措施？

5. 照明控制的形式主要有哪些？

6. 请调研目前最新的智能照明控制系统并总结。

7. 简述建筑物照明通电试运行的要求。

第8章　建筑物防雷与接地工程

雷电是大气中带电云块之间或带电云层与地面之间所发生的一种强烈的自然放电现象。带电云块即雷云的形成有多种理论解释，人们至今仍在探索中。雷电虽然是一种人类还不能控制其发生的自然现象，但为避免它对人类社会造成的危害，人们通过长期的观测研究，对雷电现象及其特性、发生和发展的规律已经取得了一定的成果，并在此基础上形成了雷电防护的理论和措施。

8.1　建筑物防雷概述

8.1.1　雷击机理

雷电，或称闪电，有线状、片状和球状等形式。片状闪电发生于云间，对地不产生闪击；球状雷电是一种特殊的大气雷电现象，其发生概率很小，对其形成机理、特性及防护方法仍在研究中。线状闪电特别是大气雷云对地面物体的放电，是雷电防护的主要对象。

大气雷云对地面的放电通常是阶跃式的，先出现"先驱放电"，又称"先导"，其放电脉冲以 $10^5 \sim 10^6 \mathrm{m/s}$ 的速度和约 $30 \sim 100 \mu s$ 的间隔，阶跃式地向地面发展。当"下行先导"到达地面的距离为"击距"时，与地面物体向上产生的"迎面先导"会合，开始"主放电"阶段。"主放电"过程约为数十至数百微秒，速度约为 $10^8 \mathrm{m/s}$，雷电流幅值可达数十至数百千安。紧接着的"余光阶段"电流约数百安，但持续时间却约达数十至数百毫秒。

闪电放电因其激发了雷云中的多个电荷中心放电而大多呈现多重性，沿着首次放电通道发生的后续放电平均约为 $3 \sim 4$ 次，最多可达数十次，两次雷击之间的平均间隔时间约为 50ms。这种雷云对大地的放电称为"闪击"。所谓雷击即是一个闪电对地闪击中的一次放电。

大量的观测统计表明：闪电对地的闪击大多为负极性的多重雷击，只有约 10% 的闪击是正极性的雷击。在平原地区和击向较低建筑物的闪击大多为向下的闪击，而对突出的较高建筑物的闪击则多为向上闪击。向下闪击与向上闪击的雷电流脉冲分量（持续时间小于 2ms 的首击、后续雷击和大于 2ms 的长时间雷击），其叠加和组合有区别，但其所有上行雷闪的雷电流参量均小于下行雷闪。

8.1.2　雷击的类型

云层之间的放电现象，虽然有很大声响和闪电，但对地面上的万物危害并不大，只有云层对地面的放电现象或极强的电场感应作用才会产生破坏作用，其雷击的破坏作用可归纳为以下三个方面：

1. 直击雷（直接雷击）

所谓直击雷，也叫直接雷击。是指闪击直接击于建（构）筑物、其他物体、大地或外部防雷装置上，产生电效应、热效应和机械力造成建筑物等损坏以及人员伤亡。

直击雷的电压峰值通常可达几万伏甚至几百万伏，电流峰值可达几十千安培乃至几百千安培。雷云所蕴藏的能量在极短的时间（其持续时间通常只有几微秒到几百微秒）就释放出来，从瞬间功率来讲，是巨大的。所以其破坏性很强，往往会引起火灾、房屋倒塌和人身伤亡事故，灾害比较严重。

2. 闪电感应（雷电感应）

所谓闪电感应，是指闪电放电时，在附近导体上产生的闪电静电感应和闪电电磁感应，它可能使金属部件之间产生火花放电。

闪电静电感应。带电云层与大地间产生的强大的静电场，因雷闪的放电使正负电荷猛烈地中和，而导致附近的地面导体、输电线路、金属管线等感生的束缚电荷因来不及迅速流散而形成了闪电静电感应过电压。这种过电压在输电线路上可高达数百千伏，会导致线路绝缘闪络及所连接的电气设备的绝缘遭受损坏，在危险环境中未做等电位联结的金属管线间还可能产生火花放电而导致火灾或爆炸危险。

闪电电磁感应。由于雷电流脉冲具有很高的幅值和陡度，会在其周围空间形成强大的瞬变脉冲电磁场，使附近的导体上感应出很高的电动势，从而产生闪电电磁感应过电压。

同时，由于闪电脉冲不是一个，而是多达 10^4 个脉冲组成的，在闪电的"先驱放电"阶段将出现高频和甚高频电磁辐射，而在"主放电"阶段，低频辐射则大大增加。这些闪电电磁脉冲感应电压将耦合到电子信息设备中去，导致"噪声"干扰及测量误差，甚至对电子器件产生破坏性损害。

3. 闪电电涌侵入（雷电波侵入）

所谓闪电电涌侵入（也叫雷电波侵入），是指由于架空线路、电缆线路或金属管道对雷电的传导作用，雷电波（即闪电电涌）可能沿着这些管线侵入屋内，危及人身安全或损坏设备。闪电电涌是指，闪电击于防雷装置或线路上以及由闪电静电感应或雷击电磁脉冲引发，表现为过电压、过电流的瞬态波。

这种雷击发生的概率很高，占雷击总数的 70% 左右，大多数的家用电器和电子设备损坏都是雷电波侵入所致。也是雷害中损坏设备最多的一种雷击，所以对雷电波侵入的防备必须予以足够重视，根据设备的重要性和其对高电压的耐受能力采用一级或多级设防。

8.1.3　落雷的相关因素

为了经济合理地采取防雷措施，应了解当地落雷的相关因素及雷击的选择性规律。

1. 地面落雷的相关因素

地理条件：一般地说，雷电活动随地理纬度的增加而减弱，且湿热地区的雷电活动多于干冷地区。在我国，大致按华南、西南、长江流域、华北、东北、西北依次递减。从地域看是山区多于平原，陆地多于湖海。雷电频度与地面落雷虽是两个概念，但雷电频度大的地区往往地面落雷也多。

地质条件：有利于很快聚集与雷云相反电荷的地面，如地下埋有导电矿藏的地区，地下水位高的地方、矿泉、小河沟、地下水出口处，土壤电阻率突变的地方，土山的山顶或岩石山的山脚等处，容易落雷。

地形条件：某些地形往往可以引起局部气候的变化，造成有利于雷云形成和相遇的条件，如某些山区，山的南坡落雷多于北坡，靠海的一面山坡落雷多于背海的一面山坡，山中的局部平地落雷多于峡谷，风暴走廊与风向一致的地方的风口或顺风的河谷容易落雷。

地物条件：由于地物的影响，有利于雷云与大地之间建立良好的放电通道，如孤立高耸的地物、排出导电尘埃的厂房及排出废气的管道、屋旁大树、山区和旷野地区输电线等，易受雷击。

2. 建筑物落雷的相关因素

建筑物的孤立程度。旷野中孤立的建筑物和建筑群中高耸的建筑物，易受雷击。

建筑物的结构。金属屋顶、金属构架、钢筋混凝土结构的建筑物易受雷击。

建筑物的性质。常年积水的冰库，非常潮湿的牲畜棚，建筑群中个别特别潮湿的建筑物，容易积聚大量电荷。生产、贮存易挥发物的建筑物，容易形成游离物质，因而易受雷击。

建筑物的位置和外廓尺寸。一般认为建筑物位于地面落雷较多的地区和外廓尺寸较大的建筑物易受雷击。

3. 建筑物易受雷击的部位

建筑物屋面坡度与雷击部位的关系如图 8-1 所示。

(1) 平屋面或坡度不大于 1/10 的屋面为檐角、女儿墙、屋檐，见图 8-1(a)、(b)；

(2) 坡度大于 1/10，小于 1/2 的屋面为屋角、屋脊、檐角、屋檐，见图 8-1(c)；

(3) 坡度等于或大于 1/2 的屋面为屋角、屋脊、檐角，见图 8-1(d)；

(4) 对图 8-1(c)、(d)，在屋脊有避雷带的情况下，当屋檐处于屋脊避雷带的保护范围内时，屋檐上可不装设避雷带。

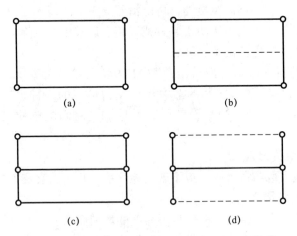

(a)   (b)

(c)   (d)

图 8-1　不同屋面坡度建筑物的易受雷击部位

(a) 平屋面；(b) 坡度不大于 $\frac{1}{10}$ 的屋面；

(c) 坡度大于 $\frac{1}{10}$ 小于 $\frac{1}{2}$ 的屋面；(d) 坡度等于或大于 $\frac{1}{2}$ 的屋面

—o— 雷击率最高部位；—— 易受雷击部位；

- - - 不易受雷击的屋脊或屋檐

8.2　建筑物防雷分类及防雷措施

8.2.1　建筑物年预计雷击次数

参照 IEC 新标准修订的国家标准《建筑物防雷设计规范》GB 50057—2010 的规定，建筑物年预计雷击次数 N 按下式计算。

$$N = k \times N_g \times A_e \tag{8-1}$$

式中　k——校正系数，在一般情况下取 1。位于河边、湖边、山坡下或山地中土壤电阻率较小处、地下水露头处、土山顶部、山谷风口等处的建筑物，以及特别潮湿的建筑物取 1.5；金属屋面没有接地的砖木结构建筑物取 1.7；位于山顶上或旷野的孤立建筑物取 2；

　　　　N_g——建筑物所处地区雷击打的年平均密度 [次/（km² · a）]，首先应根据当地气象部门的地闪定位网络系统所提供的资料确定。如无上述资料，在温带地区，可按下式估算：

$$N_g = 0.1T_d \tag{8-2}$$

式中　T_d——年平均雷暴日数（d/a）；根据当地气象台、站资料确定；

　　　　A_e——与建筑物截收相同雷击次数的地面等效面积（km²）。计算方法可参考《工业与民用供配电设计手册（四）》。

对于孤立建筑物，A_e 应为屋顶平面向外扩大后的面积。《建筑物防雷设计规范》GB 50057—2010 按滚球半径 100m 推导出在地面处的扩大宽度为 $\sqrt{H(200-H)}$。因此，扩大宽度与建筑物高度的倍数随建筑物高度的增加而减小。建筑物高度为 100m 及以上时，其扩大宽度等于建筑物的高度。当为非孤立建筑物时，还应考虑周围建筑物对等效面积的影响。

8.2.2　建筑物防雷分类

根据建筑物的重要性、使用性质、雷击后果的严重性以及遭受雷击的概率大小等因素综合考虑。《建筑物防雷设计规范》GB 50057—2010 将建筑物划分为三类不同的防雷类别，以便规定不同的雷电防护要求和措施。在雷电活动频繁或强雷区，可适当提高建筑物的防雷保护措施。

1. 第一类防雷建筑物

凡制造、使用或贮存炸药、火药、起爆药、火工品等大量爆炸物质的建筑物，因电火花而引起爆炸，会造成巨大破坏和人身伤亡者。

2. 第二类防雷建筑物

高度超过 100m 的建筑物。

国家级重点文物保护建筑物。

国家级的会堂、办公建筑物、档案馆、大型博展建筑物，特大型、大型铁路旅客站，国际性的航空港、通信枢纽，国宾馆、大型旅游建筑，国际港口客运站。

国家级计算中心、国家级通信枢纽等对国民经济有重要意义且装有大量电子设备的建筑物。

注：建筑物年预计雷击次数计算见《工业与民用供配电设计手册（四）》附录 B.2。

年预计雷击次数大于 0.06 次的部、省级办公建筑及其他重要或人员密集的公共建筑物。

年预计雷击次数大于 0.3 次的住宅、办公楼等一般民用建筑物。

3. 第三类防雷建筑物

省级重点文物保护建筑物及省级档案馆。

省级及以上大型计算中心和装有重要电子设备的建筑物。

19 层及以上的住宅建筑和高度超过 50m 的其他民用建筑物。

年预计雷击次数大于 0.012 次，且小于或等于 0.06 次的部、省级办公建筑及其他重要或人员密集的公共建筑物。

年预计雷击次数大于或等于 0.06 次，且小于或等于 0.3 次的住宅、办公楼等一般民用建筑物。

建筑群中最高或位于建筑群边缘高度超过 20m 的建筑物。

通过调查确认当地遭受过雷击灾害的类似建筑物。历史上雷害事故严重地区或雷害事故较多地区的较重要建筑物。

在平均雷暴日大于 15d/a 的地区，高度在 15m 及以上的烟囱、水塔等孤立的高耸构筑物。在平均雷暴日小于或等于 15d/a 的地区，高度在 20m 及以上的烟囱、水塔等孤立的高耸构筑物。

8.2.3 建筑物的防雷措施

为防止或减少建筑物遭受雷击而产生生命危险及物理损坏，各类防雷建筑物应采用由外部防雷装置和内部防雷装置综合组成的防雷装置（Lightning Protection System，LPS）进行防护。并应符合以下基本规定：

（1）各类防雷建筑物应设防直击雷的外部防雷装置（接闪器、引下线及接地装置），并应采取防闪电电涌侵入的措施。第一类防雷建筑物和有爆炸危险的第二类防雷建筑物，尚应采取防闪电感应的措施。

（2）各类防雷建筑物应设内部防雷装置（包括防闪电感应、防反击以及防闪电电涌侵入和防生命危险），并应符合下列要求：

1）在建筑物的地下室或地面层处，建筑物金属体、金属装置、建筑物内系统、进出建筑物的金属管线，应与防雷装置做防雷等电位连接。在那些自然等电位连接不能提供电气贯通之处采用等电位连接导体直接连接，在直接连接不可行之处用电涌保护器 SPD 连接，在不允许直接连接之处用隔离放电间隙（Isolating Spark Gap，ISG）进行连接。

2）除上述 1）的措施外，外部防雷装置与建筑物金属体、金属装置、建筑物内系统之间，尚应满足间隔距离的要求。

（3）对第二类防雷建筑物中的国家级重要建筑物，如国家级的会堂和办公建筑物、国宾馆、大型展览和博览建筑物、国家级计算中心、国际通信枢纽等对国民经济有重要意义的建筑物等，还应采取防雷击电磁脉冲的措施。其他各类防雷建筑物，当其建筑物内部系统所接设备的重要性高，以及所处雷击磁场环境和加于设备的雷击电涌无法满足要求时，也应采取防雷击电磁脉冲的措施。

8.3 防雷装置的安装

所谓防雷装置，是指接闪器、引下线、接地装置、过电压保护器及其他连接导体的总和。

（1）接闪器：直接接受雷击的接闪杆、接闪线、接闪带（网）以及用作接闪的金属屋面和金属构件等。

（2）引下线：连接接闪器与接地装置的金属导体。

（3）接地装置：接地体和接地线的总称。

（4）接地体：埋入土壤中或混凝土基础中做散流用的导体。

（5）接地线：从引下线断接卡子或换线处至接地体的连接导体。

（6）过电压保护器：用来限制存在于某两物体之间的冲击过电压的一种设备，如放电间隙、避雷器或半导体器具。

8.3.1　接闪器的安装

建筑物防雷接闪器由下列一种或多种设施组合而成：

（1）独立接闪杆；

（2）架空接闪线或架空接闪网；

（3）直接装在建筑物上的接闪杆、接闪带或接闪网（包括被利用作为接闪器的建筑物金属体和结构钢筋）。

布置接闪器时，应采用滚球法对接闪杆、接闪线、接闪带（网）进行保护范围计算。

滚球法是以 h_r 为半径的一个球体，沿需要防直击雷的部位滚动，当球体只触及接闪器，包括被利用作为接闪器的金属物，或只触及接闪器和地面，包括与大地接触能承受雷击的金属物，而不触及需要保护的部位时，或者接闪网的网格不大于规定的尺寸时，则该部分就得到接闪器的保护。我国不同类别的防雷建筑物的滚球半径及接闪网的网格尺寸见表 8-1。

建筑物防雷接闪器布置的滚球半径与接闪网网格尺寸　　　　　　表 8-1

建筑物防雷类别（LPL）	滚球半径 h_r(m)	接闪网格尺寸（m×m）
第一类防雷建筑物	30	不大于 5×5 或 6×4
第二类防雷建筑物	45	不大于 10×10 或 12×8
第三类防雷建筑物	60	不大于 20×20 或 24×16

8.3.1.1　屋面接闪杆安装

单支接闪杆的保护角 α 可按 45°或 60°考虑。两支接闪杆外侧的保护范围按单支接闪杆确定，两接闪杆之间的保护范围，对民用建筑可简化两接闪杆间的距离不小于接闪杆的有效高度（接闪杆凸出建筑物的高度）的 15 倍，且不宜大于 30m 来布置，如图 8-2 所示。

屋面接闪杆安装时，地脚螺栓和混凝土支座应在屋面施工中由土建人员浇筑好，地脚螺栓预埋在支座内，至少有 2 根与屋面、墙体或梁内钢筋焊接。待混凝土强度满足施工要求后，再安装接闪杆，连接引下线。

施工前，先组装好接闪杆，在接闪杆支座底板上相应的位置，焊上一块肋板，再将接闪杆立起，找直、找正后进行点焊，最后加以校正，焊上其他三块肋板。

接闪杆要求安装牢固，并与引下线焊接牢固，屋面上有接闪带（网）的还要与其焊成一个整体，如图 8-3 所示。

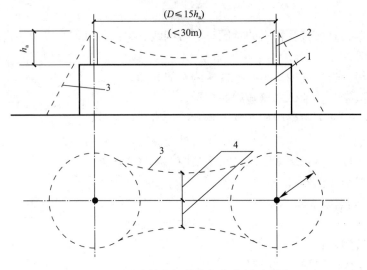

图 8-2 双支接闪杆简化保护范围示意图

1—建筑物；2—接闪杆；3—保护范围；4—保护宽度

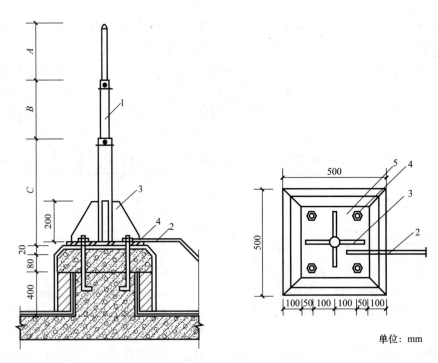

单位：mm

图 8-3 接闪杆在屋面上安装

1—接闪杆；2—引下线；3—100mm×8mm，$L=200$mm 筋板；

4—25mm×350mm 地脚螺栓；5—300mm×8mm，$L=300$mm 底板

8.3.1.2 接闪带（网）安装

接闪带通常安装在建筑物的屋脊、屋檐（坡屋顶）或屋顶边缘及女儿墙顶（平屋顶）等部位，对建筑物进行保护，避免建筑物受到雷击毁坏。接闪网一般安装在较重要的建筑物。建筑物的接闪带和接闪网如图 8-4 所示。

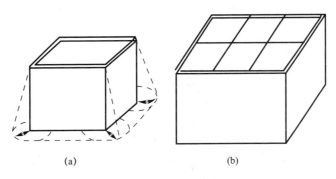

图 8-4　屋顶接闪带及接闪网示意图

（a）接闪带；（b）接闪网

1. 明装接闪带（网）

明装接闪带（网）应采用镀锌圆钢或扁钢制成，镀锌圆钢直径应为 $\phi12$，镀锌扁钢采用-25mm×4mm 或-40mm×4mm。在使用前，应对圆钢或扁钢进行调直加工，对调直的圆钢或扁钢，顺直沿支座或支架的路径进行敷设，如图 8-5 所示。

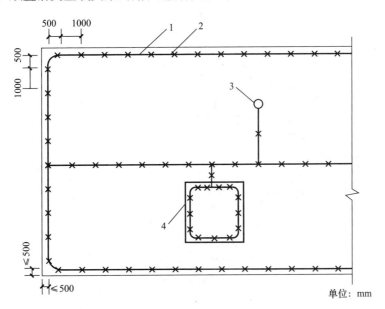

单位：mm

图 8-5　接闪带在挑檐板上安装平面示意图

1—接闪带；2—支架；3—凸出屋面的金属管道；4—建筑物凸出物

在接闪带（网）敷设的同时，应与支座或支架进行卡固或焊接连成一体，并同防雷引下线焊接好。其引下线的上端与接闪带（网）的交接处，应弯曲成弧形。接闪带在屋脊上安装，如图 8-6 所示。

接闪带（网）在转角处应随建筑造型弯曲，一般不宜小于 90°，弯曲半径不宜小于圆钢直径的 10 倍，或扁钢宽度的 6 倍，绝对不能弯成直角，如图 8-7 所示。

接闪带（网）沿坡形屋面敷设时，应与屋面平行布置，如图 8-8 所示。

2. 暗装接闪网

暗装接闪网是利用建筑物内的钢筋做接闪网，以达到建筑物防雷击的目的。因其比明装接闪网美观，所以越来越被广泛利用。

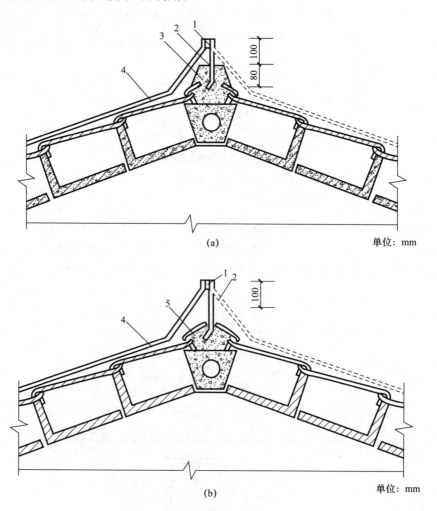

(a)　　　　　　　　　　　　　　单位：mm

(b)　　　　　　　　　　　　　　单位：mm

图 8-6　接闪带及引下线在屋脊上安装

（a）用支座固定；（b）用支架固定

1—接闪带；2—支架；3—支座；4—引下线；5—1：3 水泥砂浆

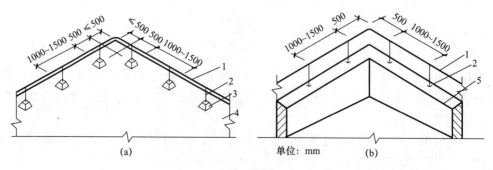

(a)　　　　　　　　单位：mm　　(b)

图 8-7　接闪带（网）在转弯处做法

（a）在平屋顶上安装；（b）在女儿墙上安装

1—接闪带；2—支架；3—支座；4—平屋面；5—女儿墙

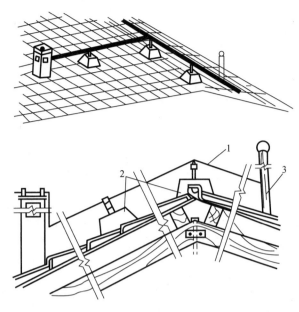

图 8-8　坡形屋面敷设接闪带

1—接闪带；2—混凝土支座；3—凸出屋面的金属物体

（1）用建筑物 V 形折板内钢筋作接闪网

通常建筑物可利用 V 形折板内钢筋做接闪网。施工时，折板插筋与吊环和网筋绑扎，通长筋和插筋、吊环绑扎。折板接头部位的通长筋在端部预留钢筋头，长度不少于 100mm，便于与引下线连接。引下线的位置由工程设计决定。

对于等高多跨搭接处，通长筋与通长筋应绑扎。不等高多跨交接处，通长筋之间应用 $\phi8$ 圆钢连接焊牢，绑扎或连接的间距为 6m。V 形折板钢筋作防雷装置，如图 8-9 所示。

（2）用女儿墙压顶钢筋作暗装接闪带

女儿墙压顶为现浇混凝土的，可利用压顶板内的通长钢筋作为暗装防雷接闪器。女儿墙压顶为预制混凝土板的，应在顶板上预埋支架架设接闪带。用女儿墙现浇混凝土压顶钢筋作暗装接闪器时，防雷引下线可采用不小于 $\phi10$ 圆钢，如图 8-10（a）所示，引下线与接闪器（即压顶内钢筋）的焊接连接，如图 8-10（b）所示。在女儿墙预制混凝土板上预埋支

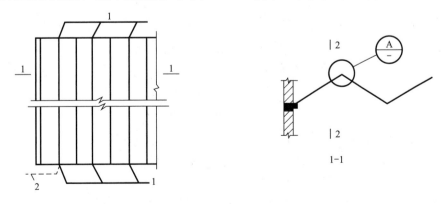

图 8-9　V 形折板钢筋作防雷装置示意图（一）

1—通长筋预留钢筋头；2—引下线

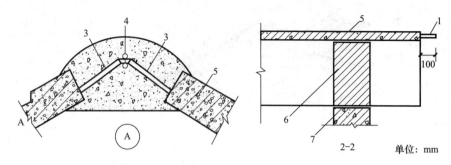

图 8-9　Ｖ形折板钢筋作防雷装置示意图（二）

1—通长筋，预留钢筋头；3—吊环（插筋）；4—附加通长 $\phi6$ 筋；5—折板；6—三脚架或三角墙；7—支托构件

架架设接闪带时，或在女儿墙上有铁栏杆时，防雷引下线应由板缝引出顶板与接闪带连接，如图 8-10(a)中的虚线部分，引下线在压顶处同时应与女儿墙顶厚设计通长钢筋之间，用 $\phi10$ 圆钢做连接线进行连接，如图 8-10(c)所示。

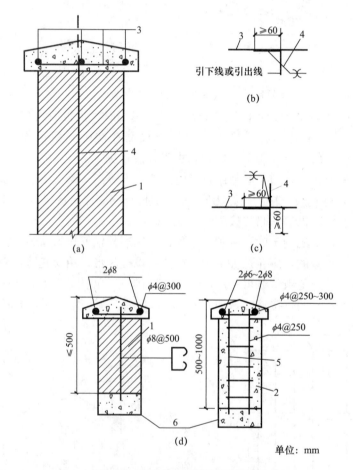

图 8-10　女儿墙及暗装接闪带做法

（a）压顶内暗装接闪带做法；（b）压顶内钢筋引下线（或引出线）连接做法；

（c）压顶上有明装接闪带时引下线与压顶内钢筋连接做法；（d）女儿墙结构图

1—砖砌体女儿墙；2—现浇混凝土女儿墙；3—女儿墙压顶内钢筋；

4—防雷引下线；5—$\phi10$ 圆钢连接线；6—圈梁

女儿墙一般设有圈梁，圈梁与压顶之间有立筋时，防雷引下线可以利用在女儿墙中相距 500mm 的 2 根 $\phi8$ 或 1 根 $\phi8$ 立筋，把立筋与圈梁内通长钢筋全部绑扎为一体更好，女儿墙不需再另设引下线，如图 8-10(d) 所示。采用此种做法时，女儿墙内引下线的下端需要焊到圈梁立筋上（圈梁立筋再与柱主筋连接）。引下线也可以直接焊到女儿墙下的柱顶预埋件上（或钢屋架上）。圈梁主筋如能够与柱主筋连接，建筑物则不必再另设专用接地线。

8.3.2　引下线敷设

连接接闪器与接地装置的金属导体称为引下线。雷击时引下线上有很大的雷电流流过，会对附近接地的设备、金属管道、电源线等产生反击或旁侧闪击。为了减少和避免这种反击，现代建筑利用建筑物的柱筋作避雷引下线，经过实践证明这种方法不但可行，而且比专门敷设的引下线有更多的优点，因为柱钢筋与木梁、楼板的钢筋，都是连接在一起的，和接地网络形成一个整体的"法拉第"笼，均处于等电位状态。雷电流会很快被分散掉，可以避免反击和旁侧闪击的现象发生。

8.3.2.1　一般要求

引下线可分为明装和暗装两种。明装引下线一般采用热镀锌圆钢或扁钢，优先采用圆钢。

明装时一般采用直径为 8mm 的圆钢或截面为 30mm×4mm 的扁钢。在易受腐蚀部位，截面应适当加大。引下线应沿建筑物外墙敷设，距离墙面为 15mm，固定支点间距不应大于 2m，敷设时应保持一定松紧度，从接闪器到接地装置，引下线的敷设应尽量短而直。若必须弯曲时，弯角应大于 90°。引下线敷设于人们不易触及之处。地上 1.7m 至地面下 0.3m 的一段引下线应加保护设施，以避免机械损坏。如用钢管保护，钢管与引下线应有可靠电气连接。引下线应镀锌，焊接处应涂防锈漆，但利用混凝土中钢筋作引下线除外。

一级防雷建筑物专设引下线时，其根数不少于 2 根，沿建筑物周围均匀或对称布置，间距不应大于 12m，防雷电感应的引下线间距应为 18～24m。二级防雷建筑物引下线数量不应少于 2 根，沿建筑物周围均匀或对称布置，平均间距不应大于 18m。三级防雷建筑物引下线数量不宜少于 2 根，平均间距不应大于 25m。但周长不超过 25m，高度不超过 40m 的建筑物可只设一根引下线。

当引下线长度不足，需要在中间接头时，引下线应进行搭接焊接。

8.3.2.2　明敷引下线

明敷引下线应预埋支持卡子，支持卡子应凸出外墙装饰面 15mm 以上，露出长度应一致，将圆钢或扁钢固定在支持卡子上。一般第一个支持卡子在距离室外地面 2m 高处预埋，距离第一个卡子正上方 1.5～2m 处埋设第二个卡子，依次向上逐个埋设，间距均匀相等，并保证横平竖直。

明敷引下线调直后，从建筑物最高点由上而下，逐点与预埋在墙体内的支持卡子套环卡固，用螺栓或焊接固定，直至到断接卡子为止，如图 8-11 所示。

引下线通过屋面挑檐板处，应做成弯曲半径较大的慢弯，弯曲部分线段总长度，应小于拐弯开口处距离的 10 倍，如图 8-12 所示。

8.3.2.3　暗敷引下线

沿墙或混凝土构造柱暗敷设的引下线，一般使用直径不小于 $\phi12$ 的镀锌圆钢或截面为 25mm×4mm 的镀锌扁钢。钢筋调直后先与接地体（或断接卡子）用卡钉固定好，垂直固

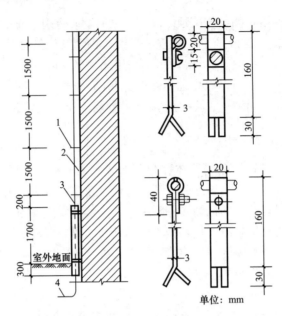

图 8-11 引下线明敷做法
—扁钢卡子；2—明敷引下线；3—断接卡子；4—接地线

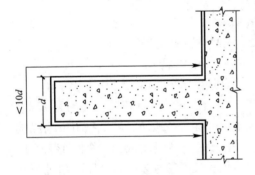

图 8-12 引下线拐弯的长度要求
d—拐弯开口处的距离

单位：mm

定距离为 1.5～2m，由下至上展放或一段一段连接钢筋，直接通过挑檐板或女儿墙与避雷带焊接，如图 8-13 所示。

利用建筑物钢筋作引下线时，钢筋直径为 16mm 及以上时，应利用两根钢筋（绑扎或焊接）作为一组引下线；当钢筋直径为 10～16mm 时，应利用四根钢筋（绑扎或焊接）作为一组引下线。

引下线上部（屋顶上）应与接闪器焊接，中间与每层结构钢筋需进行绑扎或焊接连接，下部在室外地坪下 0.8～1m 处焊出一根 ϕ12 的圆钢或截面 40mm×4mm 的扁钢，伸向室外与外墙面的距离不小于 1m。

8.3.2.4 断接卡子

为了便于测试接地电阻值，接地装置中自然接地体和人工接地体连接处和每根引下线应有断接卡子。断接卡子应有保护措施。引下线断接卡子应在距离地面 1.5～1.8m 高的位置设置。

断接卡子的安装形式有明装和暗装两种，如图 8-14 和图 8-15 所示。可利用不小于 40mm×4mm 或 25mm×4mm 的镀锌扁钢制作，用两根镀锌螺栓拧紧。引下线圆钢或扁钢与断接卡子的扁钢应采用搭接焊。

明装引下线在断接卡子下部，应外套竹管、硬塑料管等非金属管保护。保护管深入地下部分不应小于 300mm。明装引下线不应套钢管，必须外套钢管保护时，必须在保护钢管的上、下侧焊跨接线与引下线连接成一整体。

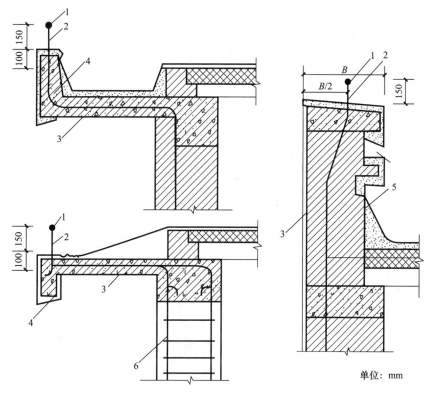

图 8-13　暗装引下线经过挑檐板、女儿墙的做法

1—避雷带；2—支架；3—引下线；4—挑檐板；5—女儿墙；6—柱主筋；B—墙体宽度

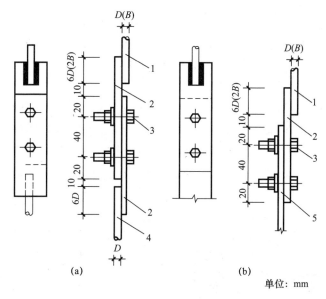

（a）　　　　　　　　（b）

单位：mm

图 8-14　明装引下线断接卡子的安装

（a）用于圆钢连接线；（b）用于扁钢连接线

D—圆钢直径；B—扁钢厚度

1—圆钢引下线；2—25mm×4mm，长度为 90＋6D 的连接板；

3—M8×30mm 镀锌螺栓；4—圆钢接地线；5—扁钢接地线

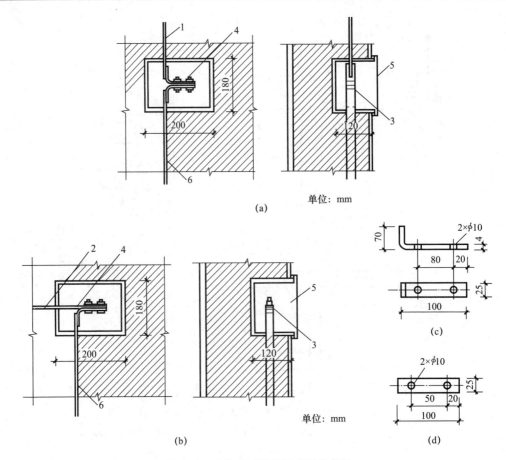

单位：mm

(a)

(b)

(c)

(d)

图 8-15　暗装引下线断接卡子的安装

（a）专用暗装引下线；（b）利用柱筋作引下线；（c）连接板；（d）垫板

1—专用引下线；2—至柱筋引下线；3—断接卡子；

4—M10×30mm 镀锌螺栓；5—断接卡子箱；6—接地线

　　用建筑物钢筋作引下线，由于建筑物从上而下钢筋连成一整体，因此，不能设置断接卡子，需要在柱（或剪力墙）内作为引下线的钢筋上，另外焊一根圆钢引至柱（或墙）外侧的墙体上，在距地面 1.8m 处，设置接地电阻测试箱。也可在距地面 1.8m 处的柱（或墙）的外侧，将用角钢或扁钢制作的预埋连接板与柱（或墙）的主筋进行焊接，再用引出连接板与预埋连接板相焊接，引至墙体外表面。

8.3.3　高层建筑一、二类防雷装置安装示意图

　　高层建筑一、二类防雷装置安装示意图，如图 8-16 所示。图 8-16（a）为高层建筑接闪带、均压环与引下线连接示意图。图 8-16（b）为屋顶接闪网格尺寸及引下线连接示意图。

　　引下线及屋顶接闪网格间距见表 8-2。

【施工图说明】

　　（1）高层建筑应用其结构柱内钢筋做防雷引下线。

　　（2）从首层起，每三层利用结构圈梁水平钢筋与引下线焊接成均压环。所有引下线、建筑物内的金属结构和金属物体等与均压环连接。

　　（3）从距地 30m 高度起，每向上 3 层，在结构圈梁内敷设一条 25mm×4mm 的扁钢

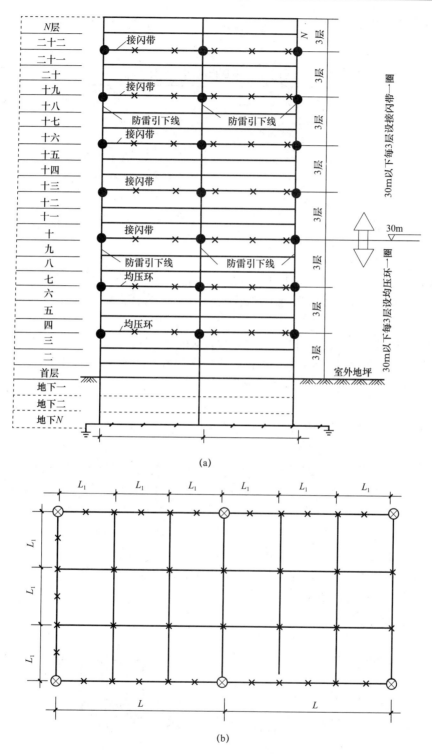

(a)

(b)

图 8-16 高层建筑一、二类防雷装置安装示意图

（a）高层建筑接闪带、均压环与引下线连接示意图

（b）屋顶接闪网格尺寸及引下线连接示意图

✕✕✕ 接闪带或均压环　　●━ 接闪带或均压环与引下线连接

与引下线焊成一环形水平接闪带，以防止侧向雷击，并将金属栏杆及金属门窗等较大的金属物体与防雷装置连接。

引下线及屋顶接闪网格间距 表 8-2

建筑防雷分类	引下线（m）		屋顶接闪网格（m）	
	L	说明	$L_1 \times L_1$	说明
1	≤12	雷电活动强烈区	≤5×5	上人屋顶敷在顶板内 50mm 处；不上人屋顶敷在顶板上 150mm 处
2	≤18	一个柱子内不少于两个钢筋	≤10×10	
3	≤25		≤20×20	

8.4 接地装置的安装

8.4.1 接地装置的构成

接地装置由接地体和接地线两部分构成，用于传导雷电流并将其流散入大地。

接地体是指埋入土壤中或混凝土基础中做散流用的导体。有自然接地体和人工接地极两种。

自然接地体是指兼做接地用的直接与大地接触的建（构）筑物的钢筋混凝土基础（外部包有塑料或橡胶类防水层的除外）中的钢筋，金属管道（可燃液体、气体管道除外）、电缆金属外皮、深井金属管壁等。当自然接地体不满足接地电阻要求时，应补设人工接地极。

人工接地极是指人为埋入地下的金属导体，包括水平敷设的接地极和垂直敷设的接地极。水平接地极可采用圆钢或扁钢。垂直接地极可采用角钢、圆钢或钢管，也可采用金属板状接地极。一般优先采用水平敷设的接地极。

接地线是指从引下线断接卡子或换线处至接地体的连接导体，或从接地端子、等电位连接带至接地体的连接导体。接地线按敷设方式分有自然接地线和人工接地线两种。自然接地线种类很多，如建筑物的金属结构（金属梁、桩等），生产用的金属结构（吊车轨道、配电装置的构架等），配线的钢管，电力电缆的铅外皮、不会引起燃烧、爆炸的所有金属管道等。人工接地线一般都由扁钢或圆钢制作。

选择自然接地体和自然接地线时，必须要保证导体全长有可靠的电气连接，以形成连续的导体。图 8-17 为常见的人工接地装置。

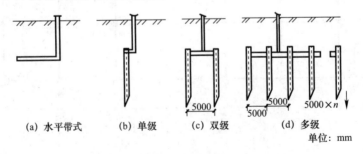

(a) 水平带式　　(b) 单级　　(c) 双级　　(d) 多级
单位：mm

图 8-17 常见的几种人工接地装置

图 8-18 所示为接地装置示意图。其中，接地线按功能分有接地干线和接地支线。电气设备接地的部分就近通过接地支线与接地网的接地干线相连。

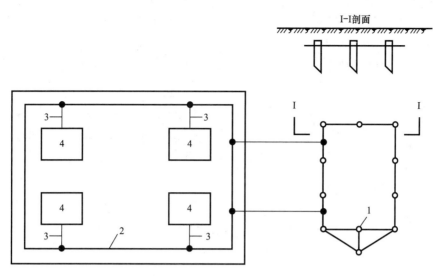

图 8-18　接地装置示意图

1—接地体；2—接地干线；3—接地支线；4—电气设备

接地装置的导体截面应符合稳定和机械强度的要求，且不应小于表 8-3 所示的最小规格。

钢接地体和接地线的最小规格　　　　　　　　　　　　　　表 8-3

种类、规格及单位		地上		地下	
		室内	室外	交流电流回路	支流电流回路
圆钢直径（mm）		6	8	10	12
扁钢	截面面积（mm²）	60	100	100	100
	厚度（mm）	3	4	4	6
角钢厚度（mm）		2	2.5	4	6
钢管管壁厚度（mm）		2.5	2.5	3.5	4.5

注：电力线路杆塔的接地引出线的截面面积不应小于 50mm²，引出线应热镀锌。

8.4.2　接地装置的敷设安装

8.4.2.1　人工接地极的制作与安装

人工接地极的安装分为垂直和水平安装两种。接地极制作安装，应配合土建工程施工，在基础土方开挖的同时，应挖好接地极沟并将接地极埋设好。

（1）垂直接地体的制作与安装

垂直接地体一般由镀锌角钢或钢管制作。角钢厚度不小于 4mm，钢管壁厚不小于 3.5mm，有效截面面积不小于 48mm²。所用材料应没有严重锈蚀，弯曲的材料必须矫直后方可使用。一般用 L50mm×50mm×5mm 镀锌角钢或 DN50 的镀锌钢管制作。垂直接地体的长度一般为 2.5m，其下端加工成尖形。用角钢制作时，其尖端应在角钢的角脊上，且两个斜边要对称，如图 8-19（a）所示，用钢管制作时要单边斜削，如图 8-19（b）所示。

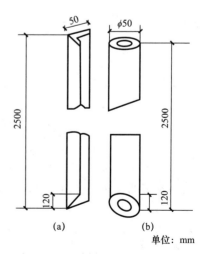

单位：mm

图 8-19　垂直接地体的制作

（a）角钢；（b）钢管

接地体制作好后，在接地极沟内，放在沟的中心线上垂直打入地下，顶部距离地面不小于0.5m，间距不小于两根接地体长度之和，如图8-20所示，即一般不应小于5m，当受地方限制时，可适当减少一些距离，但一般不应小于接地体的长度。

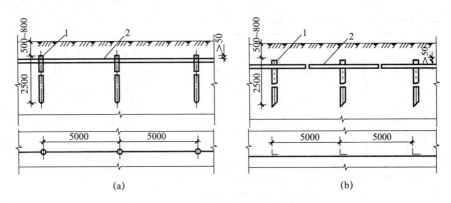

图 8-20　垂直接地体安装方法（单位：mm）

(a) 钢管接地体；(b) 角钢接地体

1—接地体；2—接地线

使用大锤敲打接地体时，要把握平稳，不可摇摆，锤击接地体保护帽正中，不得打偏，接地体与地面保持垂直，防止接地体与土壤之间产生缝隙，增加接触电阻影响散流效果。敷设在腐蚀性较强的场所或土壤电阻率大于 $100 \Omega \cdot m$ 的潮湿土壤中时，应适当加大截面或热镀锌。

（2）水平接地体的制作与安装

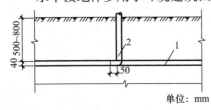

图 8-21　水平接地体安装

1—接地体；2—接地线

水平接地体多用于环绕建筑四周的联合接地，常用-40mm×4mm镀锌扁钢，最小截面不应小于100mm²，厚度不应小于4mm。当接地体沟挖好后，应垂直敷设在地沟内（不应平放），垂直放置时，散流电阻较小。顶部埋设深度距离地面不小于0.5m，如图8-21所示。水平接地体多根平行敷设时，水平间距不小于5m。

沿建筑物外面四周敷设成闭合环状的水平接地体，可埋设在建筑物散水及灰土基础以外的基础槽边。将水平接地体直接敷设在基础底坑与土壤接触是不合适的。由于接地体受土壤的腐蚀早晚是会损坏的，被建筑物基础压在下边，日后也无法维修。

8.4.2.2　人工接地线的敷设

在一般情况下，采用扁钢或圆钢作为人工接地线。接地线的截面应按照所述的方法选择。接地线应该敷设在易于检查的地方，并须有防止机械损伤及防止化学作用的保护措施。从接地干线敷设到用电设备的接地支线的距离越短越好。当接地线与电缆或其他电线交叉时，其距离至少要维持25mm。在接地线与管道、铁道等交叉的地方，以及在接地线可能受到机械损伤的地方，接地线上应加保护装置，一般要套以钢管。当接地线跨过有振动的地方，如铁路轨道时，接地线应略加弯曲，如图8-22所示，以便在振动时有伸缩的余地，免于断裂。

接地线沿墙、柱、天花板等敷设时，应有一定距离，以便维护、观察，同时，避免因距离建筑物太近容易接触水汽而造成锈蚀现象。在潮湿及有腐蚀性的建筑物内，接地线离开建筑物的距离至少为10mm，在其他建筑物内则至少为5mm。接地线沿建筑物的敷设如图 8-23 所示。

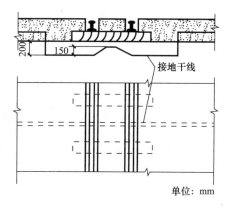

图 8-22　接地干线跨越轨道安装图

当接地线穿过墙壁时，可先在墙上留洞或设置钢管，钢管伸出墙壁至少 10mm。接地线放入墙洞或钢管内后，在洞内或管内，先填以黄沙，然后在两端用沥青或沥青棉纱封口。当接地线穿过楼板时，也必须装设钢管。钢管离开楼板上面至少30mm，离开楼板下面至少 10mm。安装方法与上同，如图 8-24 所示。

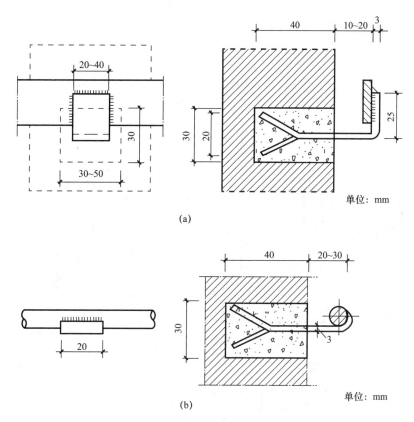

图 8-23　接地线沿建筑物敷设图
（a）扁钢接地线；（b）圆钢接地线

当接地线跨过伸缩缝时，接地线在伸缩缝处略为弯曲，是采用钢绞线作为连接线，该连接线的电导不得小于接地线的电导。

当接地线跨过门时，必须将接地线埋入门口的混凝土地坪内，如图 8-25 所示。

接地线连接时一般采用对焊。采用扁钢在室外或土壤中敷设时，焊缝长度为扁钢宽度的 2 倍，在室内明敷焊接时，焊缝长度可等于扁钢宽度。当采用圆钢焊接时，焊缝长度应为圆钢直径的 6 倍，如图 8-26 所示。接地干线与支线间的连接方式如图 8-27 所示。

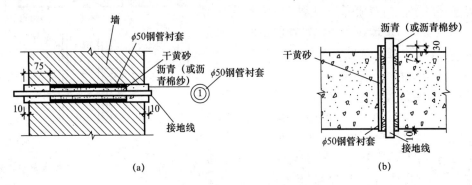

图 8-24 接地线穿过墙和楼板的装置

（a）穿墙装置；（b）穿越楼板装置

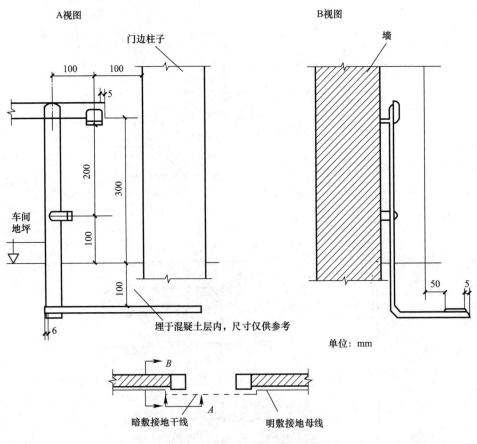

图 8-25 接地干线跨越门边安装

接地线与电气设备连接的方法可采用焊接或用螺栓连接。采用螺栓连接时，连接的地方要用钢丝刷刷光并涂以中性凡士林油，在接地线的连接端最好镀锡以免氧化，然后再在连接处涂上一层漆以免锈蚀。

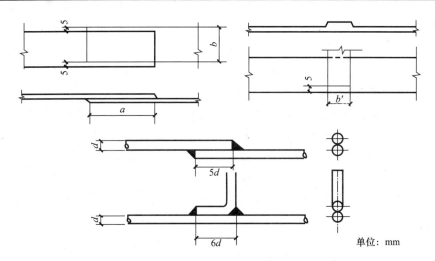

图 8-26　接地线间的连接

注：1. 扁钢焊接时，敷设在室外或土壤中时 $a=2b$，室内明敷时 $a=b$；

2. b 和 b' 为扁钢宽度，一般为 15mm、25mm、40mm；d 为圆钢外径，
一般为 10mm、16mm，均依设计规定

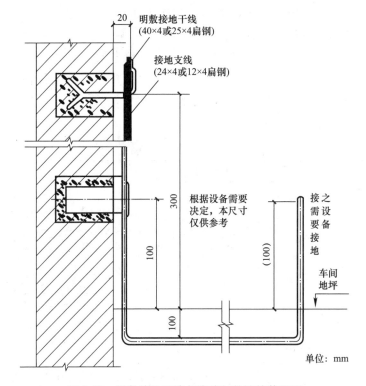

图 8-27　明敷接地干线与支线间的连接装置图

8.4.3　接地装置的涂色

接地装置安装完毕后，应对各部分进行检查，尤其是对焊接处更要仔细检查焊接质量，对合格的焊缝应按规定在焊缝各面涂装。

明敷的接地线表面应涂黑漆，如因建筑物的设计要求，需涂其他颜色，则应在连接处

及分支处涂以宽度为15mm的两条黑带，间距为150mm。中性点接至接地网的明敷接地导线应涂紫色带黑色条纹。在三相四线制网络中，如接有单相分支线并且中性线接地时，中性线在分支点应涂黑色带以便识别。

8.4.4 降低接地电阻的措施

流散电阻与土壤的电阻有直接关系。土壤电阻率越低，流散电阻也就越低，接地电阻就越小。所以，在遇到电阻率较高的土壤（如砂质、岩石以及长期冰冻的土壤）时，装设的人工接地体要达到设计要求的接地电阻，往往要采取适当的措施，常用的方法如下：

（1）对土壤进行混合或浸渍处理。在接地体周围土壤中适当混入一些木炭粉、炭黑等以提高土壤的电导率，或用食盐溶液浸渍接地体周围的土壤，对降低接地电阻也有明显效果。近年来还有采用木质素等长效化学降阻剂的，效果也十分显著。

（2）改换接地体周围部分土壤。将接地体周围换成电阻率较低的土壤，如黏土、黑土、砂质黏土、加木炭粉土等。

（3）增加接地体埋设深度。当碰到地表面岩石或高电阻率土壤不太厚，而下部就是低电阻率的土壤时，可将接地体采用钻孔深埋或开挖深埋的方式埋至低电阻率的土壤中。

（4）外引式接地。当接地处土壤电阻率很大，而在距离接地处不太远的地方有导电良好的土壤或有不冰冻的湖泊、河流时，可将接地体引至该低电阻率的地带，然后按规定做好接地。

8.4.5 接地电阻测量

接地装置的接地电阻是接地体的对地电阻和接地线电阻的总和。接地电阻的数值等于接地装置对地电压与通过接地体流入地中电流的比值。测量接地电阻的方法很多，目前，用得广泛的是用接地电阻测量仪和接地摇表来测量。有关规程对部分电气设备接地电阻的规定数值见表8-4。

部分电气装置要求的接地电阻值（Ω）　　　　　　　表8-4

接地类别			接地电阻
TN、TT系统中变压器中性点接地		单台容量小于100kV·A	10
		单台容量在100kV·A及以上	4
0.4kV、PE线重复接地		电力设备接地电阻要求为10Ω时	30
		电力设备接地电阻要求为4Ω时	10
IT系统中，钢筋混凝土杆、铁杆接地			50
柴油发电机组接地	中性点接地	100kV·A以下	10
		100kV·A及以上	4
	防雷接地		10
	燃油系统设备及管道防静电接地		30
电子设备接地	直流地		1~4
	其他交流设备的中性点接地（功率地）		4
	保护地		4
	防静电接地		30
建筑物用避雷带作防雷保护时	一类防雷建筑物的防雷接地		10
	二类防雷建筑物的防雷接地		20
	三类防雷建筑物的防雷接地		30
采用共用接地装置，且利用建筑物基础钢筋作接地装置时			1

8.5 建筑物等电位联结

8.5.1 总等电位联结

总等电位联结的作用是为了降低建筑物内间接接触点间的接触电压和不同金属部件间的电位差，并消除自建筑物外经电气线路和各种金属管道引入的危险故障电压的危害，通过等电位联结端子箱内的端子板，将下列导电部分互相连通。

（1）进线配电箱的 PE（PEN）母排。

（2）共用设施的金属管道，如上水、下水、热力、燃气等管道。

（3）与室外接地装置连接的接地母线。

（4）与建筑物连接的钢筋。

每一建筑物都应设总等电位联结线，对于多路电源进线的建筑物，每一电源进线都须做各自的总等电位联结，所有总等电位联结系统之间应就近互相连通，使整个建筑物电气装置处于同一电位水平。总等电位联结系统如图 8-28 所示。

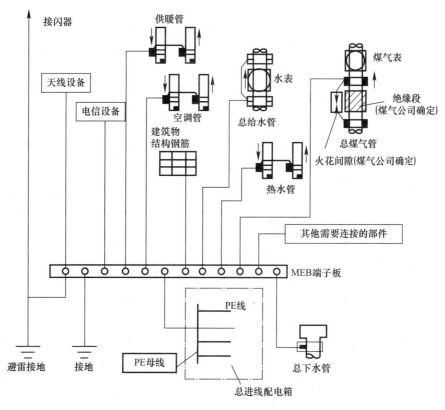

图 8-28 总等电位联结系统图

等电位联结线与各种管道连接时，抱箍与管道的接触表面应清理干净，管箍内径等于管道外径，其大小依管道大小而定，安装完毕后测试导电的连续性，导电不良的连接处焊接跨接线。跨接线及抱箍连接处应刷防腐漆。与各种管道的等电位联结，金属管道的连接处一般不需焊接跨接线，给水系统的水表需加接跨接线，以保证水管的等电位联结和接地的有效性。装有金属外壳的排风机、空调器的金属门、窗框或靠近电源插座的金属门、窗框以及距外露可导电部分伸臂范围内的金属栏杆、天花龙骨等金属体须做等电位联结。

为避免用燃气管道做接地极，燃气管道入户后应插入一绝缘段（例如在法兰盘间插入绝缘板），以与户外埋地的燃气管隔离，为防雷电流在燃气管道内产生电火花，在此绝缘段两端应跨接火花放电间隙，此项工作由燃气公司确定。

一般场所人站立不超过 10m 的距离内如有地下金属管道或结构，即可认为满足地面等电位的要求，否则应在地下加埋等电位带，游泳池之类特殊电击危险场所须增大地下金属导体密度。等电位联结内，各连接导体间的联结可采用焊接，焊接处不应有夹渣、咬边、气孔及未焊透情况。也可采用螺栓连接，这时注意接触面的光洁、足够的接触压力和面积。在腐蚀性场所应采取防腐措施，如热镀锌或加大导线截面等。等电位联结端子板应采取螺栓连接，以便拆卸进行定期检测。当等电位联结线采用钢材焊接时，应用搭接焊并满足如下要求：

（1）扁钢的搭接长度应不小于其宽度的 2 倍，三面施焊（当扁钢宽度不同时，搭接长度以宽的为准）。

（2）圆钢的搭接长度应不小于其直径的 6 倍，双面施焊（当直径不同时，搭接长度以直径大的为准）。

（3）圆钢与扁钢连接时，其搭接长度应不小于圆钢直径的 6 倍。

（4）扁钢与钢管（或角钢）焊接时，除应在其接触部位两侧进行焊接外，并应焊以由扁钢弯成的弧形面（或直角形）与钢管（或角钢）焊接。

8.5.2 辅助等电位联结

在一个装置或部分装置内，如果作用于自动切断供电的间接接触保护不能满足规范规定的条件时，则需要设置辅助等电位联结。辅助等电位联结包括所有可能同时触及的固定式设备的外露部分，所有设备的保护线。水暖管道、建筑物构件等装置外导体部分。

用于两电气设备外露导体间的辅助等电位联结线的截面为两设备中心较小 PE 线的截面。电气设备与装置外可导电部分间辅助等电位联结线的截面为该电气设备 PE 线截面的一半。辅助等电位联结线的最小截面，有机械保护时，采用铜导线为 $2.5mm^2$，采用铝导线时为 $4mm^2$。无机械保护时，铜（铝）导线均为 $4mm^2$。采用镀锌材料时，圆钢为 $\phi10$，扁钢为-20mm×4mm。

如图 8-29(a)所示，分配电箱 AP 既向固定式设备 M 供电，又向手握式设备 H 供电。当 M 发生碰壳故障时，其过流保护应在 5s 内动作，而这时 M 外壳上的危险电压会经 PE 排通过 PE 线 ab 段传导至 H，而 H 的保护装置根本不会动作。这时手握设备 H 的人员若同时触及其他装置外可导电部分 E（图中为一给水龙头），则人体将承受故障电流 I_d 在 PE 线 mn 段上产生的压降，这对要求 0.4s 内切除故障电压的手控式设备 H 来说是不安全的。

若此时将设备 M 通过 PE 线 de 与水管 E 作辅助等电位联结，如图 8-29(b)所示，则此时故障电流 I_d 被分成 I_{d1} 和 I_{d2} 两部分回流至 MEB 板。此时 $I_{d1} < I_d$，PE 线 mn 段上压降降低，从而使 b 点电位降低，同时，I_{d2} 在水管 eq 段和 PE 线 qn 段上产生压降，使 e 点电位升高，这样，人体接触电压 $U_t = U_b - U_e = U_{be}$ 会大幅降低，从而使人员安全得到保障（以上电位均以 MEB 板为电位参考点）。

由此可见，辅助等电位联结既可直接用于降低接触电压，又可作为总等电位联结的一个补充，进一步降低接触电压。

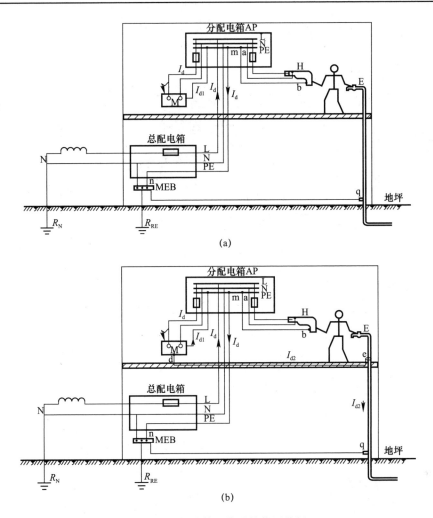

图 8-29　辅助等电位联结作用分析

（a）无辅助等电位联结；（b）有辅助等电位联结

8.5.3　局部等电位联结

当需要在一局部场所范围内作多个辅助等电位联结时，可通过局部等电位联结端子板将 PE 母线或 PE 干线或公用设备的金属管道等互相连通，以简便地实现该局部范围内的多个辅助等电位联结，被称为局部等电位联结。通过局部等电位联结端子板将 PE 母线或 PE 干线、公用设施的金属管道、建筑物金属结构等部分互相连通。

在如下情况下须做局部等电位联结：网络阻抗过大，使自动切断电源时间过长，不能满足防电击要求，TN 系统内自同一配电箱供电给固定式和移动式两种电气设备，而固定式设备保护电气切断电源时间不能满足移动式设备防电击要求，为满足浴室、游泳池、医院手术室、农牧业等场所对防电击的特殊要求，为满足防雷和信息系统抗干扰的要求。

局部等电位联结应通过局部等电位联结端子板（LEB 板）将以下部分联结起来：

① PE 母线或 PE 干线；

② 公用设施的金属管道；

③ 尽可能包括建筑物的金属构件，例如结构钢筋和金属门窗；

183

④ 其他装置外可导电体和电气装置的外露可导电部分。

例如在图 8-29 的例子中，若采用局部等电位联结，则其接线方法如图 8-30 所示。图中 LEB 为局部等电位联结端子板。

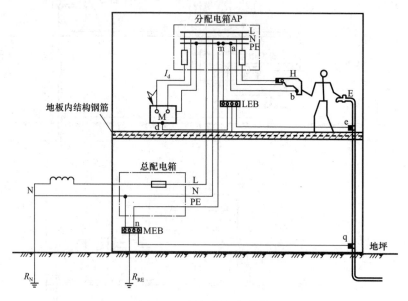

图 8-30　局部等电位联结

8.6　电涌保护器的选择与安装

8.6.1　电涌保护器（SPD）的种类

电涌保护器（Surge Protective Device，SPD）是一种用于带电系统中限制瞬态过电压和导引泄放电涌电流的非线性防护器件，用以保护电气或电子系统免遭雷电或操作过电压及涌流的损害。电涌保护器也称浪涌保护器，在我国某些标准中又被称为"防雷器"或"防雷保安器"。

电涌保护器按其使用的非线性元件的特性进行分类可以分为三类：

（1）电压开关型 SPD

当无电涌时，SPD 呈高阻状态，而当电涌电压达到一定值时，SPD 突然变为低阻抗。因此，这类 SPD 又被称作"短路型 SPD"，常用的非线性元件有放电间隙、气体放电管、双向可控硅开关管等，具有不连续的电压/电流特性及通流容量大的特点，一般宜用于"3＋1"保护模式中低压 N 导体与 PE 导体间的电涌保护。

（2）限压型 SPD

此类 SPD 当无电涌时呈高阻抗，但随着电涌电压和电流的升高，其阻抗持续下降而呈低阻导通状态。此类非线性元件有压敏电阻，瞬态抑制二极管（如齐纳二极管或雪崩二极管）等，此类 SPD 又称作"箝位型 SPD"，其限压器件具有连续的电压/电流特性。因其箝位电压水平比开关型 SPD 要低，故常用于 LPZ0_B 区和 LPZ1 区及后续防雷区内的雷电过电压或操作过电压保护。

（3）组合型 SPD

这是将电压开关型器件和限压型器件组合在一起的一种 SPD，随其所承受的冲击电压特性的不同而分别呈现出电压开关型特性、限压型特性或同时呈现开关型及限压型两种特性。

用于电信和信号网络中的 SPD 除有上述特性要求外，还按其内部是否串接限流元件的要求，分为有/无限流元件的 SPD。

8.6.2　SPD 的安装接线

1. 低压电气系统中 SPD 的接线形式概述

（1）低压电气系统中 SPD 的基本接线形式：

接线形式 1(CT1)：SPD 接于每一带电导体（相导体及中性导体）与 PE 导体或总接地端子之间；

接线形式 2(CT2)：SPD 接于每一相导体与中性导体之间及中性导体与总接地端子或 PE 导体之间，对于三相系统，即所谓"3+1"接法，对于单相系统，则称为"1+1"接法。

（2）各相导体（L）之间是否安装 SPD，按其是否可能产生相间过电压及其抑制要求确定。

雷击时，低压线路的带电导体上都感生相同的高电位，因此雷电冲击过电压是发生在带电导体与地之间的共模过电压。操作过电压是发生在带电导体之间的差模过电压。通常只需在带电导体与 PE 导体间装设 SPD，必要时才在带电导体之间装设 SPD。

电气系统中 SPD 的基本接线形式见图 8-31。

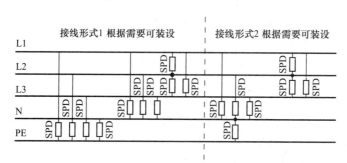

图 8-31　低压系统中 SPD 的基本接线形式

（3）电气系统中 SPD 的接线形式应符合表 8-5 的规定。

根据系统特征装设电涌保护器　　　　　　　　　　　　　　　表 8-5

电涌保护器接于	电涌保护器安装点的系统特征							
	TN-S 系统		TN-C 系统	TT 系统		IT 系统		
						配出中性导体		不配出中性导体
	接线形式 1(CT1)	接线形式 2(CT2)		接线形式 1(CT1)	接线形式 2(CT2)	接线形式 1(CT1)	接线形式 2(CT2)	
每一相导体和中性导体间	+	✓	×	+	✓	+	✓	×
每一相导体和 PE 导体间	✓	×	×	✓	×	✓	×	✓

续表

电涌保护器接于	电涌保护器安装点的系统特征							
	TN-S 系统		TN-C 系统	TT 系统		IT 系统		
						配出中性导体		不配出中性导体
	接线形式 1(CT1)	接线形式 2(CT2)		接线形式 1(CT1)	接线形式 2(CT2)	接线形式 1(CT1)	接线形式 2(CT2)	
中性导体和 PE 导体间	√ 见注：2	√ 见注：2	×	√	√	√	√	×
每一相导体和 PEN 导体间	×	×	√	×	×	×	×	×
相导体之间	+	+	+	+	+	+	+	+

注 1. 表中符号√：应装设；×：不适用；+：需要时装设；
　　2. 按低压电气系统接地型式选择 SPD 的接线形式。

2. 按低压电气系统接地型式选择 SPD 的接线形式

（1）TN 系统中 SPD 的接线形式：在电源进线处，TN-S 或 TN-C-S 系统的中性导体与 PE 导体直接相连（连接点与 SPD 安装位置之间的距离小于 0.5m 时，或第二级 SPD2 与前级 SPD1 的距离小于 10m 时），可省略中性导体与 PE 导体之间的 SPD。此时，SPD 只接于每一相导体与 PE 导体或总接地端子之间，取其路径最短者，见图 8-32。在其后 N 导体与 PE 导体分开 10m 以外，应在 N 导体与 PE 导体间增加一个电涌保护器。

（2）TT 系统中 SPD 的接线形式：TT 系统通常由建筑物外引入电源，其对地绝缘的中性线也会发生较高的电涌。因此，TT 系统的中性线上也应装设 SPD。

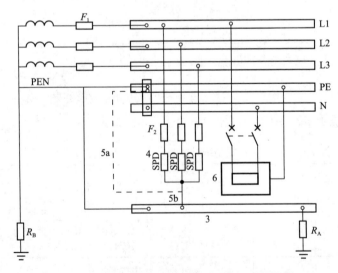

图 8-32　TN 系统中安装在进户处的电涌保护器

3—总接地端子或等电位联结带；4—$U_p \leqslant 2.5kV$ 的电涌保护器；

5—电涌保护器的接地连接，5a 或 5b；6—需要被 SPD 保护的设备；

F_1—电源进户处的保护电器；F_2—SPD 的过流保护器；

R_A—电气装置的接地电阻；R_B—电源系统的接地电阻

注附设变电站的建筑物无法分设接地极，不能采用 TT 系统。

1）配电变电站高压系统为不接地、谐振接地、高电阻接地方式时，不需考虑高压侧接地故障对低压侧 SPD 的影响，可采用接线形式 1，见图 8-33。这种接线方式中，应考虑剩余电流保护 RCD 通雷电流的能力。

2）配电变电站高压系统为低电阻接地方式，且保护接地与低压系统接地相连时，为避免高压侧接地故障引起的低压侧暂时过电压击穿或烧毁 SPD，应采用接线形式 2，见图 8-34。

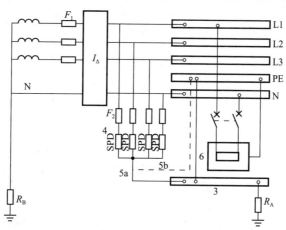

图 8-33　TT 系统中电涌保护器安装在进户处剩余电流保护器的负荷侧（接线形式 1）
3—总接地端子或等电位联结带；4—电涌保护器 SPD(U_p≤2.5kV)；5—电涌保护器的接地连接，5a 或 5b；
6—需要保护的设备；7—剩余电流保护器 RCD；F_1—电源进户处的保护电器；
F_2—SPD 的过流保护器；R_A—电气装置的接地电阻；R_B—电源系统的接地电阻

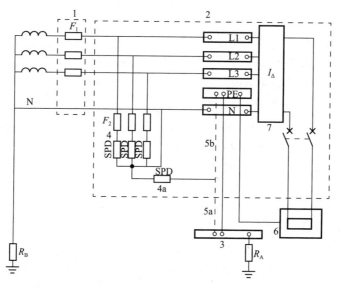

图 8-34　TT 系统中电涌保护器安装在进户处剩余电流保护器的电源侧（接线形式 2）
1—装置的电源；2—配电盘；3—总接地端子或等电位联结带；4、4a—电涌保护器 SPD，
它们串联后总的 U_p 应≤2.5kV；5—电涌保护器的接地连接，5a 或 5b；6—需要保护的设备；
7—剩余电流保护器 RCD；F_1—电源进户处的保护电器；F_2—SPD 的过流保护器；
R_A—电气装置的接地电阻；R_B—电源系统的接地电阻

（3）IT系统中SPD的接线形式：IT系统通常不引出中性导体，接线形式见图8-35。

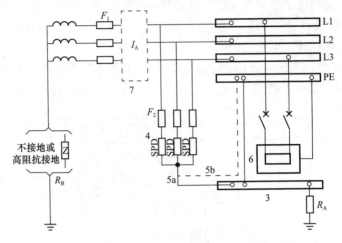

图 8-35　IT系统中电涌保护器安装在进户处剩余

电流保护器的负荷侧

3—总接地端子或等电位联结带；4—电涌保护器 SPD；

5—电涌保护器的接地连接，5a 或 5b；6—需要保护的设备；

7—剩余电流保护器（按需要装设）；F_1—电源进户处的保护电器；

F_2—SPD 的过电流保护器；R_A—电气装置的接地电阻；

R_B—电源系统的接地电阻

练习思考题

1. 建筑物的防雷装置由哪几部分组成？

2. 简述接闪杆、接闪带、接闪网等接闪器的安装方法。

3. 防雷引下线的敷设要求有哪些？引下线采用什么规格型号的材料？

4. 什么是接地？什么是接地体和接地装置？

5. 什么是人工接地体和自然接地体？

6. 简述人工接地体安装方法及要求。

7. 降低接地电阻的措施有哪些？

8. 建筑电气工程中，为什么采用等电位联结？

9. 等电位连接方法有哪些？各有何优缺点？

10. TN 系统中 SPD 的安装接线方法是什么？

第9章 建筑电气工程测试技术

建筑电气检测意义十分重大，是通过查验文档资料、检查外观、用仪器测量建筑电气系统各项参数等手段和方法，确认系统达到设计文件确定的各项使用功能指标，从而排除雷击、电击等人身伤害以及火灾等安全隐患。

建筑电气工程检测主要依据建筑电气专业施工图纸文件以及相关的规范和标准，如《建筑工程施工质量验收统一标准》GB 50300—2013、《建筑电气工程施工质量验收规范》GB 50303—2015 和《电气装置安装工程 电气设备交接试验标准》GB 50150—2016。

建筑电气检测的范围主要有如下内容：变配电设备交流耐压试验；接地电阻测试；线路绝缘电阻测试；故障回路阻抗及预期短路电流测试；保护导体、接地导体导通性测试；照明测量。

9.1 变配电设备交流耐压试验

高压开关柜、高压设备的测试主要包括高压进线柜、出线柜、计量柜、联络柜、环网柜以及变压器等设备的测试。

互感器、油断路器、空气及磁吹断路器、真空断路器、六氟化硫断路器、隔离开关、负荷开关及高压熔断器、套管、悬式绝缘子和支柱绝缘子、电容器、避雷器等高压电器的交流耐压试验是变配电设备调试的重要内容。

9.1.1 高压断路器、隔离开关、负荷开关及高压熔断器耐压试验

真空断路器的交流耐压试验应在分、合闸状态下进行，试验电压按表 9-1 执行。当在分闸状态下进行时，真空灭弧室断口间的试验电压应按产品技术条件的规定，试验中不应发生贯穿性放电。合闸测试是检查断路器的主绝缘，分闸测试是检查灭弧室、导向瓷瓶等部件的绝缘。

三相同一箱体的负荷开关，应按相间及相对地进行耐压试验，其余均按相对地或外壳进行。试验电压应符合表 9-1 的规定。对负荷开关还应按产品技术条件规定进行每个断口的交流耐压试验。

9.1.2 互感器交流工频耐压试验

耐压试验是指互感器的绕组连同套管对外壳的测试。对于分级绝缘的互感器不进行此项试验。

互感器一次侧工频耐压试验可以单独进行，也可与相连的一次电气设备（如母线、隔离开关等）一起进行。测试时，二次绕组应短路接地，以免绝缘击穿时在二次侧产生危险的高电压，测试电压应采用相连设备的最低测试电压。二次绕组之间及其对外壳的工频耐压测试电压标准应为 2000V，可采用 2500V 兆欧表代替。互感器单独进行工频耐压试验时，一次绕组的测试电压标准应按照表 9-2 的要求执行。

高压断路器、隔离开关、负荷开关及高压熔断器耐压试验标准　　　　表 9-1

额定电压（kV）	最高工作电压（kV）	1min 工频耐受电压峰值（kV）			
		相对地	相间	断路器断口	隔离断口
3	3.6	25	25	25	27
6	7.2	32	32	32	36
10	12	42	42	42	49
35	40.5	95	95	95	118

注：设备无特殊规定时，采用最高一级试验电压。

电压互感器绝缘的工频耐压试验电压标准　　　　表 9-2

额定电压（kV）	3	6	10	15	20	35
出厂试验电压（kV）	25（18）	30（23）	42（28）	55（40）	65（50）	95（80）
交接试验（kV）	20（14）	24（18）	33（22）	44（32）	52（40）	76（64）

注：括号内的数据为全绝缘结构电压互感器的匝间绝缘水平。

二次绕组间及其对箱体（接地）的工频耐压试验电压应为 2kV，可用 2500V 兆欧表测量绝缘电阻试验替代。

电磁式电压互感器（包括电容式电压互感器的电磁单元）在感应耐压试验前后，应各进行一次额定电压时的空载电流测量，两次测得的比值不应有明显差别。对电容式电压互感器的中间电压变压器进行感应耐压试验时，应将耦合电容分压器、阻尼器及限幅装置拆开。由于产品结构原因现场无法拆开时，可不进行感应耐压试验。

9.1.3　电力变压器交流耐压试验

交流耐压试验是鉴定电力设备绝缘强度最有效和最直接的方法。由于交流耐压试验所采用的试验电压比运行电压高得多，过高的电压会使绝缘介质损耗增大、发热、放电，会加速绝缘缺陷的开展。因此，从某种意义上讲，交流耐压试验是一种破坏性试验，在进行交流耐压试验前，必须预先进行各项非破坏性试验。故电力变压器交流耐压试验应在其他绝缘试验都合格的基础上进行，以免造成不必要的绝缘击穿与损坏事故，表 9-3 给出了电力变压器和电抗器交流耐压试验的电压标准。

电力变压器和电抗器交流耐压试验电压标准（kV）　　　　表 9-3

系统标称电压	设备最高电压	干式电力变压器和电抗器
<1	≤1.1	2.5
3	3.6	8.5
6	7.2	17
10	12	24
15	17.5	32
20	24	43
35	40.5	60

35kV 及以下变压器交流耐压测试的接线图如图 9-1 所示：

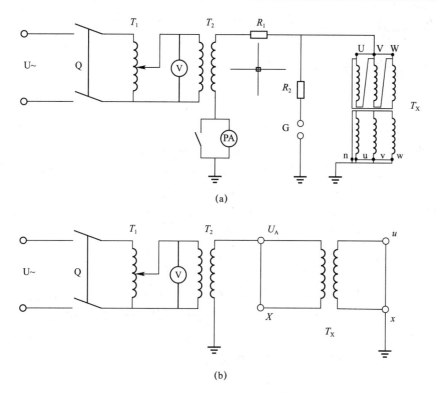

图 9-1　35kV 及以下变压器交流耐压试验接线图
（a）三相变压器交流耐压试验接线；（b）双绕组变压器交流耐压试验接线

35kV 及以下变压器交流耐压试验步骤为：

（1）控制箱接上电源线，合上电源刀闸开关。

（2）按下电源开关，逆转调压器至零位，将过流保护器调整到最小位置。

（3）合上高压启动键进行预升压，等球隙放电后过流继电器动作，记录该放电电压。打开电源刀闸，用放电棒将高压回路接地，调整球隙间距。反复进行调整操作，使球隙放电电压为试验电压的 1.15～1.2 倍。

（4）拉开电源刀闸，用放电棒将高压回路接地，连接绕组与被试电源的高压引线，拆除临时接地线。

（5）合上电源刀闸，按下高压启动键，开始升压，升至 75% 试验电压时，开始以每秒 2% 试验电压的速率均匀升压。

（6）升压的同时观察电压表和电流表的变化，如发现电流值迅速增加，应立即按下停止按钮，停止高压输出，停止升压。升压完成后，应以一只手放置在停止按钮附近，随时警戒，异常情况发生时立即进行跳闸操作。

（7）观察电压表，若升到指定的试验电压值，立即停止继续升压。

（8）当升压至要求电压时，开始计时，计时到最后 10s 时开始倒数，时间到开始降压。在施压阶段，应注意保持与高压设备的安全距离。防止被高压所伤。当发生以下现象时，表示被试品已经被击穿，应立即停止加压并降压：

1）被试品内部发出响声、冒烟、闪弧、燃烧等；

2）电流表指针突然摆动或表的指针突然升高。

（9）在耐压时间内未出现异常，即可降压。旋动调压器转轮均匀转到零位，按下停止按钮，切断高压输出，拉开电源刀闸，关闭电源开关。

9.2 接地电阻测试

各种电气装置、系统通常取大地的电位为零电位作为参考电位，为此需要与大地作电气连接以取得大地电位，这被称作接地。接地电阻是系统、设备给定点与参考地之间阻抗的实部，通常可以理解为与大地连接用的接地极与大地之间的接触电阻。为确保电气装置和系统能安全、可靠地运行，通常要采用接地电阻测试仪进行接地电阻测试。

9.2.1 接地电阻测试仪介绍

接地电阻测试仪是一种专门用于直接测量各种接地装置的接地电阻值的仪表。接地电阻仪测量范围广、分辨率高，量程从 $0.01\sim1000\Omega$，分辨率 0.01Ω，对 0.7Ω 以下接地电阻，也能准确测量。常用的接地电阻测试仪分两类：手摇式接地电阻测试仪、电子式接地电阻测试仪。图 9-2 中，ZC-8 型为典型的手摇式接地电阻测试仪，MI2124、MI2125 以及 ETCR2000B＋为电子式接地电阻测试仪。MI2124、MI2125 又叫通用精密接地电阻测试仪，ETCR2000B＋又叫钳形接地电阻测试仪。

| ZC-8 | MI2124 | MI2125 | ETCR2000B+ |

图 9-2 各种型号接地电阻测试仪

ZC-8 型手摇式接地电阻测试仪是按补偿法的原理制成的，内附手摇交流发电机作为电源，其工作原理如图 9-3 所示。图 9-3(a) 中，TA 是电流互感器，F 是手摇交流发电机，Z 是机械整流器或相敏整流放大器，S 是量程转换开关，G 是检流计，R_s 是电位器。该表具有 3 个接地端钮，它们分别是接地端钮 E（E 端钮是由电位辅助端钮 P_2 和电流辅助端钮 C_2 在仪表内部短接而成）、电位端钮 P_1 以及电流端钮 C_1。各端钮分别按规定的距离通过探针插入地中，测量接于 E、P_1 两端钮之间的土壤电阻。为了扩大量程，电路中接有两组不同的分流电阻 $R_1\sim R_3$ 以及 $R_5\sim R_8$，用以实现对电流互感器的二次电流 I_2 以及检流计支路的三挡分流。分流电阻的切换利用量程转换开关 S 完成，对应于转换开关有三个挡位，它们分别是 $0\sim1\Omega$、$1\sim10\Omega$ 和 $10\sim100\Omega$。

电子式接地电阻测试仪由机内 DC/AC 变换器将直流电变为交流的低频恒定电流，经过辅助接地极和被测物组成回路，被测物上产生交流压降，经辅助接地极送入交流放大器放大，再经检测表得以显示，通过倍率开关，得到三个不同的量限：$0\sim2\Omega$、$0\sim20\Omega$、$0\sim200\Omega$。

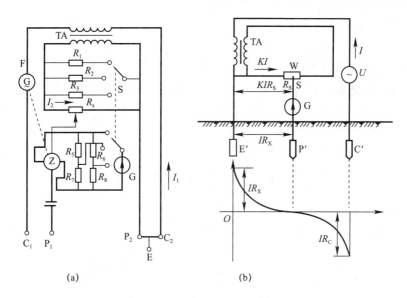

图 9-3　ZC-8 型接地电阻测试仪原理图

（a）原理接线图；（b）原理电路和电位分布图

MI2124 接地电阻测试仪抗干扰性能强，仪器具有数字信号处理能力，遇到干扰大、数据不稳定的地方可打开数字滤波器。输入阻抗高，对于混凝土地面等无法打地桩的地方可直接将钢钎放在地面，再浇些水来替代或放一大块湿毛巾。MI2124 是多功能接地电阻测试仪，包含三种测量方法：

（1）标准四线法：采用传统的打地桩方式来测量接地电阻，而且可以用二、三、四线法测量，可计算土壤电阻率。

（2）双钳法：无须打桩，快速测量。

（3）选择电极法：对于并行接地线，在不断开接地线的情况下，可准确测量出该接地线的接地电阻。

ETCR2000B＋系列钳型接地电阻测试仪的测量范围为 $0.01\sim1200\Omega$。广泛应用于电力、电信、气象、油田、建筑及工业电气设备等的接地电阻测量和回路电阻测量。在测量有回路的接地系统时，不需断开接地引下线，不需辅助接地极，安全快速。能测量出用传统方法无法测量的接地故障，能应用于传统方法无法测量的场合，因为 ETCR 系列钳形接地电阻仪测量的是接地体电阻和接地引线电阻的综合值。长钳口特别适宜于扁钢接地的场合。

不同场所所适用的接地电阻测试仪见表 9-4 所示。

常用接地电阻测试仪适用场所　　　　　　　　　　　　　　　　　　表 9-4

场所	适用的仪表和方法
野外场所及高精度要求的场所	ZC-8 等手摇式接地电阻测试仪，或 MI2124、MI2125 等电子式接地电阻测试仪，采用标准四线法
同时需要测量土壤电阻率的场所	MI2124 等电子仪表并采用四针法
需要测量几个并联无法分开的接地极单个接地电阻的场所	MI2124 等电子仪表并采用标准四导线＋传感器测试夹钳的方法
无法打入探针的场所	MI2124 等电子仪表并采用两个测试夹钳的测量方法

9.2.2 接地电阻测试方法

在接地电阻测试之前，熟读接地电阻测试仪的使用说明书，全面了解其结构及使用方法。备齐测量时所必需的工具及全部仪器部件，并将仪器和接地探针擦拭干净，特别是接地探针，一定要将其表面影响导电能力的污垢和锈渍清理干净。开始测试之前，将接地干线与接地体的连接点或接地干线上所有接地支线的连接点断开。

1. ZC-8 接地电阻测试仪测试方法

ZC-8 接地电阻测试仪的测量接线如图 9-4 所示。图 9-4（a）为测量大于等于 1Ω 接地电阻时的接线，图 9-4（b）为测量小于 1Ω 接地电阻时的接线。

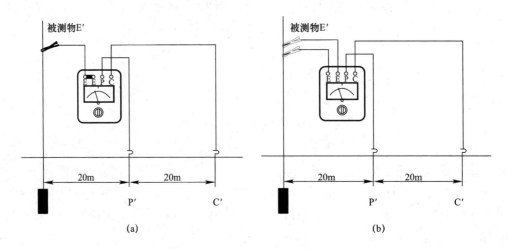

图 9-4　ZC-8 接地电阻测试仪接线图

（a）测量大于等于 1Ω 接地电阻时的接线；（b）测量小于 1Ω 接地电阻时的接线

测试步骤如下：

1）仪表端所有接线应正确无误。将辅助电位探棒 P′ 和电流探棒 C′ 与被测接地极按要求打入地下，与被测接地极的距离分别为 20m、40m，即要求辅助电流探棒与接地网之间的距离不得小于接地网最大对角线的 5 倍，但最小不低于 40m。再用导线将被测接地极、辅助电位探棒 P′ 和电流探棒 C′ 分别连接到接地电阻测量仪的对应端钮 E、P、C，仪表与接地极 E′、电位探棒 P′ 和电流探棒 C′ 的连线要牢固接触。

2）仪表放置水平后，调整检流计的机械零位，使指针归零。

3）将"倍率开关"置于最大倍率，逐渐加快摇柄转速，使其达到 120r/min。当检流计指针向某一方向偏转时，旋动刻度盘，使检流计指针恢复到"0"点。此时刻度盘上读数乘上倍率挡即为被测电阻值。

4）如果刻度盘读数小于 1 时，检流计指针仍未取得平衡，可将倍率开关置于小一挡的倍率，直至调节到完全平衡为止。

5）如果发现仪表检流计指针有抖动现象，可变化摇柄转速，以消除抖动现象。

测试时有如下注意事项：

1）禁止在有雷电或被测物带电时进行测量。

2）仪表携带、使用时须小心轻放，避免剧烈振动。

2. MI2124、MI2125 电子式接地电阻测试仪测试方法

(1) 标准四导线法测量单接地极接地电阻

将功能挡位调至 "R$_{earth}$"，按图 9-5 将测试导线连接到测量仪表和被测对象。被测对象到电流测量探头 H 之间的距离，应至少是接地桩接地电极深度的 5 倍，或者是接地带电极长度的 5 倍。按下 "START" 键可以查看结果。

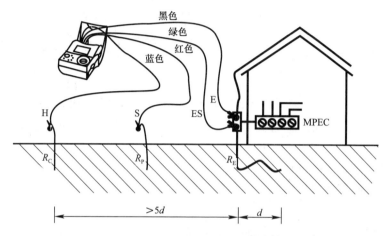

图 9-5　标准四导线法测量单接地极接地电阻接线图

(2) 标准四导线法测复杂接地系统的总接地电阻

将功能挡位调至 "R$_{earth}$"，按图 9-6 将测试导线连接到测量仪表和被测对象。被测对象到电流测量探头 H 之间的距离，取决于每个接地电极之间的最大（对角线）距离 d。

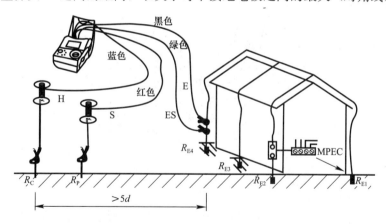

图 9-6　标准四导线法测复杂接地系统的总接地电阻接线图

(3) 标准四导线＋传感测试夹钳的测试方法

将功能挡位调至 "R$_s$"，按图 9-7 将测试导线连接到测量仪表和被测对象。如果几个接地电极并联，那么知道单个电极的质量是非常重要的。如果接地系统用于防护大气放电，就尤其重要，因为接地系统内的任何电感都会产生一个危险电压（在大气放电过程中，高频脉冲会增大电阻），为了分别测试每个电极，每个电极应机械分离，但由于腐蚀的连接部件（螺钉、螺母、垫片等），机械连接通常很难分开。夹钳选择性测量方法的主要优点在于，不必将被测电极机械分离，就可测得单个接地极的接地电阻。

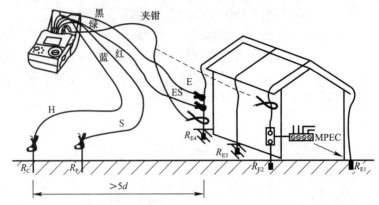

图 9-7　标准四导线＋传感测试夹钳的接地电阻测试方法接线图

在测试过程中，确保传感测试夹钳连接在 E 测试夹钳的下端，否则会测得其他所有接地电极的并联电阻。

（4）使用两个测试夹钳测试接地电阻

将功能档位调至"R_E"，按图 9-8 将测试导线连接到测量仪表和被测对象。使用双夹钳测试时，可以不用打接地桩进行测量。例如，在建满房屋的地区，可能很难或不可能将测试探头插入地面并进行复杂接地系统的测量（图 9-8）。此原理的优点在于不必插入测量探头，也不必将被测电极分开。应用此方法时，应确保传感夹钳和标准夹钳之间的距离至少为 30cm，否则测试结果可能不正确。

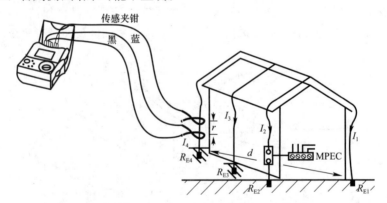

图 9-8　使用两个测试夹钳测试接地电阻接线图

9.2.3　土壤电阻率测试

决定土壤电阻率的因素主要有土壤的类型、含水量、温度、溶解在土壤中的水中化合物的种类和浓度、土壤的颗粒大小以及颗粒大小的分布、密集性和压力、电晕作用等。当需要计算接地电阻、接地网的接触电位差和跨步电位差等值的时候，就需要用到土壤电阻率，土壤电阻率一般应以实测值作为设计依据。

以 MI2124 接地电阻测试仪为例，首先按照图 9-9 方法将测试导线连接到仪表和测试接地桩。首先将功能转换开关的位置定在"ρ_{EARTH}"，设定测试接地桩之间的距离"a"。该距离必须与实际测量距离相同，否则测试结果将不正确。

在不同方向上放置测试探头，并在它们之间用不同的距离重复测量。在每次测量前，应检验并修改输入仪表的距离"a"。将数次测量的结果取平均值即为所测土壤电阻率。

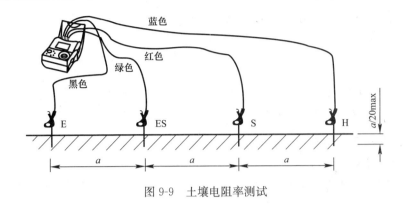

图 9-9　土壤电阻率测试

9.3　线路绝缘测试

加直流电压于电介质，经过一定时间极化过程结束后，流过电介质的泄漏电流对应的电阻称绝缘电阻。通过检测绝缘电阻值，发现绝缘结构中可能存在的某种隐患或受损，避免电气系统运行过程中产生泄漏电流使生产设备发生故障、线路发生火灾、能源消耗、人员电击危险等。

绝缘电阻测试一般采用电压电流法（U-I 法），即闭合系统中的所有开关，断开所有负载，通过绝缘电阻表的发电机构在被测系统上加上直流电压，并测量由此产生的电流，计算并显示出绝缘电阻值。

线路绝缘测试接线如图 9-10 所示，检测仪表为绝缘电阻测试仪。在开始测量之前必须切断电源电压，在测量过程中所有开关必须闭合，并断开所有负载。

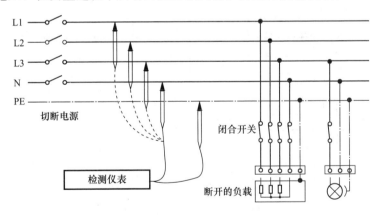

图 9-10　线路绝缘测试接线示意图

配电线路绝缘电阻测试必须在线路敷设完毕且导线做好连接端子后进行，测试合格后方能通电运行。检测数量不少于每检验批的 20%，且每批不少于 1 条，并应覆盖不同型号的电缆或电线。

根据现行国家标准《低压电气装置　第 6 部分：检验》GB/T 16895.23—2020 的要求，低压或特低电压配电线路线间和线对地间的绝缘电阻测试电压及绝缘电阻值不应小于表 9-5 的规定。

低压或特低电压配电线路绝缘电阻测试电压及绝缘电阻最小值　　　　表 9-5

标称回路电压（V）	直流测试电压（V）	绝缘电阻（MΩ）
SELV 和 PELV	250	0.5
500V 及以下，包括 FELV	500	0.5
500V 以上	1000	1.0

注：SELV：安全特低电压；PELV：保护特低电压；FELV：功能特低电压。

用于低压配电回路的矿物绝缘电缆的绝缘填充材料有氧化镁材料、矿物云母材料和陶瓷化硅橡胶材料，其吸潮性均不相同，对绝缘电阻的要求也不相同。同时国家标准对成品电缆和已制作完成电缆终端头的电缆绝缘电阻要求是不同的，因此应分别按产品技术标准要求进行检查。

9.4　故障回路阻抗及预期短路电流测试

如果电流回路被过电流保护器保护（如熔断丝、带过载保护的断路器等），就应测量故障回路阻抗，故障回路阻抗应足够小，以保证在有故障的情况下，故障电流能在规定的时间内，切断安装的保护电器。《建筑电气工程施工质量验收规范》GB 50303—2015 要求，低压成套配电柜和配电箱（盘）内末端用电回路中，所设过电流保护电器兼作故障防护时，应在回路末端测量接地故障回路阻抗。典型测试接线示意图如图 9-11 所示。

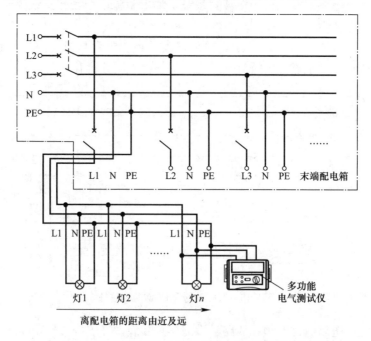

图 9-11　故障回路阻抗及预期短路电流测试接线示意图

根据《低压配电设计规范》GB 50054—2011 的规定，电气设计人员应计算并提供接地故障回路计算阻抗 $Z_s(m)$ 或动作电流 I_a 值，以方便施工现场测试人员的判定。

测试适用于配电系统采用过流保护器（主要指断路器和熔断器，不考虑使用 RCD 作为附加保护情况）的末端回路。

测试的末端回路尽可能选择离配电柜和配电箱（盘）最远的回路。

回路阻抗计算公式：

$$Z_s(m) \leqslant \frac{2}{3} \times \frac{U_0}{I_a} \tag{9-1}$$

式中　$Z_s(m)$——实测接地故障回路阻抗（Ω）；

　　　U_0——相导体对接地的中性导体的电压（V）；

　　　I_a——保护电器在规定时间内切断故障回路的动作电流（A）。

9.5　导通性测试

保护导体、接地导体等是为了防止危险电压聚集（危险程度和电压持续时间以及绝对值有关）。它们只有在尺寸正确、连接可靠的情况下才能发挥作用，所以要进行导通性和连接电阻的检测。做等电位连接的导通性检测是为了防止人体遭受电击。

以 Eurotest61557 低压电气综合测试仪为例，如图 9-12 所示。将电缆（通用测试电缆或触点式测柄）连接到 Eurotest61557。将功能开关设定在"R±200mA/CONTINUITY（连续性）"位置，即可测得被测两点之间的导体的电阻。

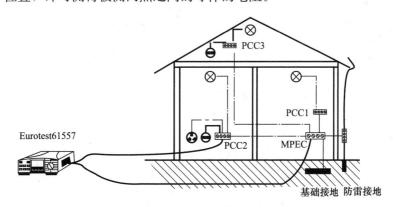

图 9-12　保护导体、接地导体的导通性测试接线图

9.6　剩余电流动作保护电器（RCD）测试

根据剩余电流动作保护器对含有直流分量电路的动作能力，可以将其分为 AC 型、A 型、B 型。AC 型剩余电流保护器对交流剩余电流能正确动作。A 型剩余电流保护器对交流和脉动直流剩余电流均能正确动作。B 型剩余电流保护器对交流、脉动直流和平滑直流剩余电流均能正确动作。无延时型 RCD 对于交流剩余电流的最大分断时间标准值（AC 型）如表 9-6 所示。

无延时型 RCD 对于交流剩余电流的最大分断时间标准值（AC 型）　　表 9-6

$I_{\Delta n}$（A）	最大分断时间标准值（s）			
	$I_{\Delta n}$	$2I_{\Delta n}$	$5I_{\Delta n}$	$>5I_{\Delta n}$
任何值	0.3	0.15	0.04	0.04

注：对于 $I_{\Delta n} \leqslant 0.03A$ 的 RCD，可用 0.25A 代替 $5I_{\Delta n}$。

剩余电流动作保护电器测试内容，包括以下两种：

（1）检测实际动作时间：以 RCD 额定剩余动作电流（$I_{\Delta n}$）测试保护电器动作时间，RCD 测试仪表接入任意相导体和 PE，通过仪表内负载（电阻）产生额定剩余动作电流（$I_{\Delta n}$），并同时监测相导体对 PE 电压的消失时间，此时间即为保护电器实际动作时间，其数值不应大于设计限值。

（2）检测实际动作电流：以阶梯递增电流测试保护电器实际动作电流，RCD 测试仪表接入任意相导体和 PE，通过仪表内负载（电阻）产生固定步长（如 1mA/0.1s）的剩余电流，同时监测相导体对 PE 电压，仪表显示电压消失时的电流即为保护电器实际动作电流，其数值不应大于额定剩余动作电流值。

为确保剩余电流动作保护器（RCD）能按设计限值要求可靠动作，安装完成后应按设计限值要求检测动作电流和动作时间，以确保其灵敏度和可靠性。按照《建筑电气工程施工质量验收规范》GB 50303—2015 要求，配电箱（盘）内的剩余电流动作保护器（RCD）应在施加额定剩余动作电流（$I_{\Delta n}$）的情况下测试动作时间，实际动作电流可作为选测项目。典型测试位置如图 9-13 所示。

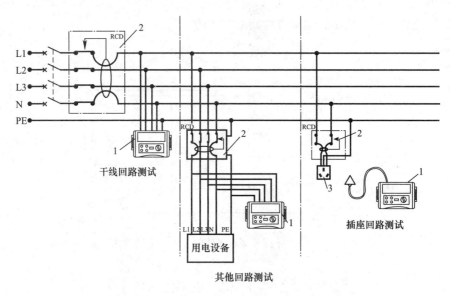

图 9-13　剩余电流动作保护电器（RCD）测试接线示意图
1—测试设备；2—剩余电流动作保护器；3—插座

其中，插座回路 RCD 的测试应通过末端插座来进行，因为线路保护接地导体（PE）的连接有效性可通过末端插座检查，而插座保护接地导体（PE）的连接有效性可通过插座检测器来检验。干线回路 RCD 的测试宜在 RCD 出口处进行测试，其他回路 RCD 的测试应在回路末端对 RCD 进行测试。

9.7　照　明　测　量

照明测量是辐射测量中的一个特殊分支，也是照明工程实施过程中的环节之一，是照明工程的基础。照明测量的目的是使用测得的数据考核照明工程在照明数量和质量上是否符合相关标准的规定和要求。照明测量的主要依据：

（1）国家相关的通用照明标准，如建筑照明设计标准、道路照明设计标准、体育场照明设计标准等。

（2）相关的国际照明设计参考标准，如 CIE 照明标准、IEC 有关照明的标准。

（3）各国和地区性的相关照明标准，如北美照明学会标准、英国体育照明标准等。

（4）各类专业照明参考标准，如世界足联照明标准、世界田联照明标准等。

现代化照明工程的照明设备越来越先进，管理和控制日趋复杂，信息化、智能化已成主流，照明数量和质量指标增多增大，除了可测量的指标，有些照明指标还需要大量的相关计算获得，但繁多而复杂量值都是以基本量值为基础导引而得出的，因此有些量值是在测量基础上计算的结果。基本的量值有光照度、光亮度、光源相关色温、光源显色指数等。

9.7.1　照明基本量测量

由于照明工程涉及不同领域、不同的专业，面临众多的照明技术要求，需要测定的照明量值繁琐而复杂。

照明测量中光照度（简称照度）的测量是最基本的测量。照度基本上可以分为平面照度和非平面照度。常用的是平面照度，可以直接测得。

1. 平面照度

经常接触的平面照度可以分为三种：水平面照度、垂直面照度和任意面上照度（包括曲面上的照度），如果照度用矢量大小表示，其方向始终垂直于被照面，见图 9-14。

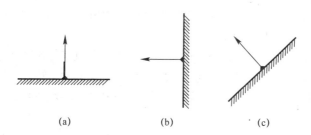

图 9-14　三种被照面上照度示意图

（a）水平面照度；（b）垂直面照度；（c）任意面上照度

任意面上的照度在作业场所、夜景照明和体育照明中已大量使用，尤其对需要测量电视转播主摄像机方向的垂直照度时广泛使用。

实际上，照明设计中最常用的是设定平面上计算点或测点上的三种照度，即水平照度、垂直照度和任意方向上照度，也是经常需要测量的量。测点的水平照度方向垂直于水平面或设定的水平地面，垂直照度方向平行于通过该点的垂直面，余下的就是任意方向上照度。比如，比赛场地测点在摄像机机位方向的照度，其测点不断变位，照度方向也随之而变。

2. 半柱面照度

半柱面照度已列入景观照明设计标准。实际上在体育照明和道路照明中也涉及半柱面照度，作为观察者识别人或物体的一项重要指标，图 9-15 中可以清楚地看到半柱面照度的形成和计算。

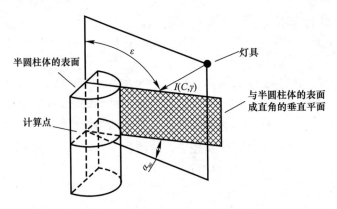

图 9-15　半圆柱体表面照度的形成

（1）半柱面照度

$$E_{sc} = \frac{I(C,\gamma)(1 + \cos\alpha_{sc})\sin\varepsilon}{\pi d^2} \qquad (9\text{-}2)$$

（2）半柱面平面的垂直照度

$$E_v = \frac{I(C,\gamma)\cos\alpha_{sc}\sin\varepsilon}{d^2} \qquad (9\text{-}3)$$

式中　$I(C,\gamma)$ ——灯具或光源射向半柱面的光强，cd；

　　　　D——灯具或光源与半柱面之间的距离，m；

　　　　ε——灯具或光源与半柱面轴线之间的夹角，°；

　　　　α_{sc}——灯具或光源与半柱面轴线构成的平面与半柱面轴线正向垂直面之间的夹角，°；

　　　　E_v——半柱面平面上垂直照度，实际上就是半柱面平面正对观察者眼睛的照度 。

　　比较上两式可以看出，只要测量半柱面平面上正对观察者眼睛的垂直照度就可以算出半柱面照度。

3. 平均照度

　　无论水平面、垂直面或其他平面上照度，测得的照度加以平均即可算得平均照度，这是衡量照明工程整体水平的一项重要指标。目前，大面积照明测量中有两种测法：中心法和四点法。中心法即将照度计置于测量网格中心点；四点法的测点为测量网格四角处，见图 9-16。

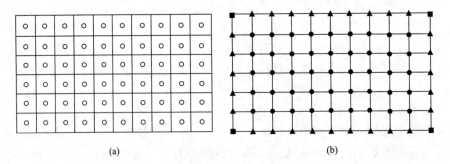

(a)　　　　　　　　　　　　　　(b)

图 9-16　测点布置示意图

（1）测量点布局。图 9-16(a)、(b)所示分别为中心法、四点法示意图，主要差别是测量点的位置不同，一个是网格中心点的位置（小圆），另一个是网格节点的位置（黑点）。

建筑室内照明照度测量点间距一般在 0.5～1m 之间选择。居住建筑、公共建筑、工业建筑照明照度测量以及公用区照明和应急照明照度测量的高度及间距参见表 9-7～表 9-18。

1）居住建筑的照明测量

居住建筑照度测点高度和间距 表 9-7

房间或场所		照度测点高度	照度测点间距
起居室	一般活动	地面水平面	1.0m×1.0m
	书写、阅读	0.75m 水平面	
卧室	一般活动	地面水平面	1.0m×1.0m
	床头、阅读	0.75m 水平面	
餐厅		0.75m 水平面	1.0m×1.0m
厨房	一般活动	地面水平面	1.0m×1.0m
	操作台	0.75m 水平面	0.5m×0.5m
卫生间		0.75m 水平面	1.0m×1.0m

2）图书馆建筑照明测量

图书馆建筑照度测点高度和间距 表 9-8

房间或场所	照度测点高度	照度测点间距
阅览室	0.75m 水平面	2.0m×2.0m 4.0m×2.0m
陈列室、目录室、出纳室	0.75m 水平面	2.0m×2.0m
书库	地面水平面 书架垂直面	2.0m×2.0m 4.0m×2.0m
工作间	0.75m 水平面	2.0m×2.0m

3）办公建筑照明测量

办公建筑照度测点高度和间距 表 9-9

房间或场所	照度测点高度	照度测点间距
办公室	0.75m 水平面	2.0m×2.0m 4.0m×4.0m
会议室	0.75m 水平面	2.0m×2.0m
接待室、前台	0.75m 水平面	2.0m×2.0m 4.0m×4.0m
营业厅	0.75m 水平面	2.0m×2.0m
设计室	0.75m 水平面	2.0m×2.0m
文件整理复印发行	0.75m 水平面	2.0m×2.0m
资料档案	0.75m 水平面	2.0m×2.0m

注：大会议室和大会堂的主席台水平照度测量高度 0.75m，垂直照度测量高度 1.2m。

4）商业建筑照明测量

商业建筑照度测点高度和间距 表 9-10

房间或场所		照度测点高度	照度测点间距
营业厅（传统的大面积）		0.75m 水平面	2.0m×2.0m 4.0m×4.0m 5.0m×5.0m 10.0m×10.0m
仓储式营业厅	通道	地面	通道中性线，间隔 2.0～4.0m
	货柜	垂直面	间距与通道测试点对应，上、中、下各 1 点
收款台		台面	0.5m×0.5m

5）影剧院（礼堂）建筑照明测量

影剧院（礼堂）建筑照度测点高度和间距 表 9-11

房间或场所		照度测点高度	照度测点间距
观众厅		1.1～1.2m[a]	2.0m×2.0m 4.0m×4.0m 5.0m×5.0m
观众休息厅		0.0m 水平面	2.0m×2.0m 4.0m×4.0m 5.0m×5.0m
排演厅		0.75m 水平面	2.0m×2.0m 4.0m×4.0m 5.0m×5.0m
化妆师	一般活动	0.75m 水平面	2.0m×2.0m
	化妆台	台面	0.5m×0.5m
卫生间		0.75m 水平面	2.0m×2.0m
（礼堂）主席台		0.75m 水平面	2.0m×2.0m
		1.20m 水平面	

a 观众厅照度测点高度应等于或高于座椅背，表中测点高度为推荐高度，可适当调整

6）酒店建筑照明测量

酒店建筑照度测点高度和间距 表 9-12

房间或场所		照度测点高度	照度测点间距
客房	一般活动	0.75m 水平面	1.0m×1.0m
	床头		0.5m×0.5m
客房	写字台	台面	0.5m×0.5m
	卫生间	0.75m 水平面	1.0m×1.0m
餐厅		0.75m 水平面	2.0m×2.0m 4.0m×4.0m
多功能厅	一般活动	0.75m 水平面	1.0m×1.0m
	主席台	0.75m 水平面	2.0m×2.0m
		1.2m 垂直面	
总服务台		0.75m 水平面	1.0m×1.0m

房间或场所		照度测点高度	照度测点间距
门厅、休息厅		地面	2.0m×2.0m 4.0m×4.0m
客房层走廊		地面	走廊中心线，间距 2.0m
厨房	一般活动	0.75m 水平面	2.0m×2.0m
	操作台	台面	0.5m×0.5m
洗衣房		0.75m 水平面	2.0m×2.0m 4.0m×4.0m

7）医疗建筑照明测量

医疗建筑照度测点高度和间距　　　　　　　　　　　　　表 9-13

房间或场所		照度测点高度	照度测点间距
诊室、治疗室、化验室、手术室		0.75m 水平面	1.0m×1.0m 2.0m×2.0m
门厅、通道		地面	2.0m×2.0m 4.0m×4.0m
挂号收费厅	一般活动	0.75m 水平面	2.0m×2.0m
	收银台	台面	1.0m×1.0m
候诊厅		0.75m 水平面	2.0m×2.0m 4.0m×4.0m
病房	一般活动	地面	1.0m×1.0m 2.0m×2.0m
	床头	0.75m 水平面	
护士站		0.75m 水平面	1.0m×1.0m
药房		0.75m 水平面	2.0m×2.0m

8）学校建筑照明测量

学校建筑照度测点高度和间距　　　　　　　　　　　　　表 9-14

房间或场所	照度测点高度	照度测点间距
教室、实验室、美术教室	桌面 地面	2.0m×2.0m 4.0m×4.0m
多媒体教室	0.75m 水平面	2.0m×2.0m 4.0m×4.0m
教室黑板	黑板（垂直）面	0.5m×0.5m
走廊、楼梯	地面	中心线，间隔 2.0m～4.0m

9）博物馆、展览馆建筑照明测量

博物馆、展览馆建筑照度测点高度和间距　　　　　　　　　　　表 9-15

房间或场所	照度测点高度	照度测点间距
中央大厅、展厅	地面	5.0m×5.0m 10.0m×10.0m
文物整理室	0.75m 水平面	2.0m×2.0m

续表

房间或场所		照度测点高度	照度测点间距
文物库房	通道	地面	中心线，间距 2.0m
	文物柜	柜（垂直）面	每间隔2m，按上、中、下各取一点

注：1. 展厅除测量地面照度，还应根据展出内容测量展柜里面、展品和画面的垂直照度。
    2. 对于光敏感的展品还应测量展品处的紫外线照度及紫外光、可见光照度比例。

10）交通建筑照明测量

交通建筑照度测点高度和间距 表 9-16

房间或场所		照度测点高度	照度测点间距
中央大厅、售票大厅，行李认领大厅；到达、出发大厅，候车（机、船）大厅，站台、通道、连接区		地面	5.0m×5.0m 10.0m×10.0m
扶梯		踏板（水平面） 踏板（垂直面）	中心线，2.0m 间隔
安全检查	通道	地面	2.0m 间隔
	护照检查	工作忙	5.0m×5.0m
售票台		台面	5.0m×5.0m
问讯处、换票、行李托运		0.75m 水平面地面	2.0m×2.0m

11）工业建筑照明测量

工业建筑照度测点高度和间距 表 9-17

房间或场所		照度测点高度	照度测点间距
工业厂房	局部照明	工作面	按工艺要求确定
	一般照明	地面	2.0m×2.0m
通道、连接区、动力站、加油站		地面	5.0m×5.0m 10.0m×10.0m
控制室、配电装置室	控制柜仪表盘	柜面、盘面的立面	0.5m×0.5m 2.0m×2.0m
	一般照明	0.75m 水平面	2.0m×2.0m 4.0m×4.0m
实验室、检验室、计量室、电话站、网络中心、计算站		0.75m 水平面	2.0m×2.0m 4.0m×4.0m
仓库		1.0m 水平面	5.0m×5.0m 10.0m×10.0m
热处理、铸造、精密铸造的制模脱壳、锻工		地面～0.50m 水平面	5.0m×5.0m 10.0m×10.0m

12）公共区域照明测量

公共区域照度测点高度和间距 表 9-18

房间或场所	照度测点高度	照度测点间距
门厅、流动区域	地面	5.0m×5.0m 2.0m×2.0m

续表

房间或场所	照度测点高度	照度测点间距
走廊、楼梯、自动扶梯	地面	中心线、间隔 2.0m～4.0m
休息室、洗漱室、卫生间、浴室	地面 0.75m 台面 1.5m 镜面	1.0m×1.0m 2.0m×2.0m 4.0m×4.0m
电梯前厅、储藏室	地面	
车库、仓库	地面	2.0m×2.0m 4.0m×4.0m

（2）平均照度的计算

1）中心法

$$E_{av} = \frac{\sum E_i}{N} \tag{9-4}$$

式中　　$\sum E_i$——各网格中心点照度之和，$i=1$，2，3……（lx）；

　　　　N——中心测点数；

　　　　E_{av}——平均照度（lx）。

2）四点法

$$E_{av} = \frac{1}{4MN}(\sum E_a + 2\sum E_n + 4\sum E_s) \tag{9-5}$$

式中　E_{av}——平均照度，lx；

　M，N——整个被测平面长边与宽边上的测点数（一般被测面积布置成正方形或长方形）；

　$\sum E_a$——整个测量区的四角处测点照度；

　$2\sum E_n$——整个测量区余下的测点照度；

　$4\sum E_s$——整个测量区四边上测点照度（除了四个角点）。

以上的算法适用于各种平面照度。

4. 照度均匀度

照明均匀度可以细分为照度均匀度和亮度均匀度，它也是评价照明质量重要指标之一。《建筑照明设计标准》GB 50034—2013 对照度均匀度的定义是，规定表面上的最小照度与平均照度之比。

计算公式如下：

$$U_0 = \frac{E_{min}}{E_{av}} \tag{9-6}$$

式中　E_{min}——规定表面上测得的最小照度（lx）；

　　　E_{av}——规定表面上的平均照度（lx）；

9.7.2　照明测量常用仪器设备

常用仪器和设备有光谱辐射仪、照度计、普通点亮度计和图像亮度计、分布测角光度仪（配光曲线仪）、反射比仪、积分球等。光谱辐射仪、分布测角光度仪和积分球主要在实验室使用，便携式照度计、普通点亮度计和图像亮度计、反射比仪、便携式电工仪表等经常用于照明现场测量。尽管仪器种类很多，但所用的探测器并不很多，主要有光电倍增

图 9-17　数字
照度计

管和固态器件（包括硅光电二极管和光电二极管）两类。光电倍增管灵敏度很高，可以测量很小的电流但很精贵，硅光电二极管有很宽的光谱响应，从紫外一直到红外谱段，无论用于测色或测量光度量，其光谱响应必须加以修正，目前已大量用于实验室和商业场所的测光仪器和设备。

1. 光照度计

国产 SPIC-200 手持式光谱照度计，可测量光参数包括照度（E），相对光谱功率分布（P），显色指数（CRI），相关色温（CCT），色容差（CCT），CIE1931、1960 及 1976 色坐标，IES 等效照度，S/P 值，光谱辐照度。目前在照明现场测量用的照度计、亮度计或其他测量仪器已完全数字化，指针式光度测量仪器已淘汰。图 9-17 所示为数字照度计。

2. 光亮度计

其实，光亮度计（简称亮度计）与照度计没有太大差别，只是在照度计上增加了光学系统，把待测发光物体聚焦在照度计的探测器上，调节物镜的焦距可以测量远近发光物体的亮度，这就是亮度计的原理。亮度计有时称为望远镜光度仪。亮度计可以分为点亮度计和图像亮度计如图 9-18 所示。

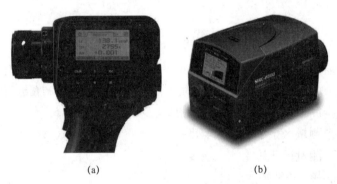

(a)　　　　　　　　　　　　　　　　(b)

图 9-18　点亮度计和图像亮度计
（a）点亮度计；（b）图像亮度计

3. 反射比测试仪

反射比测试仪主要测量材料的反射比，一般材料的反射比有三种：漫反射、镜面反射和混合反射比（两种反射比均有），因此反射比测试仪也有三种标准反射板（其中一块为标准白板）。现在很少在现场测量材料的反射比。反射比测试仪如图 9-19 所示。

图 9-19　反射比测试仪

9.7.3　照明测量的基本要点

照明测量的基本步骤为：首先确定测量项目，其次准备仪器设备，然后进行现场数据采集，最后对测量数据进行处理。

1. 测量项目确定

照明现场测量项目确定的依据就是相关的国家和国际照明设计标准。由于不同的照明场所有不同的照明标准和要求，测量项目也就有所不同。此外，用户的要求和意见也是确定测量项目的依据之一。照明现场测量项目主要是与照明数量和质量有关的一些量，如照度、亮度、照明均匀度、眩光控制等。光源的色温和色度坐标、显色指数等，除了生产厂商必须标明或提供这些参数外，还可以在现场测定，只是现场测量条件掌控困难，提供的数据仅供参考。

2. 仪器设备准备

根据预定的测量项目确定。一般情况下，应准备照度计、亮度计、携带式光谱辐射仪、常用的数字万用表等，还需携带随时使用的工具，如记录用具、计算器、丈量工具，甚至包括装卸工具、手电筒等。所有现场照明测量用的仪器仪表，因需要测量照明绝对值，如照度、亮度等，必须经相关计量部门近期标定。

3. 现场数据采集

现场数据采集，应在灯具和光源安装调试完毕后进行。

测量开始前应协调和排除可能影响待测照明场地的各种因素，如场地周围的办公建筑照明，路灯照明，或产生挡光和干扰光的源头等。在现场，经过测量培训的人员上岗时着装最好为深颜色，以免产生不必要的干扰光。

灯具需点燃 1h，即开灯 1h 待光源工作稳定后进行测量，如果是新安装的光源，应先点燃 100h。

随时了解照明供电状况，发现供电不稳定时应及时与用户沟通，特别在深夜工作电压升高时尤为重要。

根据照明场地的照明目的和相关的技术要求布置照明测量点，包括照度和亮度测点、眩光测量的观察点等。

现场照明测量时，随时观察和记录照明场地的照明变化状况，包括电流和电压变化情况，以备照明设备再次调试时作为参考依据。

4. 测量数据处理

测试结束后填写《照明照度及照度均匀度检测记录》和《建筑物照明通电试运行记录》。

所有现场照明测量的原始数据和整理后提交的正式现场照明测量报告必须经专人签字和加盖公章后才能成为有效的法律文件。

9.7.4　消防应急照明和疏散指示系统的测试

消防应急照明和疏散指示系统是指在发生火灾时，为人员疏散、逃生、消防作业提供指示或照明的各类灯具，是建筑中不可缺少的重要消防设施。正确选择消防应急灯具，合理地设计、安装，并在投入使用前做好调试工作，对于充分发挥系统的性能，保证其在发生火灾时，能有效地指导人员疏散和消防人员的消防作业，都有十分重要的作用和意义。

9.7.4.1　一般规定

消防应急照明和疏散指示系统测试的一般规定有：

（1）施工结束后，建设单位应根据设计文件和本文的规定，按照规定的检查项目、检查内容和检查方法，组织施工单位或设备制造企业，对系统进行调试，并按规定填写记录，系统调试前，应编制调试方案。

（2）系统调试应包括系统部件的功能调试和系统功能调试，并应符合下列规定：

1）对应急照明控制器、集中电源、应急照明配电箱、灯具的主要功能进行检查，应急照明控制器、集中电源、应急照明配电箱、灯具的主要功能、性能应符合现行国家标准《消防应急照明和疏散指示系统》GB 17945—2010 的规定；

2）对系统功能进行检查，系统功能应符合本文和设计文件的规定；

3）主要功能、性能不符合现行国家标准《消防应急照明和疏散指示系统》GB 17945—2010 规定的系统部件应予以更换，系统功能不符合设计文件规定的项目应进行整改，并应重新进行调试。

（3）系统部件功能调试或系统功能调试结束后，应恢复系统部件之间的正常连接，并使系统部件恢复正常工作状态。

（4）系统调试结束后，应编写调试报告；施工单位、设备制造企业应向建设单位提交系统竣工图，材料、系统部件及配件进场检查记录，安装质量检查记录，调试记录及产品检验报告，合格证明材料等相关材料。

9.7.4.2 调试准备

系统调试前，应按设计文件的规定，对系统部件的规格、型号、数量、备品备件等进行查验，并按规定对系统的线路进行检查。

集中控制型系统调试前，应对灯具、集中电源或应急照明配电箱进行地址设置及地址注释，并应符合下列规定：

（1）应对应急照明控制器配接的灯具、集中电源或应急照明配电箱进行地址编码，每一台灯具、集中电源或应急照明配电箱应对应一个独立的识别地址；

（2）应急照明控制器应对其配接的灯具、集中电源或应急照明配电箱进行地址注册，并录入地址注释信息；

（3）应按规定填写系统部件设置情况记录。

集中控制型系统调试前，应对应急照明控制器进行控制逻辑编程，并应符合下列规定：

（1）应按照系统控制逻辑设计文件的规定，进行系统自动应急启动、相关标志灯改变指示状态控制逻辑编程，并录入应急照明控制器中；

（2）应按规定填写应急照明控制器控制逻辑编程记录。

系统调试前，应具备下列技术文件：

（1）系统图；

（2）各防火分区、楼层疏散指示方案和系统各工作模式设计文件；

（3）系统部件的现行国家标准、使用说明书、平面布置图和设置情况记录；

（4）系统控制逻辑设计文件等必要的技术文件；

（5）应对系统中的应急照明控制器、集中电源和应急照明配电箱分别进行单机通电检查。

9.7.4.3 应急照明控制器、集中电源和应急照明配电箱的调试

1. 应急照明控制器调试

（1）应将应急照明控制器与配接的集中电源、应急照明配电箱、灯具相连接后，接通电源，使控制器处于正常监视状态。

（2）应对控制器下列主要功能进行检查并记录，控制器的功能应符合现行国家标准《消防应急照明和疏散指示系统》GB 17945—2010 的规定：

1）自检功能；

2）操作级别；

3）主、备电源的自动转换功能；

4）故障报警功能；

5）消音功能；

6）一键检查功能。

2.集中电源调试

（1）应将集中电源与灯具相连接后，接通电源，集中电源应处于正常工作状态。

（2）应对集中电源下列主要功能进行检查并记录，集中电源的功能应符合现行国家标准《消防应急照明和疏散指示系统》GB 17945—2010 的规定：

1）操作级别；

2）故障报警功能；

3）消音功能；

4）电源分配输出功能；

5）集中控制型集中电源转换手动测试功能；

6）集中控制型集中电源通信故障联锁控制功能；

7）集中控制型集中电源灯具应急状态保持功能。

3.应急照明配电箱调试

（1）应接通应急照明配电箱的电源，使应急照明配电箱处于正常工作状态。

（2）应对应急照明配电箱进行下列主要功能检查并记录，应急照明配电箱的功能应符合现行国家标准《消防应急照明和疏散指示系统》GB 17945—2010 的规定：

1）主电源分配输出功能；

2）集中控制型应急照明配电箱主电源输出关断测试功能；

3）集中控制型应急照明配电箱通信故障联锁控制功能；

4）集中控制型应急照明配电箱灯具应急状态保持功能。

9.7.4.4　集中控制型系统的系统功能调试

1.非火灾状态下的系统功能调试

（1）系统功能调试前，集中电源的蓄电池组、灯具自带的蓄电池应连续充电 24h。

（2）根据系统设计文件的规定，应对系统的正常工作模式进行检查并记录，系统的正常工作模式应符合下列规定：

1）灯具采用集中电源供电时，集中电源应保持主电源输出，灯具采用自带蓄电池供电时，应急照明配电箱应保持主电源输出；

2）系统内所有照明灯的工作状态应符合设计文件的规定；

3）系统内所有标志灯的工作状态应符合下列规定：

①具有一种疏散指示方案的区域，区域内所有标志灯的光源应按该区域疏散指示方案保持节电点亮模式；

②需要借用相邻防火分区疏散的防火分区，区域内相关标志灯的光源应按该区域可借用相邻防火分区疏散工况条件对应的疏散指示方案保持节电点亮模式；

③需要采用不同疏散预案的场所，区域内相关标志灯的光源应按该区域默认疏散指

示方案保持节电点亮模式。

（3）切断集中电源、应急照明配电箱的主电源，根据系统设计文件的规定，对系统的主电源断电控制功能进行检查并记录，系统的主电源断电控制功能应符合下列规定：

1）集中电源应转入蓄电池电源输出、应急照明配电箱应切断主电源输出。

2）应急照明控制器应开始主电源断电持续应急时间计时。

3）集中电源、应急照明配电箱配接的非持续型照明灯的光源应应急点亮、持续型灯具的光源应由节电点亮模式转入应急点亮模式。

4）恢复集中电源、应急照明配电箱的主电源供电，集中电源、应急照明配电箱配接灯具的光源应恢复原工作状态。

5）使灯具持续应急点亮时间达到设计文件规定的时间，集中电源、应急照明配电箱配接灯具的光源应熄灭。

（4）切断防火分区、楼层正常照明配电箱的电源，根据系统设计文件的规定，对系统的正常照明断电控制功能进行检查并记录，系统的正常照明断电控制功能应符合下列规定：

1）该区域非持续型照明灯的光源应应急点亮、持续型灯具的光源应由节电点亮模式转入应急点亮模式。

2）恢复正常照明应急照明配电箱的电源供电，该区域所有灯具的光源应恢复原工作状态。

2. 火灾状态下的系统控制功能调试

（1）系统功能调试前，应将应急照明控制器与火灾报警控制器、消防联动控制器相连，使应急照明控制器处于正常监视状态。

（2）根据系统设计文件的规定，使火灾报警控制器发出火灾报警输出信号，对系统的自动应急启动功能进行检查并记录，系统的自动应急启动功能应符合下列规定：

1）应急照明控制器应发出系统自动应急启动信号，显示启动时间。

2）系统内所有的非持续型照明灯的光源应应急点亮、持续型灯具的光源应由节电点亮模式转入应急点亮模式，灯具光源应急点亮的响应时间应符合灯具设计的以下规定：

① 高危险场所灯具光源应急点亮的响应时间不应大于 $0.25s$。

② 其他场所灯具光源应急点亮的响应时间不应大于 $5s$。

③ 具有两种及以上疏散指示方案的场所，标志灯光源点亮、熄灭的响应时间不应大于 $5s$。

3）B 型集中电源应转入蓄电池电源输出、B 型应急照明配电箱应切断主电源输出。

4）A 型集中电源、A 型应急照明配电箱应保持主电源输出，切断集中电源的主电源，集中电源应自动转入蓄电池电源输出。

（3）根据系统设计文件的规定，使消防联动控制器发出被借用防火分区的火灾报警区域信号，对需要借用相邻防火分区疏散的防火分区中标志灯指示状态的改变功能进行检查并记录，标志灯具的指示状态改变功能应符合下列规定：

1）应急照明控制器应发出控制标志灯指示状态改变的启动信号，显示启动时间。

2）该防火分区内，按不可借用相邻防火分区疏散工况条件对应的疏散指示方案，需要变换指示方向的方向标志灯应改变箭头指示方向，通向被借用防火分区入口的出口标志灯的"出口指示标志"的光源应熄灭，"禁止入内"指示标志的光源应应急点亮，灯具改变指示状态的响应时间应符合灯具设计的下列规定：

① 高危险场所灯具光源应急点亮的响应时间不应大于0.25s。

② 其他场所灯具光源应急点亮的响应时间不应大于5s。

③ 具有两种及以上疏散指示方案的场所，标志灯光源点亮、熄灭的响应时间不应大于5s。

3）该防火分区内其他标志灯的工作状态应保持不变。

（4）根据系统设计文件的规定，使消防联动控制器发出代表相应疏散预案的消防联动控制信号，对需要采用不同疏散预案的场所中标志灯指示状态的改变功能进行检查并记录，标志灯具的指示状态改变功能应符合下列规定：

1）应急照明控制器应发出控制标志灯指示状态改变的启动信号，显示启动时间。

2）该区域内，按照对应的疏散指示方案需要变换指示方向的方向标志灯应改变箭头指示方向，通向需要关闭的疏散出口处设置的出口标志灯"出口指示标志"的光源应熄灭，"禁止入内"指示标志的光源应应急点亮，灯具改变指示状态的响应时间应符合灯具设计的有关规定。

3）该区域内其他标志灯的工作状态应保持不变。

（5）手动操作应急照明控制器的一键启动按钮，对系统的手动应急启动功能进行检查并记录，系统的手动应急启动功能应符合下列规定：

1）应急照明控制器应发出手动应急启动信号，显示启动时间。

2）系统内所有的非持续型照明灯的光源应应急点亮、持续型灯具的光源应由节电点亮模式转入应急点亮模式。

3）集中电源应转入蓄电池电源输出、应急照明配电箱应切断主电源的输出。

4）照明灯设置部位地面最低水平照度应符合表9-19有关规定：

照明灯设置部位地面最低水平照度表　　　　　　表9-19

设置部位或场所	地面水平最低照度
Ⅰ-1. 病房楼或手术部的避难间； Ⅰ-2. 老年人照料设施； Ⅰ-3. 人员密集场所、老年人照料设施、病房楼或手术部内的楼梯间、前室或合用前室、避难走道； Ⅰ-4. 逃生辅助装置存放处等特殊区域； Ⅰ-5. 屋顶直升机停机坪	不应低于10.0lx
Ⅱ-1. 除Ⅰ-3规定的敞开楼梯间、封闭楼梯间、防烟楼梯间及其前室、室外楼梯； Ⅱ-2. 消防电梯间的前室或合用前室； Ⅱ-3. 除Ⅰ-3规定的避难走道； Ⅱ-4. 寄宿制幼儿园和小学的寝室、医院手术室及重症监护室等病人行动不便的病房等需要救援人员协助疏散的区域	不应低于5.0lx
Ⅲ-1. 除Ⅰ-1规定的避难层（间）； Ⅲ-2. 观众厅、展览厅、电影院、多功能厅；建筑面积大于200m²的营业厅、餐厅、演播厅；建筑面积超过400m²的办公大厅、会议室等人员密集场所； Ⅲ-3. 人员密集厂房内的生产场所； Ⅲ-4. 室内步行街两侧的商铺； Ⅲ-5. 建筑面积大于100m²的地下或半地下公共活动场所	不应低于3.0lx

设置部位或场所	地面水平最低照度
Ⅳ-1. 除Ⅰ-2、Ⅱ-4、Ⅲ-2～Ⅲ5规定场所的疏散走道、疏散通道; Ⅳ-2. 室内步行街; Ⅳ-3. 城市交通隧道两侧、人行横通道和人行疏散通道; Ⅳ-4. 宾馆、酒店的客房; Ⅳ-5. 自动扶梯上方或侧上方; Ⅳ-6. 安全出口外面及附近区域、连廊的连接处两端; Ⅳ-7. 进入屋顶直升机停机坪的途径; Ⅳ-8. 配电室、消防控制室、消防水泵房、自备发电机房等发生火灾时仍需工作、值守的区域	不应低于1.0lx

5）灯具点亮的持续工作时间应符合灯具设计的下列规定：

系统应急启动后，在蓄电池电源供电时的持续供电时间应满足下列要求：

① 建筑高度大于100m的民用建筑，不应小于1.5h。

② 医疗建筑、老年人照料设施、总建筑面积大于100000m² 的公共建筑和总建筑面积大于20000m² 的地下、半地下建筑，不应小于1.0h。

③ 其他建筑，不应小于0.5h。

④ 城市交通隧道应符合下列规定：

一、二类隧道不应小于1.5h，隧道端口外接的站房不应小于2.0h，三、四类隧道不应小于1.0h，隧道端口外接的站房不应小于1.5h。

⑤ 上述场所中，当按照相关规定设计时，持续工作时间应分别增加设计文件规定的灯具持续应急点亮时间。

6）集中电源的蓄电池组和灯具自带蓄电池达到使用寿命周期后标称的剩余容量应保证放电时间满足上述的持续工作时间。

9.7.4.5 非集中控制型系统的系统功能调试

1. 非火灾状态下的系统功能调试

（1）系统功能调试前，集中电源的蓄电池组、灯具自带的蓄电池应连续充电24h。

（2）根据系统设计文件的规定，对系统的正常工作模式进行检查并记录，系统的正常工作模式应符合下列规定：

1）集中电源应保持主电源输出、应急照明配电箱应保持主电源输出。

2）系统灯具的工作状态应符合设计文件的规定。

（3）非持续型照明灯具有人体、声控等感应方式点亮功能时，根据系统设计文件的规定，使灯具处于主电源供电状态下，对非持续型灯具的感应点亮功能进行检查并记录，灯具的感应点亮功能应符合下列规定：

1）按照产品使用说明书的规定，使灯具的设置场所满足点亮所需的条件；

2）非持续型照明灯应点亮。

2. 火灾状态下的系统控制功能调试

（1）在设置区域火灾报警系统的场所，使集中电源或应急照明配电箱与火灾报警控制器相连，根据系统设计文件的规定，使火灾报警控制器发出火灾报警输出信号，对系统的自动应急启动功能进行检查并记录，系统的自动应急启动功能应符合下列规定：

1）灯具采用集中电源供电时，集中电源应转入蓄电池电源输出，其所配接的所有非持续型照明灯的光源应应急点亮、持续型灯具的光源应由节电点亮模式转入应急点亮模式，灯具光源应急点亮的响应时间应符合以下规定：

① 高危险场所灯具光源应急点亮的响应时间不应大于 0.25s。

② 其他场所灯具光源应急点亮的响应时间不应大于 5s。

③ 具有两种及以上疏散指示方案的场所，标志灯光源点亮、熄灭的响应时间不应大于 5s。

2）灯具采用自带蓄电池供电时，应急照明配电箱应切断主电源输出，其所配接的所有非持续型照明灯的光源应应急点亮、持续型灯具的光源应由节电点亮模式转入应急点亮模式，灯具光源应急点亮的响应时间应符合灯具设计的有关规定。

（2）根据系统设计文件的规定，对系统的手动应急启动功能进行检查并记录，系统的手动应急启动功能应符合下列规定：

1）灯具采用集中电源供电时，手动操作集中电源的应急启动按钮，集中电源应转入蓄电池电源输出，其所配接的所有非持续型照明灯的光源应应急点亮、持续型灯具的光源应由节电点亮模式转入应急点亮模式，且灯具光源应急点亮的响应时间应符合灯具设计的有关规定。

2）灯具采用自带蓄电池供电时，手动操作应急照明配电箱的应急启动控制按钮，应急照明配电箱应切断主电源输出，其所配接的所有非持续型照明灯的光源应应急点亮、持续型灯具的光源应由节电点亮模式转入应急点亮模式，且灯具光源应急点亮的响应时间应符合灯具设计的有关规定。

3）照明灯设置部位地面水平最低照度应符合灯具设计的有关规定。

4）灯具应急点亮的持续工作时间应符合灯具设计的有关规定。

9.7.4.6　备用照明功能调试

根据设计文件的规定，对系统备用照明的功能进行检查并记录，系统备用照明的功能应符合下列规定：

（1）切断为备用照明灯具供电的正常照明电源输出。

（2）消防电源专用应急回路供电应能自动投入为备用照明灯具供电。

练习思考题

1. 建筑电气检测的依据和范围是什么？
2. 如何进行电力变压器交流耐压实验？
3. 如何进行接地电阻的测试？
4. 线路绝缘测试如何进行？
5. 照明常用测量仪器设备有哪些，各自作用是什么？
6. 对消防应急照明和疏散指示系统的测试有什么规定？

第 10 章　建筑电气工程施工管理

建筑电气工程施工由三大阶段构成。为了对施工活动的全过程进行科学有效的管理，需要编制详细的施工组织设计文件。为避免因专业出现接口不一或交叉对接部位矛盾的问题，电气专业与其他专业的接口管理工作非常重要。另外，为真实反映工程建设过程和工程质量的实际情况，工程施工过程中，要同步收集、整理和编制工程资料。最后阶段电气工程的验收要依据相应的标准和规范进行。

10.1　建筑电气安装工程施工三大阶段

建筑电气安装工程是依据设计与生产工艺的要求，按照施工平面图、规程规范、设计文件、施工标准图集等技术文件的具体规定，按照特定的线路保护和敷设方式将电能合理分配输送至已安装就绪的用电设备上及用电器具上。通电前，经过元器件各种性能的测试，系统的调整试验，在试验合格的基础上，送电试运行，使之与生产工艺系统配套，使系统具备使用和投产条件。其安装质量必须符合设计要求，符合施工及验收规范，符合施工质量检验评定标准。

建筑电气安装工程施工，通常可分为三大阶段，即施工前准备阶段、安装施工阶段、竣工验收阶段。

10.1.1　施工前准备阶段

施工前的准备工作是保证建设工程顺利地连续施工，全面完成各项经济指标的重要前提，是一项有步骤、有阶段性的工作，不仅体现在施工前，而且贯穿于施工的全过程。

施工前的准备工作内容较多，但就其工作范围，一般可分为阶段性施工准备和作业条件的施工准备。所谓阶段性施工准备，是指工程开工之前所做的各项准备工作。所谓作业条件的施工准备，是为某一施工阶段，某一分部、分项工程或某个施工环节所做的准备工作，其就是局部性的、经常性的施工准备工作。为保证工程的全面开工，在工程开工前起码应做好以下几方面的准备工作。

1. 主要技术准备工作

(1) 熟悉、会审图纸。图纸是工程的语言，是施工的依据。开工前，首先应熟悉施工图纸，了解设计内容及设计意图，明确工程所采用的设备和材料，明确图纸所提出的施工要求，明确电气工程和主体工程及其他安装工程的交叉配合，以便及时采取措施，确保在施工过程中不破坏建筑物的结构，不破坏建筑物的美观，不与其他工程发生位置冲突。

(2) 熟悉和工程有关的其他技术材料。如施工及验收规范，技术规程，质量检验评定标准及制造厂提供的技术文件，即设备安装使用说明书、产品合格证、试验记录数据表等。

(3) 编制施工方案。在全面熟悉施工图纸的基础上，依据图纸并根据施工现场情况、技术力量及技术装备情况，综合做出合理的施工方案。施工方案的编制内容主要包括：

1) 工程概况；

2）主要施工方法和技术措施；

3）保证工程质量和安全施工的措施；

4）施工进度计划；

5）主要材料、劳动力、机具、加工件进度；

6）施工平面规划。

（4）编制工程预算。编制工程预算就是根据批准的施工图纸，在既定的施工方法的前提下，按照现行的工程预算编制的有关规定，按分部、分项的内容，把各工程项目的工程量计算出来，再套用相应的现行定额，累计其全部直接费用（材料费、人工费），施工管理费、利润等，最后综合确定单位工程的工程造价和其他经济技术指标等。

通过施工图预算编制，相当于对设计图纸再次进行严格审核，发现不合格的问题或无法购买到的器材等，可及时提请设计部门予以增减或变更。

2. 机具、材料的准备

根据施工方案和施工预算，按照图纸做出机具、材料计划，并提出加工订货要求。各种管材、设备及附属制品零件等进入施工现场，使用前应认真检查，必须符合现行国家标准的规定，技术力量、产品质量应符合设计要求，根据施工方案确定的进度及劳动力的需求，有计划地组织施工。

3. 组织施工

根据施工方案确定的进度及劳动力的需求，有计划地组织施工队伍进场。

4. 全面检查现场施工条件的具备情况

准备工作做得是否充分将直接影响工程的顺利进行，直接影响进度及质量。因此，必须十分重视，并认真做好。

（1）技术交底使用的施工图必须是经过图纸会审和设计修改后的正式施工图，满足设计要求。

（2）施工技术交底应依据现行国家施工规范强制性标准，现行国家验收规范，工艺标准，国家已批准的新材料、新工艺进行交底，满足客户的需求。

（3）技术交底所执行的施工组织设计必须是经过公司有关部门批准了的正式施工组织设计或施工方案。

（4）施工交底时，应结合本工程的实际情况有针对性地进行，把有关规范、验收标准的具体要求贯彻到施工图中，做到具体、细致，必要时还应标出具体数据，以控制施工质量，对主要部位的施工将书面和会议交底两者结合，并做出书面交底。好的施工技术交底应达到施工标准与验收规范、工艺要求细化到施工图中，充分体现施工交底的意图，使施工人员依据技术交底合理安排施工，以使施工质量达到验收标准。

10.1.2　安装施工阶段

建筑电气工程施工是与主体工程（土建工程）及其他安装工程（给水排水管道、工艺管道、供暖通风空调管道、通信线路、消防系统及机械设备等安装工程）施工相互配合进行的。所以，建筑电气工程图与建筑结构图及其他安装工程图不能发生冲突。例如，线路走向与建筑结构的梁、柱、门窗、楼板的位置和走向有关，还与管道的规格、用途及走向有关，安装方法与墙体结构、墙体材料有关，特别是一些暗敷线路、电气设备基础及各种电气预埋件，更与土建工程密切相关。因此，阅读建筑电气工程图时，应对应阅读与之有关的土建工程图、管道工程图，以了解相互之间的配合关系。

1. 电气工程与基础施工的配合

基础施工期间，电气施工人员应与土建施工人员密切配合，预埋好电气进户线的管路，由于电气施工图中强、弱电的电缆进户位置、标高、穿墙留洞等内容有的未注明在土建施工图中，因此，施工人员应该将以上内容随土建施工一起预留在建筑中，有的工程将基础主筋作为防雷工程的接地极，对这部分施工时应该配合土建施工人员将基础主筋焊接牢固，并标明钢筋编号引至防雷主引下线，同时，做好隐蔽检查记录，签字应齐全、及时，并注明钢筋的截面、编号、防腐等内容。当防雷部分需单独做接地极时，应配合土建人员，利用已挖好的基础，在图纸标高的位置做好接地极，并按相关规范焊接牢固，做好防腐，并做好隐蔽记录。

2. 电气工程与主体工程的配合

当图纸要求管路暗敷设在主体内时，应该配合土建人员做好以下工作：

（1）按平面位置确定好配电柜、配电箱的位置，然后按管路走向确定敷设位置。应沿最近的路径进行施工，安装图纸标出的配管截面将管路敷设在墙体内，现浇混凝土墙体内敷设时，一般应把管子绑扎在钢筋里侧，这样可以减小管与盒连接时的弯曲。当敷设的钢管与钢筋有冲突时，可将竖直钢筋沿墙面左右弯曲，横向钢筋上下弯曲。

（2）配电箱处的引上、引下管，敷设时应按配管的多少，按主次管路依次横向排好，位置应准确，随着钢筋绑扎时，在钢筋网中间与配电箱箱体连接敷设一次到位。例如，箱体不能与土建同时施工时，应用比箱体高的简易木箱套预埋在墙体内，配电箱引上管敷设至与木箱套上部平齐，待拆下木箱套再安装配电箱箱体。

（3）利用柱子主筋做防雷引下线时，应根据图纸要求及时将主体工程敷设到位，每遇到钢筋接头时，都需要焊接而且保证其编号自上而下保持不变直至屋面。电气施工人员做到心中有数，为了保证其施工质量，还要与钢筋工配合好，质量管理者还应做好隐蔽记录，及时签字。

（4）对于土建结构中注明的预埋件，预留的孔、洞应该由土建施工人员负责预留。电气施工人员要按照设计要求查对核实，符合要求后将箱盒安装好。建筑电气安装工程除与土建工程有密切关系需要协调配合外，还与其他安装工程，如给水排水、供暖、通风工程等有着密切联系，施工前应做好图纸会审工作，避免发生安装位置的冲突。管路互相平行或交叉安装时，要保证满足对安全距离的要求，不能满足时，应采取保护措施。

10.1.3 竣工验收阶段

建筑电气安装工程施工结束后，应进行全面质量检验，合格后办理竣工验收手续。质量检验和验收工程应依据现行电气装置安装工程施工及验收规范，按分项、分部和单位工程的划分，对其保证项目、基本项目和允许偏差项目逐项进行。

工程验收是检验评定工程质量的重要环节，在施工过程中，应根据施工进程，适时对隐蔽工程、阶段工程和竣工工程进行检查验收。工程验收的要求、方法和步骤有别于一般产品的质量检验。

工程竣工验收是对建筑安装企业技术活动成果的一次综合性检查验收。工程建设项目通过竣工验收后，才可以投产使用，形成生产能力。一般工程正式验收前，应由施工单位进行自检预验收，检查工程质量及有关技术资料，发现问题及时处理，充分做好交工验收的准备工作，然后提出竣工验收报告，由建设单位、设计单位、施工单位、当地质检部门及有关工程技术人员共同进行检查验收。

10.2　电气工程施工组织设计的编制

电气安装工程施工要标准化、专业化、装配化、机械化，各个单位和各个部门之间必须在统一规划和指挥下组成一个有机整体，采用先进的现代科学管理方法来组织、管理、指挥生产，这个方法就是施工组织设计。通过施工组织设计，把生产活动中的人、材料、设备和方法（技术）四大基本要素科学地组织好，以取得成本、时间、资源等方面的最优化。正确处理好人与物、空间与时间、工艺和设备、专业与协作、供应与消耗、生产与储备等各种矛盾，使整个安装过程做到劳力、材料均衡，工序先后衔接，节奏紧而稳。最后达到工期短、消耗低、质量高、文明施工，并取得最大的技术经济效益。

施工组织设计既是施工准备的组成部分，又是指导现场准备工作、全面布置施工生产活动、控制施工进度及劳力、机械、材料调配的基本依据。是整个建设项目施工组织总设计的组成部分。一个建设项目，特别是大型项目包括土建工程、设备安装、外围设施等，各个专业的施工组织设计必须综合考虑。施工组织设计编制步骤如图 10-1 所示。

10.2.1　施工组织设计编制依据

（1）已经批准的计划任务书、初步设计及有关的施工图样图册等。国家或上级已下达的计划文件、本工程的规划容量、规划建设年限以及对本工程投产或使用的要求、指示、文件等。

（2）工程概算投资额和主要工程量。

（3）设备及主要材料清单。

（4）设备技术文件及新产品工艺性试验资料。

（5）本工程与有关单位已签订的协议、合同。

（6）现场情况调查资料。

（7）国家或部委有关的技术质量标准、规程、定额、规范等。

10.2.2　施工组织设计编制原则

（1）符合国家基本建设的政策法令、计划建设期限和经济技术指标的要求，遵循基本建设程序和施工

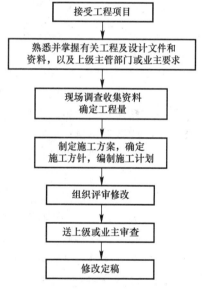

图 10-1　施工组织设计编制步骤框图

程序，对技术资料不全不明、图样不全或未经会审、违反基建程序的工程不许开工，遵守国家规定的建设项目竣工和交付使用期限，总工期较长的大型建设项目，应根据生产需要，安排分期分批配套投产进度，尽早形成生产能力。

（2）根据工程特点和施工条件，科学安排施工程序，进行工程排队，尽量做到先地下、后地上，先三通一平（水通、电通、道路通、场地平）、后施工，并为安全生产创造条件。要考虑其他专业施工配合和协调关系。

（3）采用先进的安装技术，提高工厂化、装配化和机械化程度，提高劳动生产率，确保工程质量。

（4）加强综合平衡，改善劳动组织，努力降低劳动力高峰率，搞好后勤保障，做到连续均衡施工。

（5）施工现场布置紧凑合理，方便施工，符合安全及防火要求，提高场地利用率，力求不占农田或尽可能地少占农田。

（6）实行全面质量管理，重视质量薄弱环节，提高安装工艺水平，保证工程质量，采取有针对性的措施和全面安全管理，保证施工安全，实现文明施工。

（7）推行切实有效的节约材料的技术措施。

10.2.3 施工组织设计编制程序

（1）熟悉图样，审查图样，掌握重要设备和关键部位，了解主要工程内容。

（2）进行现场调查，写出现场调查报告。在编制施工组织设计前要对施工现场进行调查，充分收集所需要的资料，为编制施工组织设计提供可靠依据，并为开工做好准备。

1）选址报告及厂区测量报告：有关厂区的水文、地质、地震、气象、地理环境等资料，与本工程相关的工程（如土建、道路交通等）和本工程覆盖区域内的其他工程的安排和进展情况。

2）建设单位和其他主、辅施工单位的基本情况及施工任务的划分，设计单位及其施工图交付进度，设备制造厂家及其主要设备到货进度等。施工地区的运输条件及能力、当地材料的质量、产量及供应方式。当地施工企业和制造加工企业可能提供的服务能力及形式：施工区域内的地形、地物、水源、电源、通信方式。当地生活物资供应情况、居住情况以及文化娱乐状况等。

3）主要材料、施工机具的技术资料和供货状况、到货日期。与之类似工程的施工方案及工程总结资料，其他有关工程本身的资料及文件。

（3）选择并确定施工方案和安装方法。

（4）计算工作量，编制施工进度计划、劳动力需用量计划、施工设备、机具需要量计划、材料供应计划、设备进厂进度表等。

（5）编制材料、构件、盘柜加工预制计划，并绘制加工图。

（6）根据材料供应计划和设备进厂进度表，编制运输计划。

（7）编制施工准备工作计划。

（8）确定并布置施工平面图，确定临时供水、供电、供热管线，确定临时生产和生活设施，确定大件运输道路和卸车地点，确定库房位置等。

（9）计算经济技术指标。

（10）审批。

对于10万元以下的工程应编制施工技术措施。

10.2.4 施工组织设计的内容

施工组织设计的内容主要包括工程概况、施工方案及施工组织、平面布置、物资供应计划及管理、工程进度计划、安装技术措施及技术交底、保证质量安全降低成本的指标及措施等。

1. 工程概况

工程概况应用精练准确的语言概括叙述工程的地理位置、建筑结构和特点、工程项目的性质、规模、总投资、占地面积、空间体积、土建和安装分期建设意见、工期要求、质量等级、建设项目的生产流程、工艺特点、总平面布置及对所在区域内国民经济和生产建设的影响等。

建设地区的气候、地形、地质、地理概况，生活、医疗、娱乐、服务状况，交通、水电情况及地方风俗等。

主要设备、材料和特殊贵重物品到货供应情况，亟待解决的设备、材料、技工、劳力、运输工具等。

建设单位、设计单位、其他施工单位的概况、能力、提供的服务项目，有关建设项目的决议、协议、文件以及其他不妥之处和需要立即解决的问题等。

2. 施工方案及施工组织

（1）施工方案包括施工方法和安装工序安排

施工方法有顺序施工、平行施工和流水施工三种，一般采用流水施工。工期短、任务大应采用平行施工，有的工程则根据实际情况，部分采用流水施工，部分采用平行施工，或交叉进行。安装工序安排一般按工程的工艺顺序，也可根据现场情况或工期要求分开同步进行。施工方案中应明确写出施工方法的形式和工艺安排程序，哪部分流水、哪部分平行、哪些顺序、哪些同步以及和其他专业配合问题。

（2）施工组织

包括施工组织机构的设置、管理人员的配备、生活资料的供应及福利设施、冬季取暖、工地住宿以及新技术学习培训计划等。

3. 平面布置

平面布置指施工现场内各种设施的分布，主要有办公机构、临建的安排、材料堆放储存及保管措施，设备卸车存放地点及保管计划、道路及运输方式、水电气供应及管线布置、加工厂的设置、机动车辆及自行车的停车存放方式、生活设施及文化娱乐场所的安排、防火防盗、废弃物堆放以及文明施工措施等。

4. 物资供应计划及物资管理

主要包括设备、材料、半成品、加工件、配品件、外协件、油料等到货日期及供应计划，运输计划，施工机械及主要机具配备计划及进场日期、供货地点或单位，设备、材料、机具的进入手续、保管措施及主要保管员的职责等。

物资供应计划应超前工程进度，必要时应有两个不同渠道供货。

5. 工程进度计划

工程进度计划有两种形式：一种是工程综合进度表，另一种是施工网络图。

工程综合进度表是按照施工方案、施工日期的要求和根据工程量及劳动定额的计算，并考虑一定的裕量和不可预见的工时数排列的表示工程进展情况的表格，它既表示分项工程的起止日期，又表示整个工程的起止日期，是一种直观表现工程进度的常用图表。工程综合进度表应考虑其他专业工程的进度及工期，避免相互影响。

施工网络图也称网络计划技术，它是通过网络图的形式，反映和表达计划安排、选择最优方案、组织、协调控制安装的进度和成本，使其达到预定目标的科学管理方法。施工网络是把分项工程的先后顺序和相互关系用箭号从左至右绘制成图形，标出安装天数，通过时间的计算，找出关键路线并进行优化、调整、促进管理，这是工程综合进度表无法比拟的。

6. 安装技术措施及技术交底

主要有关键部位的安装工艺方法，新技术的实施工艺过程，一般工程的技术交底，冬雨季安装技术措施以及执行的标准、规范、规程及采用的标准图册等。

如大中型变压器的运输、就位、吊芯检查，干燥处理，大截面母线的制作、焊接、安装，新型或贵重设备的安装调试，输电线路中大跨越、带电作业和不停电跨越的施工，特殊工艺（焊接、爆压、电缆头制作等），大中容量电机的抽芯、启动设备的安装调试，复杂控制系统和继电保护系统、计算机及新型自动化装置的安装调试，施工和安装障碍的排除、技术要求、注意事项、系统调试、送电试车的技术要求和注意事项等。

特殊环境，像沼泽地、沙丘、山地的架空线路、火灾危险爆炸场所电气设备的安装、超静、高温、静电、多尘等场所的安装工艺、技术要求、注意事项及采取的技术措施方法等。

7. 保证质量、安全、降低成本的指标及措施

安装工程的质量应严格执行现行的国家标准、施工及验收规范、质量检验评定标准及已会审的设计图样的要求，并明确指出该项工程创优等级和措施。

安全包括人身安全和设备安全，安全交底是指安装过程中应注意的事项，有的应指出操作方法，有绝对禁止的事项，有应注意的事项，并指出防护措施。对高空作业、带电作业、交叉作业、冬雨期施工等应提出注意事项以及消防用品、防护用品、安全用具的使用方法、操作要领及技术措施等。

推广四新、降低成本、节约原材料、节约工时并在保证质量的前提下，下达节约指标，制订措施，进而提高劳动生产率。

电气工程安装程序如图 10-2 所示。

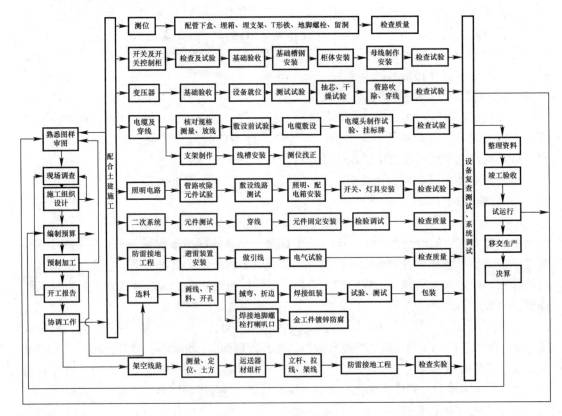

图 10-2　电气工程安装程序框图

10.3　建筑电气工程接口管理

建筑电气工程接口管理主要包括建筑电气与通风空调工程的接口、与给水排水工程的接口、与火灾自动报警系统接口、与建筑智能化系统的接口以及与电梯工程的接口等。此处重点讲述与通风空调工程的接口、与给水排水工程的接口以及与电梯工程的接口管理。

10.3.1　建筑电气与通风空调工程的接口

10.3.1.1　空调专业设备供电及控制

1. 制冷主机

收集相关信息：制冷主机安装位置。制冷主机功率、额定电压、额定电流、启动电流等信息，制冷主机对供电电压、电源频率的要求，制冷机组是否自带动力启动配电柜、控制箱等，启动方式及保护有无特殊要求，启动配电柜和控制箱安装位置有无特殊要求（与机组一体的除外），启动配电柜和控制箱到机组的电缆（与机组一体的除外）是否机组自带，制冷机组和启动配电柜之间的电缆连接要求。

开展接口工作：编制控制箱（柜）采购技术规格说明书，电气专业参与设备进场检验、制冷主机电气线路连接、设备送电、配合空调专业开展单机及系统调试。

2. 电热水锅炉

收集相关信息：电热水锅炉安装位置，设备功率、额定电压、额定电流，是否设备自带动力启动配电柜、控制箱等，启动方式及保护有无特殊要求，启动配电柜和控制箱安装位置有无特殊要求（与机组一体的除外），启动配电柜和控制箱到机组的电缆（与机组一体的除外）是否设备自带，机组和启动配电柜之间的电缆连接要求。

开展接口工作：核定电热水锅炉的设备功率，复核供电电缆规格是否满足要求。编制控制箱（柜）采购技术规格说明书，电气专业参与设备进场检验、电热水锅炉电气线路连接、设备送电、配合空调专业开展单机及系统调试。

3. 定压补水系统

收集相关信息：定压补水系统安装位置，设备功率、额定电压、额定电流，是否设备自带动力启动配电柜、控制箱等，启动方式及保护有无特殊要求，启动配电柜和控制箱安装位置有无特殊要求（与装置一体的除外），启动配电柜和控制箱到定压补水泵的电缆（与装置一体的除外）是否设备自带，装置和启动配电柜之间的电缆连接要求。

开展接口工作：熟悉定压补水系统工作原理，核定定压补水系统功率，复核供电电缆的规格是否满足要求，编制控制箱（柜）采购技术规格说明书，电气专业参与设备进场检验、定压补水系统电气线路连接、设备送电、配合空调专业、给水排水专业开展单机及系统调试。

4. 空调水循环泵

收集相关信息：空调水循环泵安装位置，设备功率、额定电压、额定电流，水泵控制柜是自带还是另行采购，水泵启动控制方式和保护要求，水泵和启动控制柜之间的电缆连接要求。

开展接口工作：核定空调水循环泵电机功率，复核供电电缆规格是否满足要求，编制控制箱（柜）采购技术规格说明书，电气专业参与设备进场检验、空调水循环泵电气线路连接、设备送电、配合空调专业、给水排水专业开展单机及系统调试。

5. 冷却塔

收集相关信息：冷却塔安装位置，设备功率、额定电压、额定电流，冷却塔风机启动方式及控制保护要求。

开展接口工作：核定冷却塔风机电机的功率，复核供电电缆规格是否满足要求，编制控制箱（柜）采购技术规格说明书，电气专业参与设备进场检验、冷却塔电气线路连接、设备送电、配合空调专业开展单机及系统调试。

6. 空调（新风）机组

收集相关信息：空调（新风）机组安装位置，设备功率、额定电压、额定电流，是否设备自带动力启动配电柜、控制箱等，空调（新风）机组风机启动方式及控制保护要求，启动配电柜和控制箱安装位置有无特殊要求（与机组一体的除外）。

开展接口工作：核定空调（新风）机组风机电机的功率，复核供电电缆规格是否满足要求，编制控制箱（柜）采购技术规格说明书，电气专业参与设备进场检验、空调（新风）机组电气线路连接、设备送电、配合空调专业开展单机及系统调试。

7. 风机

收集相关信息：风机安装位置，设备功率、额定电压、额定电流。是否设备自带动力启动配电柜、控制箱等，风机启动方式及控制保护要求，启动配电柜和控制箱安装位置有无特殊要求。

开展接口工作：核定风机电机的功率，复核供电电缆规格是否满足要求，编制控制箱（柜）采购技术规格说明书，电气专业参与设备进场检验、风机电气线路连接、设备送电、配合空调专业开展单机及系统调试。

8. 风机盘管

收集相关信息：了解各风机盘管安装位置，确定温控分区及温控器安装位置，选择机械式或电子式温控器，区分四管制和两管制接线方式，确定温控器是否带通信接口。

开展接口工作：根据风机盘管安装位置及接线盒位置，深化确定风机盘管配电线缆，预埋风机盘管温控开关线管、接线盒，风机盘管进场检验，风机盘管电气接线，设备送电，配合空调专业单机及系统调试。

10.3.1.2　空调系统电动阀部件供电及控制

收集相关信息：各类电动阀部件安装的位置，执行机构的规格型号，执行机构的设备功率、额定电压（DC24V 或者 AC220V）、额定电流等。电动阀部件控制箱（柜）是否设备自带。

开展接口工作：根据电动阀部件安装位置及接线盒位置，深化确定电动阀部件配电及控制线缆。参加电动阀部件及执行器进场检验，电动阀部件电气接线，控制箱送电，配合空调专业单机及系统调试。

10.3.1.3　制冷机房及空调机房照明

收集相关信息：了解制冷机房的布局，了解机房一般照明和局部照明的要求。

开展接口工作：根据制冷机房设备及管道布局，深化设计机房灯具安装点位和安装高度，核算照度指标是否满足设计要求，根据机房安装进度情况，适时开展照明管线和灯具的安装工作。

10.3.1.4　制冷机房及空调机房接地

收集相关信息：了解制冷机房及空调机房布局，了解机房接地要求。

开展接口工作：根据制冷机房设备布局，深化设计制冷机房接地干线布置，预留接地跨接点（一般为镀锌扁钢），进行设备外露可导电部分接地跨接。

10.3.2　建筑电气与给水排水工程的接口

1. 给水设备供电及控制

收集相关信息：给水设备的安装位置，给水设备功率、额定电压、额定电流，设备是否自带动力启动配电柜、控制箱等，给水设备启动方式及控制、保护要求，启动配电柜和控制箱安装位置有无特殊要求。

开展接口工作：核定给水设备电机的功率，复核供电电缆规格是否满足要求，编制控制箱（柜）采购技术规格说明书，电气专业参与设备进场检验、给水设备电气线路连接、设备送电、配合给水排水专业开展单机及系统调试。

2. 压力排水设备供电及控制

收集相关信息：压力排水设备（潜水泵、污水提升装置等）安装的位置，设备功率、额定电压、额定电流，是否设备自带控制箱等，设备启动方式及控制、保护要求，控制箱安装位置有无特殊要求。

开展接口工作：核定压力排水设备电机的功率，复核供电电缆规格是否满足要求，编制控制箱（柜）采购技术规格说明书，电气专业参与设备进场检验、设备电气线路连接、设备送电、配合给水排水专业开展单机及系统调试、配合建筑智能化专业进行设备监控接线及调试。

3. 消防给水设备（消火栓及自动喷淋系统）供电及控制

收集相关信息：消防给水设备的安装位置，消防给水设备功率、额定电压、额定电流；是否设备自带动力启动配电柜、控制箱等，消防给水设备启动方式及控制、保护要求，启动配电柜和控制箱安装位置有无特殊要求。

开展接口工作：核定消防给水设备电机的功率，复核供电电缆规格是否满足要求，编制控制箱（柜）采购技术规格说明书。电气专业参与设备进场检验、消防给水设备电气线路连接、设备送电、组织给水排水专业开展单机及系统调试、组织各专业开展消防联动调试。

10.3.3　建筑电气与电梯工程的接口

1. 电梯配电要求

电气相关技术要求：电梯用电负荷分级、电梯电源预留位置，电源箱内开关容量，机房、井道内供电位置要求。

接口工作：一级负荷的客梯供电，应由双重电源的两个低压回路在末端配电箱处切换供电。二级负荷的客梯，宜由低压双回线路在末端配电箱处切换供电，至少其中一路应为专用回路。自动扶梯和自动人行道应为二级及以上负荷等级，不载人的杂物梯、食梯、运货平台可为三级负荷。三级负荷的客梯，应由建筑物低压配电柜中一路专用回路供电。

对于有机房的电梯，其主电源开关应设置在电梯机房入口处。对于无机房电梯，其主电源开关应设置在井道外工作人员便于操作处，并应有必要的安全防护。机房内至少要设一个电源插座，井道内底坑开门侧设置电源插座。温度较高地区，当机房的自然通风不能满足要求时，应设置机械通风或空调装置，并设置取电位置（如空调专用插座）。

2. 电梯机房照明要求

电气相关技术要求：照度要求、照明控制要求。

接口工作：机房内应设固定的照明，地表面的照度不应低于200lx，机房照明电源应与电梯电源分开，照明开关应设置在机房靠近入口处。井道内应在距井道最高点和最低点0.5m以内各装一盏灯，中间每隔不超过7m的距离应装设一盏灯，并应分别在机房和底坑设置控制开关，井道照明照度不应小于50lx。

3. 电梯底坑及机房接地要求

电气相关技术要求：接地部位、接地电阻。

接口工作：电梯电气装置与建筑物的用电设备采用同一接地系统时，可不另设接地网，与电梯相关的所有电气设备及线管、槽盒的外露可导电部分均应与保护接地导体（PE）连接，电梯的金属构件，应做等电位联结。接地电阻符合设计要求。

10.4 建筑电气工程资料编制

10.4.1 基本要求

工程资料必须真实反映工程建设过程和工程质量的实际情况，并应与工程进度同步形成、收集和整理。

工程资料应字迹清晰、内容齐全，并有相关人员签字，需要加盖印章的，应有相关印章。

工程各参建单位应确保各自资料的真实、准确、完整、有效，并具有可追溯性。由多方共同形成的资料，应分别对各自所形成的资料内容负责。工程资料严禁伪造或故意撤换。

工程资料应为原件。当为复印件时，应加盖复印件提供单位的印章，注明复印日期，并有经手人签字。

工程各参建单位应及时对工程资料进行确认、签字和传递。

工程各参建单位应在合同中对工程资料的编制要求、套数、费用和移交期限等做出明确约定。合同中对工程资料的技术要求不应低于本规程的规定。

工程竣工图应由建设单位组织编制，也可委托施工、监理、设计等单位编制。

建设单位应在工程竣工验收前，提请城建档案管理部门对工程档案进行预验收，取得《建设单位竣工档案预验收意见》。列入城建档案管理部门接收范围的工程档案，应在工程竣工验收后6个月内移交。

由建设单位采购供应的建筑材料、构配件和设备，建设单位应当组织到货检验，并向施工单位出具检验合格证明等相应的质量证明文件。

专业承包施工单位应按本规程的要求，形成专业承包范围内的施工资料，需要报审报验的资料交由总承包单位审核确认，并由总承包施工单位报项目监理机构审批。专业承包工程完成后，应将所形成的工程资料整理后交给总承包施工单位，由总承包施工单位汇总后交给建设单位。

涉及工程结构安全的重要部位，应保留隐蔽前的影像资料，影像资料中应有对应工程部位的标识。

工程资料按载体不同分为纸质资料和电子资料。需加盖印章的工程资料应采用纸质载体，施工过程中形成的施工记录等资料宜采用数字化载体，其他工程资料可采用数字化载体或纸质载体，但不宜重复，移交城建档案馆归档的资料，其载体形式应符合相关规定。

建筑工程资料管理软件的数据格式应符合相关标准要求，软件应经过鉴定，所形成的工程资料应符合本规程的规定。

工程资料的形成收集、报审报验、整理组卷等应遵循不重复原则。

工程资料应符合《建筑工程施工质量验收统一标准》GB 50300—2013 和各专业验收规范关于分部、分项工程和检验批的划分要求，相关标准未涵盖的分项工程和检验批的划分，可由建设单位组织监理、施工等单位协商确定。

工程资料的收集、整理应有专人负责，资料管理人员应经过相应的培训。

参与工程项目建设的各方，其法人授权委托书、建设工程质量终身责任承诺书、建设工程质量终身责任基本信息表、建设工程永久性标识现场彩色图片，应符合相关要求，并归档保存。

涉密工程资料的管理尚应符合国家保密法的相关规定。

未实行监理的建筑工程，建设单位相关人员应履行本规程涉及的工程资料形成、报审、核准、签署以及加盖印章等监理职责，并承担相应的责任。

10.4.2 建筑电气工程需要编制的资料

建筑电气工程需要编制的工程资料名称以及参考的规范依据见表 10-1 所示。

建筑电气工程需要编制的资料　　　　　　　　　　　表 10-1

序号	工程资料名称	规范依据
1	施工方案	
2	技术交底记录	
3	图纸会审记录	
4	工程变更洽商记录	
5	电线（电缆）试验报告	GB 50303—2015
6	材料、构配件进场检验记录	
7	设备开箱检验记录	
8	隐蔽工程验收记录	
9	交接检查记录	
10	电气接地电阻测试记录	GB 50303—2015
11	电气接地装置隐检与平面示意图	GB 50303—2015
12	电气绝缘电阻测试记录	GB 50303—2015
13	电气器具通电安全检查记录	GB 50303—2015
14	电气设备空载试运行记录	GB 50303—2015
15	建筑物照明通电试运行记录	GB 50303—2015
16	大型照明灯具承载试验记录	GB 50303—2015
17	高压部分试验记录	GB 50303—2015
18	漏电开关模拟试验记录	GB 50303—2015
19	大容量电气线路结点测温记录	GB 50303—2015

序号	工程资料名称	规范依据
20	接闪带支架拉力测试记录	GB 50303—2015
21	逆变应急电源测试试验记录	GB 50303—2015
22	柴油发电机测试试验记录	GB 50303—2015
23	低压配电电源质量测试记录	GB 50303—2015
24	低压电气设备交接试验检验记录	GB 50303—2015
25	电动机检查（抽芯）记录	GB 50303—2015
26	接地故障回路阻抗测试记录	GB 50303—2015
27	接地（等电位）联结导通性测试记录	GB 50303—2015
28	建筑物照明系统照度测试记录	GB 50411—2019
29	设备单机试运转记录	
30	系统试运转调试记录	
31	检验批现场验收检查原始记录	GB 50300—2013
32	分项工程质量验收记录	GB 50300—2013
33	分部工程质量验收记录	GB 50300—2013
34	分部工程质量验收报验表	GB 50300—2013
35	竣工图	

10.5　建筑电气工程验收管理

建筑电气工程的验收标准和规范为：《建筑工程施工质量验收统一标准》GB 50300—2013 和《建筑电气工程施工质量验收规范》GB 50303—2015。

10.5.1　建筑工程质量验收的划分

建筑工程施工质量验收应划分为单位工程、分部工程、分项工程和检验批。单位工程应具有独立的施工条件和能形成图例的试用功能，在施工前可由建设、监理、施工单位商议确定，应由施工单位制定分项工程和检验批的划分方案，并由监理单位审核。并据此收集整理施工技术资料和进行验收。建筑电气分部工程的质量验收，应按检验批、分项工程、子分部工程逐级进行验收。

10.5.1.1　单位工程

具备独立施工条件并能形成独立使用功能的建筑物或构筑物为一个单位工程。

对于规模较大的单位工程，可将其能形成独立使用功能的部分划分为一个子单位工程。

所含分部工程的质量均应验收合格，观感质量符合要求，质量控制资料完整，验收记录无遗漏缺项、填写正确，所含分部工程中有关安全、节能、环境保护和主要使用功能的检验资料应完整，主要使用功能的抽查结果应符合相关专业验收规范的规定，技术资料齐全，且应符合工序要求、有可追溯性，责任单位和责任人均应确认且签章齐全方可进行单位工程质量验收。

单位工程质量验收时，建筑电气分部（子分部）工程实物质量应抽检下列部位和设施，且抽检结果应符合规范的规定：

变配电室，技术层、设备层的动力工程，电气竖井，建筑顶部的防雷工程，电气系统接地，重要的或大面积活动场所的照明工程，以及 5% 自然间的建筑电气动力、照明工程，室外电气工程的变配电室，以及灯具总数的 5%。

10.5.1.2　分部工程

(1) 可按专业性质、工程部位确定。

(2) 当分部工程较大或较复杂时，可按材料种类、施工特点、施工程序、专业系统及类别将分部工程划分为若干子分部工程。

(3) 所含分项工程质量的质量均验收合格，观感质量符合要求，质量控制资料完整，有关安全、节能、环境保护和主要使用功能的抽样检验结果符合相应规定后，方可进行分部工程的质量验收。

10.5.1.3　分项工程

分项工程可按主要工种、材料、施工工艺、设备类别进行划分。所含检验批的质量验收应合格，且所含检验批的质量验收记录完整，方可进行分项工程质量验收。

建筑电气具体分部分项工程划分可见表 1-1。

10.5.1.4　检验批

检验批可根据施工、质量控制和专业验收的需要，按工程量、楼层、施工段、变形缝进行划分。建筑电气分部工程检验批的划分应符合下列规定：

变配电室安装工程中分项工程的检验批，主变配电室应作为 1 个检验批，对于有数个分变配电室，且不属于子单位工程的子分部工程，应分别作为 1 个检验批，其验收记录应汇入所有变配电室有关分项工程的验收记录中；当各分变配电室属于各子单位工程的子分部工程时，所属分项工程应分别作为 1 个检验批，其验收记录应作为分项工程验收记录，且应经子分部工程验收记录汇总后纳入分部工程验收记录中。

供电干线安装工程中分项工程的检验批，应按供电区段和电气竖井的编号划分。

对于电气动力和电气照明安装工程中分项工程的检验批，其界区的划分应与建筑土建工程一致。

自备电源和不间断电源安装工程中分项工程，应分别作为 1 个检验批。

对于防雷及接地装置安装工程中分项工程的检验批，人工接地装置和利用建筑物基础钢筋的接地体应分别作为 1 个检验批，且大型基础可按区块划分成若干个检验批，对于防雷引下线安装工程，6 层以下的建筑应作为 1 个检验批，高层建筑中依均压环设置间隔的层数应作为 1 个检验批，接闪器安装同一屋面，应作为 1 个检验批，建筑物的总等电位联结应作为 1 个检验批，每个局部等电位联结应作为 1 个检验批，电子系统设备机房应作为 1 个检验批。

对于室外电气安装工程中分项工程的检验批，应按庭院大小、投运时间先后、功能区块等进行划分。

10.5.2　建筑工程质量验收的程序和组织

检验批应由专业监理工程师组织施工单位项目专业质量检查员和专业工长等进行验收。

分项工程应由专业监理工程师组织施工单位项目专业技术负责人等进行验收。

分部工程应由总监理工程师组织施工单位项目负责人和项目技术负责人等进行验收。勘察、设计单位项目负责人和施工单位技术、质量部门负责人应参加地基与基础分部工程的验收。设计单位项目负责人和施工单位技术、质量部门负责人应参加主体结构、节能分部工程的验收。

单位工程中的分包工程完工后，分包单位应对所承包的工程项目进行自检，并应按本标准规定的程序进行验收。验收时，总包单位应派人参加。分包单位应将所分包工程的质量控制资料整理完整，并移交给总包单位。

单位工程完工后，施工单位应组织有关人员进行自检。总监理工程师应组织各专业监理工程师对工程质量进行竣工预验收。存在施工质量问题时，应由施工单位整改。整改完毕后，由施工单位向建设单位提交工程竣工报告，申请工程竣工验收。

建设单位收到工程竣工报告后，应由建设单位项目负责人组织监理、施工、设计、勘察等单位项目负责人进行单位工程验收。

10.5.3 验收资料要求

建筑电气工程验收时，应核查下列各项质量控制资料，要求资料内容应真实、齐全、完整。

(1) 设计文件和图纸会审记录及设计变更与工程洽商记录；

(2) 主要设备、器具、材料的合格证和进场验收记录；

(3) 隐蔽工程检查记录；

(4) 电气设备交接试验检验记录；

(5) 电动机检查（抽芯）记录；

(6) 接地电阻测试记录；

(7) 绝缘电阻测试记录；

(8) 接地故障回路阻抗测试记录；

(9) 剩余电流动作保护器测试记录；

(10) 电气设备空载试运行和负荷试运行记录；

(11) EPS 应急持续供电时间记录；

(12) 灯具固定装置及悬吊装置的载荷强度试验记录；

(13) 建筑照明通电试运行记录；

(14) 接闪线和接闪带固定支架的垂直拉力测试记录；

(15) 接地（等电位）联结导通性测试记录；

(16) 工序交接合格等施工安装记录。

10.5.4 电气工程质量验收要点

10.5.4.1 一般规定

安装电工、焊工、起重吊装工和电力系统调试等人员应持证上岗。

安装和调试用各类计量器具应检定合格，且使用时应在检定有效期内。

电气设备、器具和材料的额定电压应符合设计要求。

电气设备上的计量仪表、与电气保护有关的仪表应检定合格，且当投入运行时，应在检定有效期内。

建筑电气动力工程的空载运行和建筑电气照明工程负荷运行前，应根据电气设备及相关建筑设备的种类、特性和技术参数等编制运行方案或作业指导书，并应经施工单位审核同意、经监理单位确认后执行。

高压的电气设备、布线系统以及继电保护系统必须交接试验合格。

主要设备、材料、成品和半成品进场验收。

主要设备、材料、成品和半成品应进场验收合格，并应做好验收记录和验收资料归档。当设计有技术参数要求时，应核对其技术参数，并应符合设计要求。主要设备、材料、成品和半成品进场验收要求见表 10-2。

实行生产许可证或强制性认证（CCC 认证）的产品，应有许可证编号或 CCC 认证标志，并应抽查生产许可证或 CCC 认证证书的认证范围、有效性及真实性。

新型电气设备、器具和材料进场验收时应提供安装、使用、维修和试验要求等技术文件。

进口电气设备、器具和材料进场验收时应提供质量合格证明文件，性能检测报告以及安装、使用、维修、试验要求和说明等技术文件，对有商检规定要求的进口电气设备，尚应提供商检证明。

当主要设备、材料、成品和半成品的进场验收需进行现场抽样检测或因有异议送有资质试验室抽样检测时，应符合下列规定：

现场抽样检测：对于母线槽、线管、绝缘导线、电缆等，同厂家、同批次、同型号、同规格的，每批至少应抽取 1 个样本，对于灯具、插座、开关等电气设备，同厂家、同材质、同类型的，应各抽检 3%，自带蓄电池的灯具应按 5% 抽检，且均不应少于1 个（套）。

因有异议送有资质的试验室而抽样检测：对于母线槽、绝缘导线、电缆、梯架、托盘、槽盒、线管、型钢、镀锌制品等，同厂家、同批次、不同种规格的，应抽检 10%，且不应少于 2 个规格。对于灯具、插座、开关等电气设备，同厂家、同材质、同类型的，数量 500 个（套）及以下时应抽检 2 个（套），但应各不少于 1 个（套），500 个（套）以上时应抽检 3 个（套）。

对于由同一施工单位施工的同一建设项目的多个单位工程，当使用同一生产厂家、同材质、同批次、同类型的主要设备、材料、成品和半成品时，其抽检比例宜合并计算。

当抽样检测结果出现不合格，可加倍抽样检测，仍不合格时，则该批设备、材料、成品或半成品应判定为不合格品，不得使用。

所有检测应有检测报告。

主要设备、材料、成品和半成品进场验收要求一览表　　　　　　表 10-2

材料、设备、成品、半成品种类	合格证和随带技术文件	外观检查	核对产品型号、产品技术参数	其他
变压器、箱式变电所、高压电器及电瓷制品	变压器应有出厂试验记录	设备应有铭牌，表面涂层应完整，附件应齐全，绝缘件应无缺损、裂纹，充油部分不应渗漏，充气高压设备气压指示应正常	应符合设计要求	

续表

材料、设备、成品、半成品种类	合格证和随带技术文件	外观检查	核对产品型号、产品技术参数	其他
高压成套配电柜、蓄电池柜、UPS柜、EPS柜、低压成套配电柜(箱)、控制柜(台、箱)	高压和低压成套配电柜、蓄电池柜、UPS柜、EPS柜等成套柜应有出厂试验报告	设备应有铭牌，表面涂层应完整、无明显碰撞凹陷，设备内元器件应完好无损、接线无脱落脱焊，绝缘导线的材质、规格应符合设计要求，蓄电池柜内电池壳体应无碎裂、漏液，充油、充气设备应无泄漏	应符合设计要求	
柴油发电机组	合格证和出厂试运行记录应齐全、完整，发电机及其控制柜应有出厂试验记录	设备应有铭牌，表面涂层应完整，机身应无缺件		主机、附件、专用工具、备品备件齐全
电动机、电加热器、电动执行机构和低压开关设备	内容应填写齐全、完整	设备应有铭牌，涂层应完整，设备器件或附件应齐全、完好、无缺损		
照明灯具及附件	合格证内容应填写齐全、完整，灯具材质应符合设计要求和产品标准要求。新型气体放电灯应随带技术文件。太阳能灯具的内部短路保护、过载保护、反向放电保护、极性反接保护等功能性试验资料应齐全，并应符合设计要求	灯具涂层应完整、无损伤，附件应齐全，I类灯具的外露可导电部分应具有专用的PE端子。固定灯具带电部件及提供防触电保护的部位应为绝缘材料，且应耐燃烧和防引燃。消防应急灯应获得消防产品型式试验合格评定，且具有认证标志。疏散指示标志灯的保护罩应完整、无裂纹。游泳池和类似场所灯具（水下灯及防水灯具）的防护等级应符合设计要求，当对其密闭和绝缘性能有异议时，应按批抽样送有资质的试验室检测。内部接线应为铜芯绝缘导线，其截面积应与灯具功率相匹配，且不应小于0.5mm²	自带蓄电池的供电时间检测：对于自带蓄电池的应急灯具，应现场检测蓄电池最少持续供电时间，且应符合设计要求。绝缘性能检测：对灯具的绝缘性能进行现场抽样检测，灯具的绝缘电阻值不应小于2MΩ，灯具内绝缘导线的绝缘层厚度不应小于0.6mm	

续表

材料、设备、成品、半成品种类	合格证和随带技术文件	外观检查	核对产品型号、产品技术参数	其他
开关、插座、接线盒和风扇及附件	合格证内容填写应齐全、完整	开关、插座的面板及接线盒盒体应完整、无碎裂、零件齐全，风扇应无损坏、涂层完整，调速器等附件应适配	电气和机械性能检测：对开关、插座的电气和机械性能应进行现场抽样检测，并应符合下列规定：① 不同极性带电部件间的电气间隙不应小于 3mm，爬电距离不应小于 3mm；② 绝缘电阻值不应小于 5MΩ；③ 用自攻锁紧螺钉或自切螺钉安装的，螺钉与软塑固定件旋合长度不应小于 8mm，绝缘材料固定件在经受 10 次拧紧退出试验后，应无松动或掉渣，螺钉及螺纹应无损坏现象；④ 对于金属间相旋合的螺钉螺母，拧紧后完全退出，反复 5 次后，应仍然能正常使用	对开关、插座、接线盒及面板等绝缘材料的耐非正常热、耐燃和耐漏电起痕性能有异议时，应按批抽样送有资质的实验室检测。
绝缘导线、电缆	合格证内容填写应齐全、完整	包装完好，电缆端头应密封良好，标识应齐全。抽检的绝缘导线或电缆绝缘层应完整无损，厚度均匀。电缆无压扁、扭曲，铠装不应松卷。绝缘导线、电缆外护层应有明显标识和制造厂标	绝缘性能：电线、电缆的绝缘性能应符合产品技术标准或产品技术文件规定。标称截面积和电阻值要求：绝缘导线、电缆的标称截面积应符合设计要求，其导体电阻值应符合现行国家标准《电缆的导体》GB/T 3956—2008 的有关规定	当对绝缘导线和电缆的导电性能、绝缘性能、绝缘厚度、机械性能和阻燃耐火性能有异议时，应按批抽样送有资质的试验室检测。检测项目和内容应符合国家现行有关产品标准的规定
线管	钢线管应有产品质量证明书，塑料线管应有合格证及相应检测报告	钢线管应无压扁，内壁应光滑。非镀锌钢线管不应有锈蚀，油漆应完整。镀锌钢线管镀层覆盖应完整、表面无锈斑。塑料线管及配件不应碎裂、表面应有阻燃标记和制造厂标	应按批抽样检测线管的管径、壁厚及均匀度，并应符合国家现行有关产品标准的规定。	对机械连接的钢线管及其配件的电气连续性有异议时，应按现行国家标准《电缆管理用导管系统 第 1 部分：通用要求》GB/T 20041.1—2015 的有关规定进行检验。对塑料线管及配件的阻燃性能有异议时，应按批抽样送有资质的实验室检测

材料、设备、成品、半成品种类	合格证和随带技术文件	外观检查	核对产品型号、产品技术参数	其他
型钢和电焊条	查验合格证和材质证明书，有异议时，应按批抽样送有资质的试验室检测	型钢表面应无严重锈蚀、过度扭曲和弯折变形。电焊条包装应完整，拆包检查焊条尾部应无锈斑	型钢断面尺寸符合国标要求，长度误差满足规范要求	
金属镀锌制品	应按设计要求查验产品质量证明书，按照设计要求查验其符合性	镀锌层应覆盖完整，表面无锈斑，金具配件应齐全，无沙眼	埋入土壤中的热浸锌钢材应检测其镀锌层厚度不应小于 $63\mu m$	对镀锌质量有异议时，应按批抽样送有资质的实验室检测
梯架、托盘和槽盒	内容填写应齐全、完整	配件应齐全，表面应光滑、不变形。钢制梯架、托盘和槽盒涂层应完整、无锈蚀。塑料槽盒应无破损、色泽均匀，铝合金梯架、托盘和槽盒涂层应完整，不应有扭曲变形、压扁或表面划伤等现象	金属梯架、托盘和槽盒母材厚度应满足规范要求	对阻燃性能有异议时，应按批抽样送有资质的实验室检测
母线槽	① CCC 型式试验报告中的技术参数应符合设计要求，导体规格及相应温升值应与 CCC 型式试验报告中的导体规格一致，当对导体的载流能力有异议时，应送有资质的试验室做极限温升试验，额定电流的温升应符合国家现行有关产品标准的规定；② 耐火母线槽除应通过 CCC 认证外，还应提供由国家认可的检测机构出具的型式检验报告，其耐火时间应符合设计要求；③ 保护接地导体（PE）应与外壳有可靠的连接，其截面积应符合产品技术文件规定；当外壳兼作保护接地导体（PE）时，CCC 型式试验报告和产品结构应符合国家现行有关产品标准的规定	防潮密封应良好，各段编号应标志清晰，附件应齐全、无缺损，外壳应无明显变形，母线螺栓搭接面应平整、镀层覆盖应完整、无起皮和麻面，插接母线槽上的静触头应无缺损、表面光滑、镀层完整。对有防护等级要求的母线槽尚应检查产品及附件的防护等级与设计的符合性，其标识应完整		

材料、设备、成品、半成品种类	合格证和随带技术文件	外观检查	核对产品型号、产品技术参数	其他
电缆头部件、导线连接器及接线端子	① 铝及铝合金电缆附件应具有与电缆导体匹配的检测报告；② 矿物绝缘电缆的中间连接附件的耐火等级不应低于电缆本体的耐火等级；③ 导线连接器和接线端子的额定电压、连接容量及防护等级应满足设计要求	部件应齐全，包装标识和产品标志应清晰，表面应无裂纹和气孔，随带的袋装涂料或填料不应泄漏。铝及铝合金电缆用接线端子和接头附件的压接圆筒内表面应有抗氧化剂。矿物绝缘电缆专用终端接线端子规格应与电缆相适配。导线连接器的产品标识应清晰明了、经久耐用		
金属灯柱	合格证应齐全、完整	涂层应完整，根部接线盒盖紧固件和内置熔断器、开关等器件应齐全，盒盖密封垫片应完整。金属灯柱内应设有专用接地螺栓，地脚螺孔位置应与提供的附图尺寸一致，允许偏差应为±2mm		
降阻剂材料	应提供经国家相应检测机构检验检测合格的证明			

10.5.4.2　工序交接确认

电气工程质量验收的工序内容及交接要求见表 10-3 所示。

工序内容及交接要求　　　　　　　　　　　　　　　　表 10-3

工序内容	工序交接要求
变压器、箱式变电所的安装	1. 变压器、箱式变电所安装前，室内顶棚、墙体的装饰面应完成施工，无渗漏水，地面的找平层应完成施工，基础应验收合格，埋入基础的线管和变压器进线、出线预留孔及相关预埋件等经检查应合格； 2. 变压器、箱式变电所通电前，变压器及系统接地的交接试验应合格
成套配电柜、控制柜（台、箱）和配电箱（盘）的安装	1. 成套配电柜（台）、控制柜安装前，室内顶棚、墙体的装饰工程应完成施工，无渗漏水，室内地面的找平层应完成施工，基础型钢和柜、台、箱下的电缆沟等经检查应合格，落地式柜、台、箱的基础及埋入基础的线管应验收合格； 2. 墙上明装的配电箱（盘）安装前，室内顶棚、墙体、装饰面完成施工，暗装的控制（配电）箱的预留孔和动力、照明配线的线盒及线管等经检查应合格； 3. 电源线连接前，应确认电涌保护器（SPD）型号、性能参数符合设计要求，接地线与 PE 排连接可靠； 4. 试运行前，柜、台、箱、盘内 PE 排应完成连接，柜、台、箱、盘内的元件规格、型号应符合设计要求，接线应正确且交接试验合格

工序内容	工序交接要求
电动机、电加热器及电动执行机构接线	电动机、电加热器及电动执行机构应与机械设备完成连接，且经手动操作检验符合工艺要求，绝缘电阻应测试合格
柴油发电机组的安装	1. 机组安装前，基础应验收合格； 2. 机组安放后，采取地脚螺栓固定的机组应初平、螺栓孔灌浆、精平、紧固地脚螺栓、二次灌浆等安装合格，安放式的机组底部应垫平、垫实； 3. 空载试运行前，油、气、水冷、风冷、烟气排放等系统和隔振防噪声设施应完成安装，消防器材应配置齐全、到位且符合设计要求，发电机应进行静态试验，随机配电盘、柜接线经检查应合格，柴油发电机组接地经检查应符合设计要求； 4. 负荷试运行前，空载试运行和试验调整应合格； 5. 投入备用状态前，应在规定时间内，连续无故障负荷试运行合格
UPS 或 EPS 接线	UPS 或 EPS 接至馈电线路前，应按产品技术要求进行试验调整，并应经检查确认
线管敷设	1. 配管前，除埋入混凝土中的非镀锌钢线管的外壁外，应确认其他场所的非镀锌钢线管内、外壁均已做防腐处理； 2. 埋设线管前，应检查确认室外直埋线管的路径、沟槽深度、宽度及垫层处理等符合设计要求； 3. 现浇混凝土板内的配管，应在底层钢筋绑扎完成，上层钢筋未绑扎前进行，且配管完成后应经检查确认后，再绑扎上层钢筋和浇捣混凝土； 4. 墙体内配管前，现浇混凝土墙体内的钢筋绑扎及门、窗等位置的放线应已完成； 5. 接线盒和线管在隐蔽前，经检查应合格； 6. 穿梁、板、柱等部位的明配线管敷设前，应检查其套管、埋件、支架等设置符合要求； 7. 吊顶内配管前，吊顶上的灯位及电气器具位置应先进行放样，并应与土建及各专业施工协调配合
梯架、托盘和槽盒安装	1. 支架安装前，应先测量定位； 2. 梯架、托盘和槽盒安装前，应完成支架安装，且顶棚和墙面的喷浆、油漆或壁纸等应基本完成
母线槽安装	1. 变压器和高低压成套配电柜上的母线槽安装前，变压器、高低压成套配电柜、穿墙套管等应安装就位，并应经检查合格； 2. 母线槽支架的设置应在结构封顶、室内底层地面完成施工或确定地面标高、清理场地、复核层间距离后进行； 3. 母线槽安装前，与母线槽安装位置有关的管道、空调及建筑装修工程应完成施工； 4. 母线槽组对前，每段母线的绝缘电阻应经测试合格，且绝缘电阻值不应小于 20MΩ； 5. 通电前，母线槽的金属外壳应与外部保护导体完成连接，且母线绝缘电阻测试和交流工频耐压试验应合格
电缆敷设	1. 支架安装前，应先清除电缆沟、电气竖井内的施工临时设施、模板及建筑废料等，并应对支架进行测量定位； 2. 电缆敷设前，电缆支架、电缆线管、梯架、托盘和槽盒应完成安装，并已与保护导体完成连接，且经检查应合格； 3. 电缆敷设前，绝缘测试应合格； 4. 通电前，电缆交接试验应合格，检查并确认线路去向、相位和防火隔堵措施等应符合设计要求

续表

工序内容	工序交接要求
电缆头制作和接线	1. 电缆头制作前，电缆绝缘电阻测试应合格，检查并确认电缆头的连接位置、连接长度应满足要求； 2. 控制电缆接线前，应确认绝缘电阻测试合格，校线正确； 3. 电力电缆或绝缘导线接线前，电缆交接试验或绝缘电阻测试应合格，相位核对应正确
绝缘导线、电缆穿线管及槽盒内敷线	1. 焊接施工作业应已完成，检查线管、槽盒安装质量应合格； 2. 线管或槽盒与柜、台、箱已完成连接，线管内积水及杂物应已清理干净； 3. 绝缘导线、电缆的绝缘电阻应经测试合格； 4. 通电前，绝缘导线、电缆交接试验应合格，检查并确认接线去向和相位等应符合设计要求
塑料护套线直敷布线	1. 弹线定位前，应完成墙面、顶面装饰工程施工； 2. 布线前，应确认穿梁、墙、楼板等建筑结构上的套管已安装到位，且塑料护套线经绝缘电阻测试合格
钢索配线的钢索吊装及线路敷设	除地面外的装修工程应已结束，钢索配线所需的预埋件及预留孔应已预埋、预留完成
照明灯具安装	1. 灯具安装前，应确认安装灯具的预埋螺栓及吊杆、吊顶上安装嵌入式灯具用的专用支架等已完成，对需做承载试验的预埋件或吊杆经试验应合格； 2. 影响灯具安装的模板、脚手架应已拆除，顶棚和墙面喷浆、油漆或壁纸等及地面清理工作应已完成； 3. 灯具接线前，导线的绝缘电阻测试应合格； 4. 高空安装的灯具，应先在地面进行通断电试验合格
照明开关、插座、风扇安装	检查吊扇的吊钩已预埋完成、导线绝缘电阻测试应合格，顶棚和墙面的喷浆、油漆或壁纸等已完工
照明系统的测试和通电试运行	1. 导线绝缘电阻测试应在导线接续前完成； 2. 照明箱（盘）、灯具、开关、插座的绝缘电阻测试应在器具就位前或接线前完成； 3. 通电试验前，电气器具及线路绝缘电阻应测试合格，当照明回路装有剩余电流动作保护器时，剩余电流动作保护器应检测合格； 4. 备用照明电源或应急照明电源做空载自动投切试验前，应卸除负荷，有载自动投切试验应在空载自动投切试验合格后进行； 5. 照明全负荷试验前，应确认上述工作应已完成
电气动力设备试验和试运行	1. 电气动力设备试验前，其外露可导电部分应与保护导体完成连接，并经检查应合格； 2. 通电前，动力成套配电（控制）柜、台、箱的交流工频耐压试验和保护装置的动作试验应合格； 3. 空载试运行前，控制回路模拟动作试验应合格，盘车或手动操作检查电气部分与机械部分的转动或动作应协调一致
接地装置安装	1. 对于利用建筑物基础接地的接地体，应先完成底板钢筋敷设，然后按设计要求进行接地装置施工，经检查确认后，再支模或浇捣混凝土； 2. 对于人工接地的接地体，应按设计要求利用基础沟槽或开挖沟槽，然后经检查确认，再埋入或打入接地极和敷设地下接地干线； 3. 采用接地模块降低接地电阻的施工，应先按设计位置开挖模块坑，并将地下接地干线引到模块上，经检查确认，再相互焊接。采用添加降阻剂以降低接地电阻的施工，应先按设计要求开挖沟槽或钻孔垂直埋管，再将沟槽清理干净，检查接地体埋入位置后，再灌注降阻剂； 4. 隐蔽装置前，应先检查验收合格后，再覆土回填

续表

工序内容	工序交接要求
防雷引下线安装	1. 当利用建筑物柱内主筋作引下线时，应在柱内主筋绑扎或连接后，按设计要求进行施工，经检查确认，再支模； 2. 对于直接从基础接地体或人工接地体暗敷埋入粉刷层内的引下线，应先检查确认不外露后，再贴面砖或刷涂料等； 3. 对于直接从基础接地体或人工接地体引出明敷的引下线，应先埋设或安装支架，并经检查确认后，再敷设引下线
接闪器安装	接闪器安装前，应先完成接地装置和引下线的施工，接闪器安装后应及时与引下线连接
防雷接地系统测试	接地装置应完成施工且测试合格；防雷接闪器应完成安装，整个防雷接地系统应连成回路
等电位联结	1. 对于总等电位联结，应先检查确认总等电位联结端子的接地导体位置，再安装总等电位联结端子板，然后按设计要求作总等电位联结； 2. 对于局部等电位联结，应先检查确认连接端子位置及连接端子板的截面积，再安装局部等电位联结端子板，然后按设计要求作局部等电位联结； 3. 对特殊要求的建筑金属屏蔽网箱，应先完成网箱施工，经检查确认后，再与PE连接

练习思考题

1. 建筑电气安装工程施工有哪几个阶段？
2. 施工组织设计编制的原则是什么？具体内容是什么？
3. 建筑电气与通风空调工程的接口有哪些？
4. 建筑电气与给水排水工程的接口工作有哪些？
5. 建筑电气与电梯工程的接口工作有哪些？
6. 建筑电气工程质量验收的程序和验收要点是什么？

第11章　建筑电气工程其他相关技术

建筑电气工程其他相关技术众多，本章重点从电力线路的继电保护相关知识、电力变压器故障诊断技术、架空线路故障定位和电力电缆故障诊断、BIM 机电安装技术等方面进行介绍。

11.1　电力线路的继电保护

电力系统是电能生产、变换、输送、分配和使用的各种电气设备按照一定的技术与经济要求有机组成的一个联合系统。一般将电能通过的设备称为电力系统的一次设备，如发电机、变压器、断路器、母线、输电线路、补偿电容器、电动机及其他用电设备等。这些电气设备在运行和使用过程中，由于设备老化、设计安装缺陷、外力作用或自然灾害等，不可避免地会出现各种短路或断线故障以及各种不正常运行状态，从而影响电力系统的正常运行和电力用户的正常用电，甚至影响电网的安全稳定并导致严重的事故。

电气设备发生短路故障后，在故障元件和相邻设备中都会流过很大的短路电流，如不及时切除故障将会造成设备损坏甚至报废，例如大容量的发电机内部相间短路和匝间短路将会出现很大的短路电流，在发电机内部产生电弧，如不及时切除故障将会烧毁定子铁芯甚至导致发电机严重损坏，导致发电机停机维修，造成极为严重的经济损失。发生故障后处理的速度越快，故障电气设备受到的损伤就越小，经济损失就越小。而快速及时地切除故障，保证电力系统的安全稳定运行必须依靠继电保护装置，因此在各类电气设备上均应装设相应的继电保护装置，在电气设备故障或出现不正常状态时继电保护装置能及时做出反应，保证设备安全。

通常把电力系统中对一次设备的运行状态进行监视、测量、控制和保护的设备，称为电力系统的二次设备。二次设备是电力系统不可缺少的重要组成部分，而且随着电力系统向大容量、高电压、长距离发展，二次部分的重要性与日俱增，继电保护是二次设备的重要组成部分。

11.1.1　继电保护概述

1. 电力系统的运行状态

电力系统的运行状态分为正常运行状态、不正常运行状态、故障状态。

（1）正常运行状态

电力系统各母线电压在允许偏差范围内、频率波动在允许范围内，系统的发电输电以及用电设备都有一定的备用容量。电力设备的负载在额定负荷以内保持正常运行。

（2）不正常运行状态

不正常运行状态是指电力系统或电力设备的正常运行状态受到改变但还没有达到故障状态。常见的不正常运行状态有：电力设备的实际负荷超过额定值长期运行，外部短路引起的设备过电流，系统中由于调压手段不足导致母线电压长期低于或高于允许值，有功不足引起的系统频率下降，电力系统振荡等。

处于不正常运行状态的电力系统或电气设备一般来说可以继续运行或继续运行一段时间，但是不正常运行状态对电力系统和电力用户都会带来不利影响，甚至导致电力系统或电气设备故障，严重的可能引起事故，例如电气设备长期过负荷运行将会使设备绝缘老化，进而造成短路故障。

（3）故障状态

电力系统故障是指电力设备或电力线路出现短路或断线。为了安全和避免经济损失，发生故障后相应设备必须退出运行。电力系统中最常见也最危险的故障是各种类型的短路，包括三相短路、两相短路、两相接地短路和单相接地短路。短路时出现的短路电流将会使故障设备受到严重损坏。相邻设备由于通过较大电流而不能正常运行，母线电压降低导致电力用户不能正常生产或者影响日常生活，严重的故障如不及时切除将会影响系统并列运行的稳定性。

2. 继电保护的基本任务

继电保护装置（Relay Protection Device），就是指能反应电力系统中电气设备发生故障或不正常运行状态，并动作于断路器跳闸或发出信号的一种自动装置。

电力系统继电保护（Power System Relay Protection）一词泛指继电保护技术和由各种继电保护装置组成的继电保护系统，包括继电保护的原理设计、配置、整定、调试等技术，也包括由获取电量信息的电压、电流互感器二次回路，经过继电保护装置到断路器跳闸线圈的一整套具体设备，如果需要利用通信手段传送信息，还包括通信设备。

电力系统继电保护的基本任务是：

（1）自动、迅速、有选择性地将故障元件从电力系统中切除，使故障元件免于继续遭到损坏，保证其他无故障部分迅速恢复正常运行；

（2）反应电气设备的不正常运行状态，并根据运行维护条件，而动作于发出信号或跳闸。此时一般不要求迅速动作，而是根据对电力系统及其元件的危害程度规定一定的延时，以免短暂的运行波动造成不必要的动作和干扰引起的误动。

3. 继电保护的基本原理

要完成继电保护的任务，除需要继电保护装置外，必须通过可靠的继电保护工作回路的正确工作，才能最后完成跳开故障元件的断路器、对系统或电力元件的不正常运行状态发出警报、正常运行时不动作的任务。

继电保护的工作回路中一般包括：将通过一次电力设备的电流、电压线性地转变为适合继电保护等二次设备使用的电流、电压，并使一次设备与二次设备隔离的设备，如电流、电压互感器及其与保护装置连接的电缆等，断路器跳闸线圈及与保护装置出口间的连接电缆，指示保护装置动作情况的信号设备，保护装置及跳闸、信号回路设备的工作电源等。图11-1以过电流保护为例，展示了一个简单的保护工作回路的原理接线。

电流互感器 TA 将一次额定电流变换为二次额定电流 5A 或 1A，送入电流继电器 KA（测量比较元件），当流过电流继电器的电流大于其预定的动作值（整定值，可调整）时其输出启动时间继电器 KT（逻辑部分），经预定（可调整）的延时（逻辑运算）后，时间继电器的输出启动中间继电器 KM（执行输出）并使其接点闭合，接通断路器的跳闸回路，同时使信号继电器 KS 发出动作信号。在正常运行时，由于负荷电流小于电流继电器的整定电流，电流继电器不动作，整套保护不动作。当被保护的线路发生短路后，线路中流过的短路电流一般是额定负荷电流的数倍至数十倍，电流互感器二次侧输出的电流线性增大，流过电流继电器的电流大于整定电流而动作，启动时间继电器，经预定的延时后，时间继电器的触点闭合启动中间继电器，中间继电器的触点瞬时闭合，当断路器 QF 处于合闸位置时，其位置触点 QF 是闭合的，使断路器的跳闸线圈 YR 带电，在电磁力的作用下使脱扣机构释放，断路器在跳闸弹簧力 F 的作用下跳开，故障设备被切除，短路电流消失，电流继电器返回，整套保护装置复归，做好下次动作的准备。

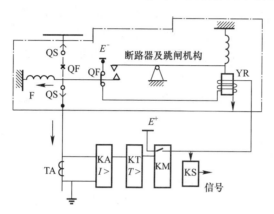

图 11-1　过电流保护工作回路原理接线图

可见，为安全可靠地完成继电保护的工作任务，继电保护回路中的任一个元件及其连线都必须时时刻刻正确工作。

4. 对继电保护的基本要求

动作于跳闸的继电保护，在技术上一般应满足四个基本要求，即可靠性（安全性和信赖性）、选择性、速动性和灵敏性。这四个基本要求之间紧密联系，既矛盾又统一，必须根据具体电力系统运行的主要矛盾和矛盾的主要方面，配置、配合、整定每个电力元件的继电保护充分发挥和利用继电保护的科学性、工程技术性，使继电保护为提高电力系统运行的安全性、稳定性和经济性发挥最大效能。

（1）可靠性（Reliability）

可靠性包括安全性和信赖性，是对继电保护性能的最根本要求。所谓安全性，是要求继电保护在不需要它动作时可靠不动作，即不发生误动作。所谓信赖性，是要求继电保护在规定的保护范围内发生了应该动作的故障时可靠动作，即不发生拒绝动作。

安全性和信赖性主要取决于保护装置本身的制造质量、保护回路的连接和运行维护的水平，一般而言，保护装置的组成元件质量越高、回路接线越简单，保护的工作就越可靠。同时，正确地调试、整定，良好地运行维护以及丰富的运行经验，对于提高保护的可靠性具有重要的作用。

继电保护的误动作和拒绝动作都会给电力系统造成严重危害。然而，提高不误动作的安全性措施与提高不拒动的信赖性措施往往是矛盾的。由于不同的电力系统结构不同，电力元件在电力系统中的位置不同，误动和拒动的危害程度不同，因而提高保护安全性和信赖性的侧重点在不同情况下有所不同。例如，对 220kV 及以上电压的超高压电网，由于电网联系比较紧密，联络线较多，系统备用容量较多，如果保护误动作，使某条线路、某台发电机或变压器误切除，给整个电力系统造成直接经济损失较小。但如果保护装置拒绝动作，将会造成电力元件的损坏或者引起系统稳定性的破坏，造成大面积的停电事故。在这种情况下一般应该更强调保护不拒动的信赖性，目前要求每回 220kV 及以上电压输电线路都装设两套工作原理不同、工作回路完全独立地快速保护，采取各自独立跳闸的方式，提高不拒动的信赖性，而对于母线保护，由于它的误动将会给电力系统带来严重后果，则更强调不误动的安全性，一般采用两套保护出口触点串联后跳闸的方式。

即使对于相同的电力元件，随着电网的发展，保护不误动和不拒动对系统的影响也会发生变化。例如，一个更高一级电压网络建设初期或大型电厂投产初期，由于联络线较少，输送容量较大，切除一个元件就会对系统产生很大影响，防止误动是最重要的，随着电网建设的发展，联络线越来越多，电网联系越来越紧密，防止拒动可能变成最重要的了。在说明防止误动的重要性的时候，并不是说防止拒动不重要，而是说，在保证防止误动的同时要充分防止拒动，反之亦然。

（2）选择性（Selectivity of Protection）

继电保护的选择性是指保护装置动作时，在可能的最小区间内将故障从电力系统中断开，最大限度地保证系统中无故障部分仍能继续安全运行。它包含两种意思：其一是只应由装在故障元件上的保护装置动作切除故障；其二是要力争相邻元件的保护装置对它起后备保护作用。

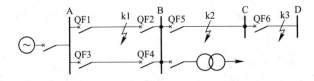

图 11-2　保护选择性说明示意图

在图 11-2 所示的网络中，当线路 A-B 上 k1 点短路时，应由线路 A-B 的保护动作跳开断路器 QFI 和 QF2，故障被切除。而在线路 C-D 上 k3 点短路时，由线路 C-D 的保护动作跳开断路器 QF6，只有变电所 D 停电。故障元件上的保护装置如此有选择性地切除故障，可以使停电的范围最小，甚至不停电。如果 k3 点故障时，由于种种原因造成断路器 QF6 跳不开，相邻线路 BC 的保护动作跳开断路器 QF5，相对地停电范围也是较小的，相邻线路的保护对它起到了远后备作用，这种保护的动作也是有选择性的。若线路 B-C 的保护本来能够动作跳开断路器 QF5，而线路 A-B 的保护抢先跳开了断路器 QF1 和 QF3，则该保护动作是无选择性的。

这种选择性的保证，除利用一定的延时使本线路的后备保护与主保护正确配合外，还必须注意相邻元件后备保护之间的正确配合。其一是上级元件后备保护的灵敏度要低于下级元件后备保护的灵敏度；其二是上级元件后备保护的动作时间要大于下级元件后备保护的动作时间。在短路电流水平较低、保护处于动作边缘情况下，这两个条件缺一不可。

（3）速动性（Speed）

继电保护的速动性是指尽可能快地切除故障，以减少设备及用户在大短路电流、低电压下运行的时间，降低设备的损坏程度、提高电力系统并列运行的稳定性。动作迅速而又能满足选择性要求的保护装置，一般结构都比较复杂，价格比较昂贵，对大量的中、低压电力元件不一定都采用高速动作的保护。对保护速动性的要求应根据电力系统的接线和被保护元件的具体情况，经技术经济比较后确定。一些必须快速切除的故障有：

　　1) 使发电厂或重要用户的母线电压低于允许值（一般为 0.7 倍额定电压）；

　　2) 大容量的发电机、变压器和电动机内部发生的故障；

　　3) 中、低压线路导线截面过小，为避免过热不允许延时切除的故障；

　　4) 可能危及人身安全、对通信系统或铁路信号系统有强烈干扰的故障。

　　在高压电网中，维持电力系统的暂态稳定性往往成为继电保护快速性要求的决定性因素，故障切除越快，暂态稳定极限（维持故障切除后系统的稳定性所允许的故障前输送功率）越高，越能发挥电网的输电效能。图 11-3 给出某电网同一点发生不同类型短路时，暂态稳定极限随故障切除时间的变化曲线。

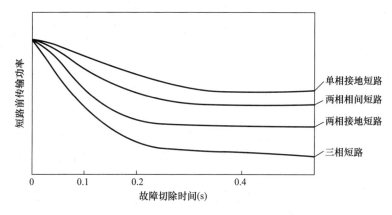

图 11-3　暂态稳定极限随故障切除时间的变化曲线

　　故障切除时间等于保护装置和断路器动作时间的总和，一般的快速保护的动作时间为 0.06～0.12s，最快的可达 0.01～0.04s，一般的断路器的动作时间为 0.06～0.15s，最快的可达 0.02～0.06s。

　　(4) 灵敏性（Sensitivity）

　　继电保护的灵敏性，是指对于其保护范围内发生故障或不正常运行状态的反应能力。满足灵敏性要求的保护装置应该是在规定的保护范围内部故障时，在系统任意的运行条件下，无论短路点的位置、短路的类型如何，以及短路点是否有过渡电阻，当发生短路时都能敏锐感觉、正确反应。灵敏性通常用灵敏系数或灵敏度来衡量，增大灵敏度，增加了保护动作的信赖性，但有时与安全性相矛盾。在 GB 14285—2006《继电保护和安全自动装置技术规程》中，对各类保护的灵敏系数的要求都作了具体的规定，一般要求灵敏系数在 1.2～2 之间。

　　以上四个基本要求是评价和研究继电保护性能的基础，在它们之间，既有矛盾的一面，又要根据被保护元件在电力系统中的作用，使以上四个基本要求在所配置的保护中得到统一，继电保护的科学研究、设计、制造和运行的大部分工作也是围绕如何处理好这四者的辩证统一关系进行的。相同原理的保护装置在电力系统的不同位置的元件上如何配置和配合，相同的电力元件在电力系统不同位置安装时如何配置相应的继电保护，才能最大限度地发挥被保护电力系统的运行效能，充分体现着继电保护工作的科学性和继电保护工程实践的技术性。

11.1.2　继电器（Protection Relay）

1. 继电器的分类和要求

继电器是一种能自动执行断续控制的部件，当其输入量达到一定值时，能使其输出的被控制量发生预计的状态变化，如触点打开、闭合，或电平由高变低、由低变高等，具有对被控电路实现"通"、"断"控制的作用。

在电力系统继电保护回路中，继电器的实现原理随相关技术的发展而变化。目前仍在使用的继电器按照动作原理可分为电磁型、感应型、整流型、电子型和数字型等。按照反应的物理量可分为电流继电器、电压继电器、功率方向继电器、阻抗继电器、频率继电器和气体（瓦斯）继电器等；按照继电器在保护回路中所起的作用可分为启动继电器、量度继电器、时间继电器、中间继电器、信号继电器和出口继电器等。

对继电器的基本要求是工作可靠，动作过程具有"继电特性"。继电器的可靠工作是最重要的，主要通过各部分结构设计合理、制造工艺先进、经过高质量检测等来保证。其次要求继电器动作值误差小、功率损耗小、动作迅速、动稳定性和热稳定性好以及抗干扰能力强。另外，还要求继电器安装、整定方便，运行维护少，价格便宜等。

2. 过电流继电器原理

量度继电器是实现保护的关键测量元件，量度继电器中有过量继电器和欠量继电器。过量继电器，如过电流继电器、过电压继电器、高频率继电器等。欠量继电器，如低电压继电器、距离继电器，低频率继电器等。过电流继电器是实现电流保护的基本元件，也是反映一个以电气量而动作的简单过量继电器的典型。因此，这里将通过对过电流继电器的构成原理分析来说明一般量度继电器的构成原理。

过电流继电器原理框图如图 11-4 所示，来自电流互感器 TA 二次侧的电流 I，加入到继电器的输入端，根据电流继电器的实现型式，例如电磁型，则不需要经过变换，直接接入过电流继电器的线圈。若是电子型和数字型，由于实现电路是弱电回路，需要线性变换成弱电回路所需的信号电压。根据继电器的安装位置和工作任务给定动作值 I_{op}，为使继电器有普遍的使用价值，动作值 I_{op} 可以调整。当加入到继电器的电流 I，大于动作值时，比较环节有输出。在电磁型继电器中，由于需要靠电磁转矩驱动机械触点的转动、闭合，需要一定的功率和时间，继电器有自身固有动作时间（几毫秒），一般的干扰不会造成误动。对于电子型和数字型继电器，动作速度快、功率小，为提高动作的可靠性，防止干扰信号引起的误动作，故考虑了必须使测量值大于动作值的持续时间不小于 2～3ms 时，才能动作于输出。为保证继电器动作后有可靠地输出，防止当输入电流在整定值附近波动时

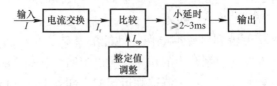

图 11-4　过电流继电器原理框图

输出不停地跳变，在加入继电器的电流小于返回电流 I_{re} 时，继电器才返回，返回电流 I_{re} 小于动作电流 I_{op}。电流由较小值上升到动作电流及以上，继电器由不动作到动作。电流减小到返回电流 I_{re} 及以下，继电器由动作再到返回。其整个过程中输出应满足"继电特性"的要求。

3. 继电器的继电特性

为了保证继电保护可靠工作，对其动作特性有明确的"继电特性"要求。对于过量继电器如过电流继电器，流过正常状态下的电流 I 时是不动作的，输出高电平（或其触点是打开的），只有其流过的电流大于整定的动作电流 I_{op} 时，继电器能够突然迅速地动作、稳定和可靠地输出低电平（或闭合其触点）。在继电器动作以后，只有当电流减小到小于返回电流 I_{re} 以后，继电器又能立即返回到输出高电平（或触点重新打开）。图 11-5 给出用输出电平高低表示过电流继电器动作与返回的继电特性曲线。无论启动还是返回，继电器的动作都是明确干脆的，不可能停留在某一个中间位置，这种特性称之为"继电特性"。

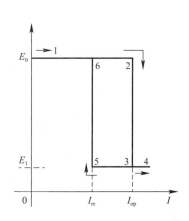

图 11-5　继电器特性曲线

返回电流与启动电流的比值称为继电器的返回系数，可表示为

$$K_{re} = \frac{I_{re}}{I_{op}} \tag{11-1}$$

为了保证动作后输出状态的稳定性和可靠性，过电流继电器（以及一切过量动作的继电器）的返回系数恒小于 1。在实际应用中，常常要求过电流继电器有较高的返回系数，如 0.85～0.9。过电流继电器动作电流的调整，一般利用调整整定环节的设定值来实现。

11.1.3　电力线路继电保护的整定

继电保护按被保护的对象可分为输电线路保护、发电机保护、变压器保护、电动机保护、母线保护等，下面着重介绍输电线路的继电保护。

在目前我国运行中的电网，采用较多的电压等级（单位：kV）有 500、330、220、110、66、35、10、6 和 380/220V，另外，750kV 的电网正在建设中。110kV 及以上电压等级的电网，主要承担输电任务，形成多电源环网，采用中性点直接接地方式。其主保护一般由纵联保护担任，全线路上任意点故障都能快速切除。110kV 以下电压等级的电网，主要承担供、配电任务，发生单相接地后为保证继续供电，中性点采用非直接接地方式。为了便于继电保护的整定配合和运行管理，通常采用双电源互为备用，正常时单侧电源供电的运行方式，其主保护一般由阶段式动作特性的电流保护担任。10（6）kV 单侧电源电力线路上配置的继电保护一般包括：过电流保护、无时限电流速断保护、带时限电流速断保护和电源中性点不接地的单相接地保护。

根据电力系统短路的分析，系统发生三相短路时的短路电流可表示为：

$$I_k^{(3)} = K_\phi \frac{E_\phi}{Z_\Sigma} = K_\phi \frac{E_\phi}{Z_s + Z_k} \tag{11-2}$$

式中　E_ϕ——系统等效电源的相电动势；

　　　　Z_k——短路点至保护安装处之间的阻抗；

$\qquad Z_s$——保护安装处到系统等效电源之间的阻抗；

$\qquad K_\phi$——短路类型系数，三相短路取 1，两相短路取 $\dfrac{\sqrt{3}}{2}$。

在一定的系统运行方式下，短路电流将随短路点位置的变化而变化，故障点距离电源越远，短路电流越小。可以通过计算绘出短路电流随短路点位置变化的曲线即 $I_k = f(l)$，如图 11-6 所示。当系统运行方式及故障类型改变时，I_k 都将随之变化。在继电保护整定计算中，需要确定可能的最大短路电流和最小短路电流。对保护装置而言，流过保护安装处短路电流最大的方式称为系统最大运行方式。流过保护安装处短路电流最小的方式称为系统最小运行方式。图 11-6 中上面的一条曲线为最大运行方式下三相短路电流，下面的一条为最小运行方式下的三相短路电流，而系统所有其他运行方式下流过保护装置的短路电流都在这两条曲线之间。

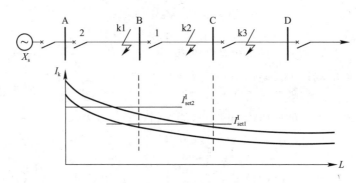

图 11-6　短路电流曲线

11.1.3.1　电流速断保护

（1）电流速断保护的工作原理

根据对继电保护速动性的要求，保护装置动作切除故障的时间，必须满足系统稳定和保证重要用户供电可靠性的要求。在简单、可靠和保证选择性的前提下，原则上总是越快越好。因此，在各种电气元件上，应力求装设快速动作的继电保护。对于反应电流增大而瞬间动作的电流保护，称为电流速断保护。

电流速断保护的分析见图 11-6。由图可知这种保护既要保证动作的瞬时性又要保证动作的选择性，为了解决这一矛盾，可采用以下两种方法：

① 从保护装置启动参数的整定上保证下一条线路出口处短路时不启动，即按躲开下一条线路出口处短路的条件整定；

② 在个别情况下，当快速切除故障是首要条件时，可采用无选择性的速断保护，而以自动重合闸来纠正这种无选择性动作。

对反映于电流升高而动作的电流速断保护而言，能使保护装置启动的最小电流值称为保护装置的启动电流，以 I_{set}^l 表示，它所代表的意义是：当在被保护线路的一次测电流达到这个数值时，安装在该处的这套保护装置就能够动作。

由于速断保护的整定原则决定了电流速断保护在线路末端短路时不能动作，因此它对被保护线路内部故障的反应能力（即灵敏性），只能用保护范围的大小来衡量，此保护范围通常用线路全长的百分数来表示。显然，当系统为最大运行方式时，电流速断的保护范围为最大，当出现其他运行方式或两相短路时，电流速断的保护范围都要减小，而当出现系统最小运行方式下的两相短路时，电流速断的保护范围为最小。一般情况下，应按这种运行方式和故障类型来校验其保护范围。

（2）电流速断保护的整定计算原则

为了保证电流速断保护动作的选择性，保护装置的启动电流必须整定得大于其保护线路范围内可能出现的最大短路电流，即

$$I_{set}^{I} = K_{rel}^{I} I_{k.max} \tag{11-3}$$

公式中引入的可靠系数 $K_{rel}^{I}=1.2\sim1.3$。

启动电流与短路点位置无关，所以在图 11-6 上是一条直线，它与两条曲线各有一个交点，分别对应三相短路的最大保护范围和最小保护范围。在交点以前短路时，由于短路电流大于启动电流，保护装置都能动作。而在交点以后短路时，由于短路电流小于启动电流，保护装置将不能动作。

（3）保护范围的计算

电流速断保护对线路故障的反应能力（即灵敏性），只能用保护范围的大小来衡量。一般需要校核保护的最小保护范围，要求在最小运行方式下两相短路时，保护范围应大于线路全长的 $15\%\sim20\%$。最小保护范围计算公式为

$$l_{min} = \frac{1}{Z_1}\left(\frac{\sqrt{3}E_\phi}{2I_{set}^{I}} - X_{s\cdot max}\right) \tag{11-4}$$

$$l_{min}\% = \frac{l_{min}}{L} \times 100\% \tag{11-5}$$

式中，L 为被保护线路的全长。最大保护范围为

$$l_{max} = \frac{1}{Z_1}\left(\frac{E_\phi}{I_{set}^{I}} - X_{s,min}\right) \tag{11-6}$$

$$l_{max}\% = \frac{l_{max}}{L} \times 100\% \tag{11-7}$$

电流速断保护的主要优点是简单可靠，动作迅速，因此获得了广泛的应用。它的缺点是不可能保护线路的全长，并且保护范围直接受系统运行方式变化的影响。当系统运行方式变化很大，或者被保护线路的长度很短时，速断保护就可能没有保护范围，因而不能采用。但在个别情况下，有选择性的电流速断也可以保护线路的全长，例如当电网的终端线路上采用线路-变压器组接线方式时。

11.1.3.2　限时电流速断保护

由于有选择性的电流速断保护不能保护本线路的全长，因此需增加一段新的保护，用来切除本线路上速断范围以外的故障，同时也能作为本线路速断保护的后备，这就是限时电流速断保护。对限时电流速断保护，首先要求在任何情况下都能保护本线路的全长，并具有足够的灵敏性，其次是在满足上述要求的前提下，力求具有最小的动作时限，正是由于它能以较小的时限快速切除全线范围内的故障，故称之为限时电流速断保护。

（1）限时电流速断保护的工作原理

由于要求限时速断保护必须保护本线路的全长，因此其保护范围必然要延伸到下一条线路中，这样当下一条线路出口处发生短路时，保护将会启动，在这种情况下，为了保证动作的选择性，保护的动作就必须带有一定的时限，此时限的大小与其延伸的范围有关。

为了使这一时限尽量缩短，照例都是首先考虑它的保护范围不超出下一条线路速断保护的范围，而动作时限则比下一条线路的速断保护高出一个时间阶段，此时间阶段以 Δt 表示。

（2）整定计算的基本原则

现以图 11-6 的保护 2 为例，来说明限时电流速断保护的整定原则。

设保护 1 装有电流速断，其启动电流按式（11-3）计算后为 I_{set1}^{I}，它与短路电流变化曲线的交点之前的线路为其保护范围，交点处发生短路时，短路电流即为 I_{set}，速断保护刚好能动作。根据以上分析，保护 2 的限时电流速断不应超出保护 1 电流速断的范围，因此在单侧电源供电的情况下，它的启动电流应该整定为

$$I_{set2}^{II} = K_{rel}^{II} I_{set1}^{I} \tag{11-8}$$

式中　K_{rel}^{II}——可靠系数，一般取 1.1～1.2。

在上式中能否选取两个动作电流 I_{set2}^{II} 和 I_{set1}^{I} 相等呢？若选取相等动作值，就意味着保护 2 限时速断的保护范围正好和保护 1 速断的保护范围相重合，在实用中，因为保护 2 和保护 1 安装在不同的地点，使用的电流互感器和继电器是不同的，因此它们之间的特性很难完全一样，考虑最不利的情况，保护 1 的电流速断出现负误差，其保护范围比计算值缩小，而保护 2 的限时速断是正误差，其保护范围比计算值增大，则当计算的保护范围末端短路时，就会出现保护 1 的电流速断不能动作，而保护 2 的限时速断仍会动作的情况，使得本应由保护 1 的限时速断切除的故障，结果保护 2 的限时速断也启动了，可能出现两个限时速断同时动作于跳闸的情况，保护 2 就失去了选择性。为了避免这种情况的发生，就不能采用两个电流相等的整定方法，而必须引入可靠系数 $K_{rel}^{II} > 1$。考虑到短路电流中的非周期分量已衰减，故可选得比速断保护的可靠系数小一些，一般取为 1.1～1.2。

（3）动作时限的选择

由以上分析可见，限时速断的动作时限应选择得比下一条线路速断保护的动作时限高出一个时间阶段 Δt，即

$$t_2^{II} = t_1^{I} + \Delta t \tag{11-9}$$

当线路上装设了电流速断和限时电流速断保护以后，两者的联合工作就可以保证全线路范围内的故障都能够在 0.5s 的时间以内予以切除，在一般情况下都能够满足速动性的要求。具有这种性能的保护称为主保护。

（4）保护装置灵敏性的校验

为了能够保护本线路的全长，在系统最小运行方式下，线路末端发生两相短路时，限时电流速断保护必须具有足够的反应能力，这个能力通常用灵敏系数 K_{sen} 来衡量。对于反映于数值上升而动作的过量保护装置，灵敏系数的含义是保护范围内发生金属性短路时故障参数的计算值与保护装置的动作参数之比，对限时电流速断保护

$$K_{sen} = \frac{I_{k,min}^{(2)}}{I_{set}^{II}} \tag{11-10}$$

式中 $I_{k,min}^{(2)}$ 为线路末端两相最小短路电流，实际应用中采用最不利于保护动作的系统运行方式和故障类型来选定，但不必考虑可能性很小的情况。

为了保证在线路末端短路时，保护装置一定能够动作，对限时电流速断保护应要求 $K_{sen} \geqslant 1.3～1.5$。这是因为考虑到线路末端短路时，可能会出现一些不利于保护启动的因素（例如过渡电阻等），为了使保护仍然能够灵敏动作，显然就必须留有一定的裕度。

11.1.3.3　定时限过流保护

过流保护通常是指其启动电流按照躲开最大负荷电流来整定的一种保护装置。它在电网正常运行时不应该启动，而在电网发生故障时，则能反映于电流的增大而动作，在一般情况下，由于其动作值较小，它不仅能够保护本线路的全长，而且也能保护相邻线路的全长，以起到后备保护的作用，在发电机和变压器上通常也采用过电流保护作为主保护的后备。

（1）工作原理和整定计算的原则

为保证在正常运行情况下过流保护绝不动作，显然保护装置的启动电流必须整定得大于该线路上可能出现的最大负荷电流 $I_{L.max}$。实际上确定保护装置的启动电流时，还必须考虑在外部故障切除后，保护装置是否能够返回的问题。例如在图 11-7 所示的网络接线中，当 k1 点短路时，短路电流将通过保护 5、4、2，这些保护中的过电流继电器都要动作，但是按照选择性的要求应由保护 2 动作切除故障，保护 4 和 5 由于故障切除后电流减小而立即返回原位。

实际上当外部故障切除后，流经保护 4 的电流是仍然在继续运行中的负荷电流，必须考虑到，由于短路时电压降低，变电站 B 母线上所接负荷的电动机被制动，因此，在故障切除后电压恢复时，电动机要有一个自启动的过程。

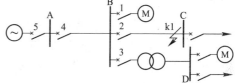

图 11-7　过电流保护整定原理说明图

电动机的自启动电流要大于它正常工作的电流，因此，引入一个自启动系数 K_{ss} 来表示自启动时最大电流 $I_{ss.max}$ 与正常运行时最大负荷电流 $I_{L.max}$ 之比，即

$$I_{ss.max} = K_{ss} I_{L.max} \tag{11-11}$$

保护 4 和 5 在这个电流的作用下必须立即返回。为此应使保护装置的返回电流 I_{re} 大于 $I_{ss.max}$。引入可靠系数 K_{rel}，则

$$I_{re} = K_{rel} I_{ss.max} \tag{11-12}$$

由于保护装置的启动与返回是通过电流继电器来实现的，因此，继电器返回电流与启动电流之间的关系也就代表着保护装置返回电流与启动电流之间的关系，引入继电器的返回系数 K_{re}，则保护装置的启动电流即为

$$I_{set} = \frac{K_{rel} K_{ss}}{K_{re}} I_{L.max} \tag{11-13}$$

式中　K_{rel}——可靠系数，一般采用 1.15～1.25；

　　　K_{ss}——自启动系数，数值大于 1，应由网络具体接线和负荷性质确定；

　　　K_{re}——电流继电器的返回系数，一般取 0.85。

由式（11-13）可见，当 K_{re} 越小时，则保护装置的启动电流越大，因而其灵敏性就越差，这对保护的动作是不利的。因此要求过电流继电器应有较高的返回系数。

（2）过电流保护动作时限的选择

如图 11-8 所示，假定在每个电气元件上均装有过流保护，各保护装置的启动电流均按照躲开被保护元件上各自的最大负荷电流来整定，这样当 k1 点短路时，保护 1～5 在短路电流的作用下都可能启动，但要满足选择性的要求，应该只有保护 1 动作，切除故障，而保护 2～5 在切除故障之后应立即返回。这个要求只有依靠使各保护装置带有不同的时限来满足。

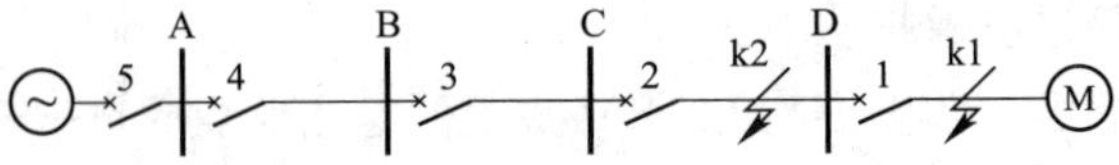

图 11-8　单侧电源线路过电流保护动作时限选择说明图

保护 1 位于电网的最末端，只要引出线或电动机内部故障，它就可以瞬时动作予以切除，t_1 即为保护装置本身的固有动作时间。对于保护 2 来讲，为了保证 k1 点短路时动作的选择性，则应整定动作时限 $t_2 > t_1$。一般来说，任一过流保护的动作时限，应该比相邻各元件保护的动作时限均高出至少一个 Δt，只有这样才能保证动作的选择性。

定时限过电流保护的动作时限，经整定计算确定之后，由专门的时间继电器予以保证，其动作时限与短路电流的大小无关。

由于过流保护采用阶梯形时限配合，当故障越靠近电源端时，短路电流越大，而过电流保护动作切除故障的时限反而越长，因此在电网中广泛采用电流速断和限时电流速断作为本线路的主保护，以快速切除故障，利用过电流保护作为本线路及相邻元件的后备保护，由于它作为相邻元件后备保护的作用是在远处实现的，因此属于远后备保护。对电网终端的保护装置（如图 11-8 中 1 和 2），其过电流保护的动作时限较短，此时可以作为主保护兼后备保护，而无需再装设电流速断或限时电流速断保护。

（3）过电流保护灵敏系数的校验

当过电流保护作为本线路的主保护时，应采用最小运行方式下本线路末端两相短路时的电流进行校验，要求 $K_{sen1} > 1.3 \sim 1.5$，当作为相邻线路的后备保护时，则应采用最小运行方式下相邻线路末端两相短路时的电流进行校验，此时要求 $K_{sen2} > 1.2$。

在后备保护之间，只有当灵敏系数和动作时限都相互配合时，才能切实保证动作的选择性，这一点在复杂网络的保护中，尤其应该注意。当过流保护的灵敏系数不能满足要求时，应采用性能更好的其他保护。

11.1.3.4　阶段式电流保护的配合及应用

电流速断保护、限时电流速断保护和过电流保护都是反应于电流升高而动作的保护。它们之间的区别主要在于按照不同的原则来选择启动电流。速断是按照躲开本线路末端的最大短路电流来整定。限时速断是按照躲开下级各相邻元件电流速断保护的最大动作范围来整定。而过电流保护则是按照躲开本元件最大负荷电流来整定。

由于电流速断不能保护线路全长。限时电流速断又不能作为相邻元件的后备保护，因此为保证迅速而有选择性地切除故障，常常将电流速断保护、限时电流速断保护和过电流保护组合在一起，构成阶段式电流保护。具体应用时，可以只采用速断保护加过电流保护，或限时速断保护加过电流保护，也可以三者同时采用。现以图 11-9 所示的网络接线为例予以说明。

在电网最末端的用户电动机或其他受电设备上，保护 1 采用瞬时动作的过电流保护即可满足要求，其启动电流按躲开电动机启动时的最大电流整定，与电网中其他保护的定值和时限上都没有配合关系，在电网的倒数第二级上，保护 2 应首先考虑采用 0.5s 动作的过电流保护。如果在电网中线路 C-D 上的故障没有提出瞬时切除的要求，则保护 2 只装设一个 0.5s 动作的过电流保护也是完全允许的。而如果要求线路 C-D 上的故障必须快速切除，则可增设一个电流速断保护，此时保护 2 就是一个速断保护加过电流保护的两段式保护。继续分析保护 3，其过电流保护由于要和保护 2 配合，因此动作时限要整定为 1～1.2s，一般在这种情况下，就需要考虑增设电流速断保护或同时装设电流速断保护和限时速断保护，此时保护 3 可能是两段式保护也可能是三段式保护。越靠近电源端，过电流保护的动作时限就越长，因此，一般都需要装设三段式保护。

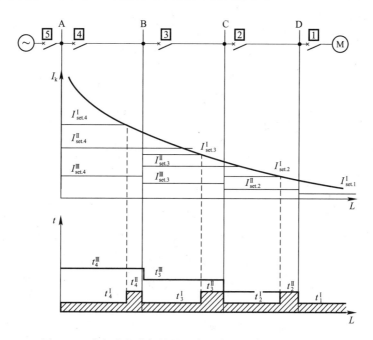

图 11-9　阶段式电流保护的配合和实际动作时间的示意图

　　具有上述配合关系的保护装置配置情况，以及各点短路时实际切除故障的时间也相应地表示在图 11-9 上。由图可见，当全系统任意一点发生短路时，如果不发生保护或断路器拒绝动作的情况，则故障都可以在 0.5s 以内的时间予以切除。

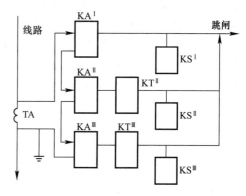

图 11-10　具有三段式电流保护的
单相原理框图

　　具有电流速断保护、限时电流速断保护和过电流保护的单相原理框图如图 11-10 所示。电流速断部分由电流元件 KA^I 和信号元件 KS^I 组成。限时电流速断部分由电流元件 KA^{II}、时间元件 KT^{II} 和信号元件 KS^{II} 组成。过电流部分则由电流元件 KA^{III}、时间元件 KT^{III} 和信号元件 KS^{III} 组成。由于三段的启动电流和动作时间整定的均不相同，因此必须分别使用三个串联的电流元件和两个不同时限的时间元件，而信号元件则分别用以发出 I、II、III 段动作的信号。

　　使用 I 段、II 段或 III 段组成的阶段式电流保护，其主要的优点就是简单、可靠，并且在一般情况下也能够满足快速切除故障的要求，因此在电网中特别是在 35kV 及以下较低电压的网络中获得广泛的应用。保护的缺点是它直接受电网的接线以及电力系统的运行方式变化的影响，例如整定值必须按系统最大运行方式来选择，而灵敏性则必须用系统最小运行方式来校验，这就使它往往不能满足灵敏系数或保护范围的要求。

11.1.4 电流保护的接线方式

对相间短路的电流保护，目前广泛使用的是三相星形接线和两相星形接线这两种接线方式。详见图 11-11 和图 11-12。

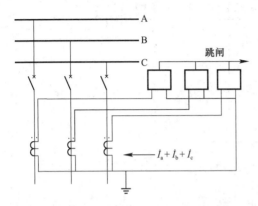

图 11-11　三相星形接线方式原理接线图　　　图 11-12　两相星形接线方式原理接线图

1. 三相星形接线

三相星形接线是指将三个电流互感器与三个电流继电器分别按相连接在一起，呈星形接线，在中线上流回的电流为三相电流之和，正常时此电流约为零，在发生接地短路时则为三倍零序电流，三个继电器的触点并联连接。由于在每相上均装有电流继电器，因此它可反映各种相间短路和中性点直接接地电网中的单相接地短路故障。

2. 两相星形接线

两相星形接线是指用装设在 A、C 相上的两个电流互感器与两个电流继电器分别按相连接在一起，它和三相星形接线的主要区别在于 B 相上不装设电流互感器和相应的继电器，在这种接线方式中，中线上流回的电流是 A、C 相电流之和。一般用于小电流接地系统（35kV、20kV、10kV）的线路保护。

当采用以上两种接线方式时，流入继电器的电流就是电流互感器的二次电流，则反映到继电器上的启动电流可表示为

$$I_{\text{set.r}} = I_{\text{set}}/n_{\text{TA}} \tag{11-14}$$

3. Y/△接线变压器过电流保护接线

对Y/△接线的变压器，如图 11-13（a）所示，若降压变压器低压侧发生 ab 两相短路，则在电源侧 B 相电流为 A 相、C 相电流的两倍；同样地，在升压变压器高压侧 BC 相短路时，在电源侧 b 相电流为 a 相、c 相电流的两倍。

图 11-13 中降压变压器低压（△）侧两相短路电流与三相短路电流的关系为

$$I_{\text{k}}^{(2)} = \frac{\sqrt{3}}{2} I_{\text{k}}^{(3)} \tag{11-15}$$

Y侧最小一相电流为

$$I_{\text{C}} = I_{\text{A}} = \frac{I_{\text{k}}^{(2)}}{\sqrt{3}n_{\text{T}}} = \frac{1}{\sqrt{3}n_{\text{T}}} \times \frac{\sqrt{3}}{2} I_{\text{k}}^{(3)} = \frac{I_{\text{k}}^{(3)}}{2n_{\text{T}}} \tag{11-16}$$

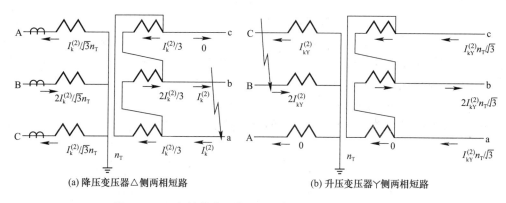

(a) 降压变压器△侧两相短路　　　　　　(b) 升压变压器丫侧两相短路

图 11-13　丫/△接线变压器过电流保护两相星形接线方式

丫侧最大一相电流为

$$I_B = \frac{2I_k^{(2)}}{\sqrt{3}n_T} = \frac{2}{\sqrt{3}n_T} \times \frac{\sqrt{3}}{2}I_k^{(3)} = \frac{I_k^{(3)}}{n_T} \tag{11-17}$$

式中，n_T——变压器变比。

　　对升压变压器有相同结论。可见在丫/△接线的变压器低压侧发生两相短路时，电源侧（保护安装处）最大一相的短路电流与三相短路电流的归算值相同，而其他两相电流仅为最大一相电流的一半，归算关系详见表 11-1。此时若采用两相星形接线的过电流保护，两相短路时，由于 B 相没有继电器，保护灵敏度较低。若在两相星形接线的中线上增加一个继电器，则中线上流过的即为 B 相电流，保护灵敏度提高一倍。

丫/△接线的变压器一侧两相短路时，另一侧的电流归算关系　　　　　表 11-1

短路侧	短路组合	丫侧各相电流			△侧各相电流		
		A	B	C	a	b	c
丫	AB	$I_{kY}^{(2)}$	$I_{kY}^{(2)}$	0	$I_{kY}^{(3)}n_T$	$0.5I_{kY}^{(3)}n_T$	$0.5I_{kY}^{(3)}n_T$
	BC	0	$I_{kY}^{(2)}$	$I_k^{(2)}$	$0.5I_{kY}^{(3)}n_T$	$I_{kY}^{(3)}n_T$	$0.5I_{kY}^{(3)}n_T$
	CA	$I_{kY}^{(2)}$	0	$I_k^{(2)}$	$0.5I_{kY}^{(3)}n_T$	$0.5I_{kY}^{(3)}n_T$	$I_{kY}^{(3)}n_T$
△	ab	$0.5\frac{I_k^{(3)}}{n_T}$	$\frac{I_k^{(3)}}{n_T}$	$0.5\frac{I_k^{(3)}}{n_T}$	$I_k^{(2)}$	$I_k^{(2)}$	0
	bc	$0.5\frac{I_k^{(3)}}{n_T}$	$0.5\frac{I_k^{(3)}}{n_T}$	$\frac{I_k^{(3)}}{n_T}$	0	$I_k^{(2)}$	$I_k^{(2)}$
	ca	$\frac{I_k^{(3)}}{n_T}$	$0.5\frac{I_k^{(3)}}{n_T}$	$0.5\frac{I_k^{(3)}}{n_T}$	$I_k^{(2)}$	0	$I_k^{(2)}$

注：$I_{kY}^{(2)}$、$I_k^{(2)}$ 分别为丫侧、△侧两相短路电流，$I_{kY}^{(2)} = \frac{\sqrt{3}}{2}I_{kY}^{(3)}$，$I_k^{(2)} = \frac{\sqrt{3}}{2}I_k^{(3)}$。

4. 两种接线方式的应用

　　三相星形接线需要三个电流互感器、三个电流继电器和四根二次电缆，相对来讲是复杂和不经济的。三相星形接线广泛用于发电机、变压器等大型贵重电气设备的保护中，因为它能提高保护动作的可靠性和灵敏性。此外，它也可以用在中性点直接接地系统中，作为相间短路和单相接地短路的保护。但实际上，由于单相接地短路照例都是采用专门的零序电流保护，因此，为了上述目的而采用三相星形接线方式的并不多。

由于两相星形接线较为简单经济，因此在中性点直接接地系统和非直接接地系统中，被广泛用作为相间短路的保护。当电网中的电流保护采用两相星形接线方式时，应在所有线路上将保护装置安装在相同的两相上（一般都装于 A、C 相上），以保证在不同线路上发生两点及多点接地时，能切除故障。

5. 三段式电流保护的接线图举例

图 11-14 给出了一个三段式电流保护的原理接线图和相应的展开图。继电保护接线图

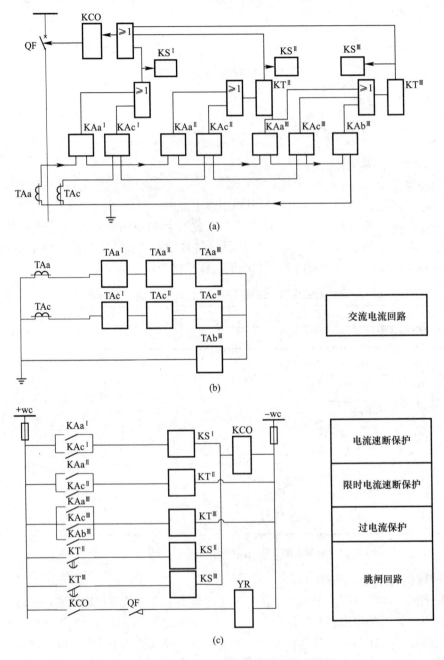

图 11-14　三段式电流保护的原理接线图

（a）原理接线图；（b）交流回路展开图；（c）直流回路展开图

一般可以用原理接线图和展开图两种形式来表示。原理接线图中的每个功能块，在由电磁型继电器实现时可能是一个独立的元件，但在数字式保护和集成电路式保护中，往往将几个功能块用一个元件实现。如图 11-14（a）所示，每个继电器的线圈和触点都画在一个图形内，所有元件都用设备文字符号标注，如图中 KA 表示电流继电器，KT 表示时间继电器，KS 表示信号继电器等。原理接线图对整个保护的工作原理能给出一个完整的概念，使初学者容易理解，但是交、直流回路合在一张图上，有时难以进行回路的分析和检查。

展开图中交流回路和直流回路分开表示，分别如图 11-14（b）、（c）所示。其特点是每个继电器的输入量（线圈）和输出量（触点）根据实际动作的回路情况分别画在图中不同的位置上，但仍然用同一个符号来标注，以便查对。在展开图中，继电器线圈和触点的连接尽量按照故障后动作的顺序，自左而右，自上而下依次排列。展开图接线简单，层次清楚，在掌握了其构成的原理以后，更便于阅读和检查，因此在生产中得到广泛的应用。

11.1.5 阶段式电流保护整定计算

【例 11-1】如图 11-15 所示，试计算断路器 1 电流速断保护的动作电流，动作时限及电流速断保护范围，并说明当线路长度减到 40km、30km 时情况如何？由此得出什么结论？已知：$K_{rel}^{I}=1.3$，$Z_1=0.4\Omega/km$。

图 11-15 网络示意图

解：

（1）当线路长度 $L_{AB}=60km$ 时

$$I_{kB.max}=\frac{E_\phi}{Z_{s.min}+Z_1 L_{AB}}=\frac{115/\sqrt{3}}{12+0.4\times 60}=1.84(kA)$$

$$I_{set.1}^{I}=K_{rel}^{I}I_{kB.max}=1.3\times 1.84=2.39(kA)$$

$$l_{min}=\left(\frac{\sqrt{3}}{2}\times\frac{E_\phi}{I_{set.1}^{I}}-Z_{s.max}\right)\Big/Z_1=15.15(km)$$

$$l_{min}\%=\frac{l_{min}}{L}\times 100\%=\frac{15.15}{60}\times 100\%=25.3\%>15\%,\ t_1^{I}=0s$$

（2）当线路 $L_{AB}=40km$ 时

$$I_{kB.max}=\frac{E_\phi}{Z_{s.min}+Z_1 L_{AB}}=\frac{115/\sqrt{3}}{12+0.4\times 40}=2.37(kA)$$

$$I_{set.1}^{I}=K_{rel}^{I}I_{kB.max}=1.3\times 2.37=3.08(kA)$$

$$l_{min}=\left(\frac{\sqrt{3}}{2}\times\frac{E_\phi}{I_{set.1}^{I}}-Z_{s.max}\right)\Big/Z_1=1.7(km)$$

$$l_{min}\%=\frac{l_{min}}{L}\times 100\%=\frac{1.7}{40}\times 100\%=4.25\%<15\%,\ t_1^{I}=0s$$

显然保护范围不能满足要求。

（3）当线路 $L_{AB}=30km$ 时

$$I_{kB.\,max} = \frac{E_\phi}{Z_{s.\,min} + Z_1 L_{AB}} = \frac{115/\sqrt{3}}{12 + 0.4 \times 30} = 2.77(kA)$$

$$I_{set.\,1}^{I} = K_{rel}^{I} I_{kB.\,max} = 1.3 \times 2.77 = 3.6(kA)$$

$$l_{min} = \left(\frac{\sqrt{3}}{2} \times \frac{E_\phi}{I_{set.\,1}^{I}} - Z_{s.\,max}\right)\Big/Z_1 = -5.07(km)$$

显然此时保护没有动作范围，不能起到保护作用。

由此得出结论，当线路较短时，电流速断保护范围将缩短，甚至没有保护范围。

【例 11-2】如图 11-16 所示网络中，试对线路 AB 进行三段式电流保护的整定（包括选择接线方式，计算保护各段的一次动作电流、二次动作电流、最小保护范围、灵敏系数和动作时间）。已知线路的最大负荷电流 $I_{L.\,max}=100A$，电流互感器变比为 300/5，母线 B 处的过电流保护动作时间为 2.2s，母线 A 处短路时流经线路的短路电流最大运行方式时为 6.67kA，最小运行方式时为 5.62kA。

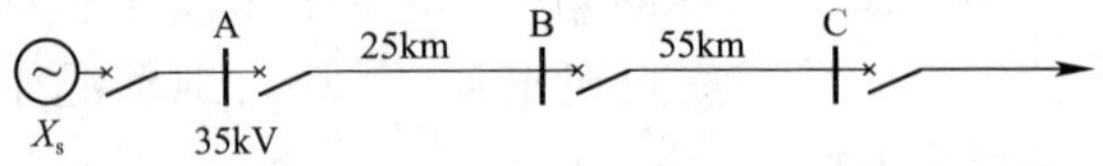

图 11-16　网络示意图

解：

（1）接线方式的选择

由于 35kV 为中性点非直接接地电网，而所给定的线路 AB 的相邻元件也是线路（不含变压器），故三段保护均初步选择为两相星形接线。

（2）系统阻抗计算及各母线短路电流计算

① 由给定的短路电流条件，可得系统的最大、最小阻抗

$$X_{s.\,min} = \frac{37/\sqrt{3}}{6.67} = 3.2(\Omega)$$

$$X_{s.\,max} = \frac{37/\sqrt{3}}{5.62} = 3.8(\Omega)$$

② 母线 B、C 短路时的短路电流

$$I_{kB.\,max} = \frac{E_\phi}{X_{s.\,min} + X_{AB}} = \frac{37/\sqrt{3}}{3.2 + 25 \times 0.4} = 1.618(kA)$$

$$I_{kB.\,min} = \frac{E_\phi}{X_{s.\,max} + X_{AB}} = \frac{37/\sqrt{3}}{3.8 + 25 \times 0.4} = 1.548(kA)$$

$$I_{kC.\,max} = \frac{E_\phi}{X_{s.\,min} + X_{AC}} = \frac{37/\sqrt{3}}{3.2 + 80 \times 0.4} = 0.607(kA)$$

$$I_{kC.\,min} = \frac{E_\phi}{X_{s.\,max} + X_{AC}} = \frac{37/\sqrt{3}}{3.8 + 80 \times 0.4} = 0.597(kA)$$

（3）整定计算

① Ⅰ段

动作电流的整定

$$I_{setA.\,r}^{I} = K_{rel}^{I} I_{kB.\,max} = 1.3 \times 1.618 = 2.18(kA)$$

继电器的动作电流：由于采用两相星形接线，$K_{con}=1$，继电器的动作电流为

$$I_{setA.\,r}^{I} = K_{con}\frac{I_{setA}^{I}}{n_{TA}} = \frac{2180}{60} = 36.3(A)$$

根据上述结果选择电流继电器型号。

灵敏性校验：对电流 I 段，此处为确定最小保护范围。

$$l_{min} = \frac{1}{Z_1}\left(\frac{\sqrt{3}}{2}\times\frac{E_\phi}{I_{set}^{I}} - X_{s.\,max}\right) = \frac{1}{0.4}\left(\frac{\sqrt{3}}{2}\times\frac{37/\sqrt{3}}{2.18} - 4.5\right) = 9.97(km)$$

$$l_{min}\% = \frac{9.97}{25}\times100\% = 39.9\% > 15\%$$

满足要求。

动作时间的整定：　　　　　　　　　$t=0(s)$

但为躲过管形避雷器放电，应选取具有固有动作时间的中间继电器作为出口继电器。

② II 段

动作电流整定：线路 AB 的保护 II 段应与相邻线路的保护 I 段配合，故

$$I_{set.\,B}^{I} = K_{rel}^{I}I_{kC.\,max} = 1.3\times0.607 = 0.789(kA)$$

$$I_{set.\,A}^{II} = K_{rel}^{II}I_{set.\,B}^{I} = 1.1\times0.789 = 0.868(kA)$$

继电器的动作电流为

$$I_{setA.\,r}^{II} = K_{con}\frac{I_{setA}^{II}}{n_{TA}} = \frac{868}{60} = 14.5(A)$$

灵敏性校验：线路 AB 末端最小运行方式下三相短路时流过本保护的电流为 1.548kA，则电流 II 段灵敏度为

$$K_{sen}^{II} = \frac{I_{kB.\,min}^{(2)}}{I_{set.\,A}^{II}} = \frac{\frac{\sqrt{3}}{2}\times1.548}{0.868} = 1.54 > 1.5$$

满足要求。

动作时间的整定：由于本保护与相邻元件电流 I 段（$t=0s$）即电流速断保护相配合时满足灵敏度要求，故可取

$$t_A^{II} = 0.5s(t_A^{II} = t_B^{I} + \Delta t = t_B^{I} + 0.5 = 0.5s)$$

③ III 段

动作电流的整定：根据过电流保护的整定计算公式

$$I_{set.\,A} = \frac{K_{rel}K_{ss}}{K_{re}}I_{L.\,max} = \frac{1.2\times2}{0.85}\times100 = 282(A)$$

继电器动作电流为

$$I_{setA.\,r} = K_{con}\frac{I_{set.\,A}}{n_{TA}} = \frac{282}{60} = 4.7(A)$$

灵敏性校验：近后备取 AB 线路末端 B 点短路时流过本保护的最小两相短路电流作为计算电流，故

$$K_{sen(1)} = \frac{I_{kB.\,min}^{(2)}}{I_{set.\,A}} = \frac{\sqrt{3}}{2}\times\frac{1548}{282} = 4.75 > 1.5$$

远后备保护灵敏度

$$K_{\text{sen}(2)} = \frac{I_{\text{kC.min}}^{(2)}}{I_{\text{set.A}}} = \frac{\sqrt{3}}{2} \times \frac{597}{282} = 1.83 > 1.3$$

均满足要求。

动作时间整定：根据阶梯原则，母线 A 处过电流保护的动作时间应与相邻线路 BC 的过流保护配合，即

$$t_{\text{A}} = t_{\text{B}} + \Delta t = 2.2 + 0.5 = 2.7(\text{s})$$

11.2　BIM 机电安装技术

BIM 技术作为建筑业的一个新生事物，从最初的争议、质疑到逐步应用，到现在已经近 30 年了。随着计算机及信息技术的迅猛发展，BIM 技术的应用基础逐步建立起来，尤其是近十年，BIM 技术的应用范围越来越广，成果也越来越丰富，其发展已呈井喷之势。BIM 技术在我国建筑领域的应用也已经十多年了，通过不断推广与实践，人们逐步取得了共识：BIM 作为建筑业的发展趋势，已经并将继续引领建设领域的深刻变革，其不只是一个新技术、新方法，而且是建筑业的新架构、新规则。我国住房和城乡建设部 2016 年 8 月颁布的《2016—2020 年建筑业信息化发展纲要》中，明确提出在"十三五"时期"全面提高建筑业信息化水平，着力增强 BIM、大数据、智能化、移动通信、云计算、物联网等信息技术集成应用能力，建筑业数字化、网络化、智能化取得突破性进展"。

机电安装工程作为建设领域的一个重要分支，在 BIM 技术应用中逐步走在了整个建筑行业的前列，很多施工企业逐步认识到 BIM 技术的重要性，也希望在较短的时间内了解、掌握 BIM 技术，并将其应用到工程实践中。本小节主要对 BIM 技术在机电安装工程中的应用进行了介绍。

11.2.1　BIM 技术简介

11.2.1.1　BIM 概述

BIM——建筑信息模型（Building Information Modeling），是通过创建并利用数字模型对建筑项目进行设计、建造及运营管理的过程。

1975 年，"BIM 之父"美国乔治亚理工学院的 Charles Eastman 教授在其研究的课题 "Building Description System" 中提出 "a computer-based description of a building"，以便于实现建筑工程的可视化和量化分析，提高工程建设效率。这可以被视为最早提出的 BIM 相关概念。

随着社会的发展，人们对建筑本身的功能性要求越来越高，工程建设项目的规模、形态和内部系统越来越复杂，高度复杂化的工程建设项目向传统的以二维制图为平台、以工程图为核心的设计和工程管理模式发出了挑战。

（1）对于越来越复杂的建设工程，对于分专业设计的图纸，没有高效的分析检查手段，很难发现和协调海量设计资料中的"错、漏、碰、缺"问题。

（2）如何有效地保证从施工图到实际施工过程的信息传递、共享？如何解决海量的设计资料带来的工程项目各参与方沟通交流与协调难度大、效率低下的问题？

（3）项目越来越复杂，现有的基于经验模型的工程量统计方式不够精确，造价预算偏差大，项目工期和实际成本难以控制。

（4）项目建设过程中，工程变更频繁，造成后期运营和维护（运维）过程中因为设计图不能正确反映实际材料及设备的安装使用情况，导致运维效率低、管理难度大。

工程技术人员发现，建筑业传统的信息沟通基础——基于二维平台的图纸资料，已经不能满足越来越复杂的建筑过程。随着计算机技术的飞速发展，信息化、数字化技术向各个行业逐步渗透，以工程数字模型为核心的全新设计和管理模式逐步走入人们的视野，这也是 BIM 技术得以提出并快速推广的基础。

自从 BIM 概念的提出到现在，一直有不同的研究机构及组织试图对 BIM 做出准确的定义。但是，由于 BIM 技术出现的时间尚短，其内涵和外延正处于不断发展中，其定义也随着相关技术的发展而不断变化。因此，目前人们对 BIM 的定义和解释有多种多样的版本，没有形成完整、统一的理解。相对来说，美国建筑科学研究院（National Institute of Building Science）对 BIM 的定义得到了大家的普遍认可，该定义如下所述：

BIM 是对一个设施（工程项目）的物理和功能特性的数字表示形式；BIM 也是一个共享的知识资源，这个资源里包含了项目从最初的概念到被拆除的整个生命周期的信息，而这些信息对项目的建造和运营过程中的决策提供了一个可靠的基础。

11.2.1.2　BIM 的内涵

美国建筑科学研究院主要从以下几个方面描述了 BIM 的内涵：

（1）BIM 是一个设施（建设项目）的数字化表达，内容不仅包括设施的几何信息还包括其物理信息和功能信息，其本质是一个反映建设项目信息的数据库。

（2）BIM 的目的是为建设项目各参与方的决策提供一个可靠的基础，各参与方共建，并共享这个知识资源。

（3）这个知识资源是动态变化的，从最初的概念设计到设施被拆除的整个生命周期内，其内容不断充实、修改和更新。

在理解这个定义的时候，可以从以下几个角度分析：

（1）BIM 的基础是建筑　　作为建筑项目的数字化表达，BIM 中的信息是按照建筑设计、施工、运营的基本元素来定义和存放的。例如，建筑专业的门、窗、墙，结构专业的梁、板、柱，机电专业的空调、水泵、管道和配电箱（桥架）等。

（2）BIM 的灵魂是信息　　BIM 的信息是和建筑元素（建筑物的构件或部件）相关联，并随着建筑本身的生命周期而变化，是以实时、动态的形式存在的。各参与方可以于项目的不同时期在 BIM 模型中插入、提取、更新和共享信息来协同作业，进行决策。

（3）BIM 的结果是模型　　该模型是三维造型与相关信息数据的集成，其具有以下几个特征：

1）可视化。"所见即所得"，该模型是建立在三维设计基础上的，模型本身可视，项目设计、优化、建造等过程可视。各参与方可以在此基础上进行更好地沟通、讨论与决策。

2）协调性。解决项目中的各专业设计信息"错、漏、碰、缺"等问题，如机电与土建冲突，预留预埋缺失或尺寸不对等情况。各专业在同一模型基础上进行协调、检查、综合，减少设计冲突及工程变更。

3）模拟性。利用该模型及相关信息，可以利用不同的专业分析软件，进行抗震、能效、紧急疏散、日照、风环境和热环境等模拟分析，包括 4D（三维加项目发展时间）的模拟，5D（4D 加造价信息）的模拟，并在此基础上对设计、施工、运维等过程进行优化。

4）可出图性。项目进行中的各类图纸文档，均可以从模型中产生，如建筑设计图、施工平面图、施工剖面图、综合管线图、预留预埋图、碰撞检查报告等。因为不同的图纸均来自同一个模型，可以有效地避免设计方案不统一、信息遗漏等问题。而且一旦模型建立，出图的效率很高，可以根据需要从不同角度、不同剖面、不同系统、不同区域等快速出图。

（4）BIM 的工具是软件　　BIM 作为对工程设施实体与功能特性的信息集成与处理技术，主要工具是各种软件。BIM 技术覆盖了从工程设施的概念设计到拆除的整个生命周期，这个过程分为不同阶段，如可行性研究、概念设计、投资模型分析、建筑设计、机电系统设计、功能分析、招标投标、土建施工、机电安装施工、装饰装修、运维管理等，不同阶段的目的和功能要求区别很大，所以对于 BIM 技术来说，其功能不是一个软件能涵盖的，甚至不是一类软件能完成的。

11.2.1.3　常用 BIM 软件

目前，比较常用的 BIM 软件有以下几类：

（1）方案设计软件。目前主要的 BIM 方案设计软件有 Onuma Planning System 和 Affinity 等。其主要功能是把业主的设计要求转化成基于几何形体的建筑方案，用于业主和设计师之间的沟通和方案论证。

（2）BIM 核心建模软件。其主要功能是建筑项目中各主要系统的模型构建，通常分为建筑、结构、机电三个部分。这些软件是 BIM 技术的基础，也是进行 BIM 工作最常应用的软件。目前，在国际市场上，有一定影响力和市场份额的 BIM 核心建模软件有十几种，有代表性的有以下几种：

1）Autodesk 公司的 Revit 软件。包括建筑、结构和机电系列，在民用建筑市场中，因为其 AutoCAD 软件具有较高的占有率，考虑到操作习惯和数据资料的继承性问题，其具有相当不错的市场表现，在国内民用建筑市场中占据领先地位。

2）Bentley 公司的建筑、结构和设备系列软件。相对而言，Bentley 产品在工厂设计（石油、化工、电力、医药等）和基础设施（道路、桥梁、市政、水利等）领域有较大的优势。

3）Graphisoft 公司的 ArchiCAD 系列软件。该软件在建筑专业上的设计能力强大，也是最早的一个具有市场影响力的 BIM 核心建模软件。但是其专注于建筑专业，在国内与设计院全专业的体制不太适应，市场拓展受到一定的局限。

4）Dassault 公司的 CATIA 是目前最高端的机械设计制造软件，在航空、航天、汽车等领域具有接近垄断的市场地位，Digital Project 是 Gehry Technology 公司在 CATIA 基础上开发的一个面向工程建设行业的二次开发软件，无论是对复杂形体还是超大规模建筑，其建模能力、表现能力和信息管理能力都比其他建筑类软件有较大优势。

（3）专业分析软件。其主要功能为使用 BIM 模型的信息对项目进行不同专业角度的分析。通常有抗震、紧急疏散、日照、风环境、热工、景观、噪声等，主要有 IES、ETABS、Green Building Studio、Energyplus、Ecotect、STAAD、Robot 等国外软件以及 PKPM 等国内软件。

（4）模型综合软件。主要功能是将在不同软件中建立的不同系统的模型整合到一起，进行碰撞检测，综合优化。常见的有 Autodesk Navisworks、Bentley Projectwise Navigator、So-libri Model Checker 和国内的鲁班软件等。

（5）造价管理与概预算软件。其主要功能是利用 BIM 模型提供的信息进行概预算、工程量统计和造价分析。国外的此类软件有 Innovaya 和 Solibri 等，鲁班、广联达软件是国内 BIM 概预算与造价管理类软件的代表。

当然，还有其他很多类型的 BIM 软件，如结构分析、可视化、运营服务等，这里就不再一一介绍了。

很多资料中将机电安装工程行业应用的 BIM 软件称为 MEP 软件（Mechanical Electrical & Plumbing），即机械、电气、管道三个专业的英文缩写，也就是工程行业常说的水电风专业。目前在国内市场上常见的 MEP 软件有以下几种：

（1）Autodesk 公司的 Revit MEP。

（2）Bentley 公司的 Building Electrical Systems。

（3）Graphisoft 公司的 MEP Modeler。

（4）国产软件如鸿业 MEP，天正、浩辰等公司开发的相关软件。

（5）MagiCAD，起源于芬兰，目前属于广联达公司旗下的 MEP 软件。

11.2.2　机电安装工程的特点

机电安装工程包括一般工业和公共、民用建设项目的设备、线路、管道的安装，35kV 及以下变配电站工程，非标准钢构件的制作、安装。工程内容包括锅炉、通风空调、管道、制冷、电气、仪表、电机、压缩机机组和广播电影、电视播控等设备。

机电安装工程作为建筑工程的一个重要分支，具有以下几个特点：

（1）覆盖的范围宽。随着社会的发展，工业化程度的加深，机电安装工程的重要性越来越高，已经涉及社会生产生活的各个方面，通常分为设备安装、电气工程、管道工程、自动化仪表工程、防腐工程、绝热工程、工业炉窑砌筑 7 个分部，涉及一般工业、民用、公用建设工程的机电安装工程、净化工程、动力站安装工程、起重设备安装工程、轻纺工业建设工程、工业窑炉安装工程、电子工程、环保工程、体育场馆工程、机械与汽车制造工程、森林工业建设工程及其他相关专业机电安装工程 12 个类别。

（2）涉及的专业多。即使不考虑如石化、电力、通信等行业的机电安装工程的特殊性，仅仅分析一般民用、公用建设项目中的机电安装工程设计、施工过程，都会发现随着人们对建筑物的功能性要求越来越高，电气、暖通、空调、给水排水、安防、通信、建筑智能化等专业集成于机电安装工程范畴，各专业之间的沟通与协作对工程设计、施工和后期的运维有极大的影响。

（3）劳动力与技术密集。不论涉及多少专业系统，机电安装工程的目的都是将这些系统科学合理地集成在同一座建筑物中，并保证它们能够可靠、有效地运行。因为受到施工空间的限制，安装过程通常无法使用大型施工设备，难以实现自动化生产，施工过程存在大量的体力劳动。近几年，随着人工成本的快速增加，减员增效成为各施工企业非常关心的问题。各专业系统又有不同的施工、检测、验收标准，存在较强的技术壁垒，设计、施工过程中需要配备不同的专业技术人员，相关人员的技术水平与工程经验对最终效果影响很大。

（4）施工局限多，工程变更多。机电安装工程不像土建工程那样专业单一，施工空间宽裕，而是专业繁杂，各专业系统共用同一个建筑空间，各专业之间，专业与土建之间相互关联，相互影响。设计院提供的设计资料很难做到完善和详尽，很多情况下需要施工企业根据现场情况协调处理。"错、漏、碰、缺"等问题难以避免，设计、施工方案多易其稿，工程变更、返工等现象频繁。

（5）施工管理及协调难度大。以上特点决定了在机电安装工程设计与施工过程中，各专业之间、项目相关方如业主、设计方、施工方之间的沟通与协调对工程的顺利进行有重要影响。很多工程延误工期、成本超支，最终效果不尽如人意的主要原因不是施工企业技术能力差，物资、人员投入不足，而是管理不力，各相关方沟通协调效率低所导致。

综上所述，机电安装工程的特征是"空间上分道""时间上有序"，属于典型的并行工程。

11.2.3 BIM技术在机电安装工程应用中的两个方面

在国内机电安装工程领域，BIM技术的应用已经成为热点，很多专家、咨询公司和软件企业也在不遗余力地进行宣传和推广。一些相关书籍和论文把BIM技术在机电安装工程中的应用点进行深入挖掘，总结归纳出的应用点多达数十处，也有专家和学者致力于推广BIM技术在建筑领域全过程、全方位的应用。但是，从目前的实际情况来看，BIM技术在机电安装工程领域的大多数应用集中在投标和施工两方面。

11.2.3.1 投标

目前，很多项目甲方在招标阶段就明确提出该项目应用BIM技术的要求，虽然侧重点不尽相同，但是总结下来无非是以下几个方面：展示投标方BIM建模能力，方案深化设计能力，工程量统计及成本控制能力，利用BIM进行项目进度管理的能力，安装工序的模拟等。

在投标应用阶段，因为投标时间的限制，BIM模型很难做到详尽和完善。通常情况下，可以针对投标要求，利用有限的时间把项目的核心点展示出来就可以了。例如，项目重点区域（如泵房、管廊等部分的管线排布），关键节点的工序模拟，不同方案的对比分析等。同时可以利用一些BIM软件的5D平台把部分区域的5D应用展示出来。

在投标中，通常在技术标的分项，BIM技术的应用分值占相当大的比例，一般为5～10分。BIM在投标应用时的难点是时间紧、任务重。投标方应将重点放在BIM模型效果的展示上，如果对投标方案有视频动画要求的，可以考虑将BIM模型导入3DMAX等艺术设计类软件进行后期处理。

11.2.3.2 施工

从相关案例来看，BIM技术在机电安装工程施工过程中的应用应重点关注以下几个问题：

（1）BIM模型建立的依据

施工企业在建立机电BIM模型时信息的获取方式有三个：

首先是设计院提供的BIM模型。设计院在设计后期阶段或者设计结束后，利用自己的BIM人员，已经设计了BIM模型，但是目前设计院做的机电专业BIM模型，绝大多数很难直接用来指导施工，其作用更多的是为了设计方案的校核。设计院建立的BIM模型如果要用来指导施工，需要对模型进行深入调整，这个过程是比较繁琐的，甚至还不如施工企业自己重新建模。

第二个是算量模型。目前很多软件企业都在开发基于机电专业算量模型的深化功能，希望能把算量模型直接导入 BIM 软件中进行转化生成 BIM 模型，但是尚未推出成熟的软件。因为算量模型只是利用模型来统计投标量的，相对来说信息含量太少，算量软件本身就有一定的局限性，所以这个思路目前还不是很成熟。

第三个是设计院提供的二维设计图和设计说明。目前绝大多数设计院机电系统出图依旧是二维图。所以大部分施工企业建立 BIM 模型都是以设计院的二维图纸资料为依据的。机电专业直接进行三维设计出图还不是很成熟。

（2）BIM 的建模时机

利用设计院的二维图进行建模，首先要考虑的是建模开始的时间，最好的时间点是项目中标后就开始准备，很多项目在这个时期图纸资料还不完备，但是最晚不要晚于土建的动工时间，否则一些预留预埋的问题就很难处理。其次是不同时期建模深度的把握，这是很关键的，机电系统的 BIM 模型很少有一次到位的，是靠初步模型建立后，多次调整修改逐步完成的，模型的可调整性很重要。第三是建模软件的选择，BIM 技术不是指的某个软件，或某类软件。具体选择什么软件，要根据项目实际情况、施工企业的现有资料及设计人员的习惯进行。

（3）BIM 模型的初步应用

建立 BIM 模型后，可以在其基础上完成深化设计，进行管线综合、碰撞检测和系统优化，之后出指导施工的平面图和剖面图，与土建方进行配合，出预留预埋图，也可以阶段性地进行材料统计，进行物料管理。

（4）BIM 的深入应用

目前 BIM 在机电安装工程中的深入应用主要有三个方面：

1）可以利用模型进行预制加工，如管道的工厂化预制和综合支吊架的加工应用。对于企业来说，这个功能可以从部分系统逐步扩展到整体系统，从特定项目的应用循序渐进到多数项目。

2）系统校核。这个功能目前成功应用的案例不多，但是实际上是很有价值的，特别是目前设计院在设计时往往设备选型偏大，如果能够利用 BIM 模型对系统重新校核，可以优化设计方案，让设备选型更合理，符合绿色节能要求。

3）与项目管理平台结合，进行局部或者全过程的进度模拟和成本控制应用。目前来看，这个功能的落地应用还需要一段时间。因为它更多涉及的是管理方面的问题，是多部门协作才能完成的。

从上面的介绍可以看出，无论哪个方面的应用，建立合格的 BIM 模型都是基础，针对不同类型的项目，如何建立 BIM 模型、如何调整优化、如何细化模型以达到 BIM 技术应用的基本要求是非常重要的。

11.2.4　机电安装行业 BIM 应用现状

随着 BIM 技术的应用逐步推广，通过对许多案例进行分析总结，作者认为比较理想的 BIM 应用流程是：①设计方从建筑信息模型入手，通过建立和完善模型的方式完成设计，并且直接从模型中得到施工方所需的施工图及资料；②施工方利用模型及施工图指导施工，并对模型添加具体的设备信息，根据施工过程将模型进一步细化；③工程完工时将形成的竣工模型和建筑实体一并交付给业主，业主利用该模型进行运维管理。但是，目前在国内大部分机电安装工程项目中，设计院还是以二维设计为主，施工企业利用二维设计图再进行建模，通过建立的 BIM 模型进行管线综合、碰撞检测，在实际施工前发现设计中的问题，进行方案调整，利用优化后的模型出施工图，指导施工。

虽然很多设计院已经开始尝试土建部分直接从三维设计入手，特别是在民用建筑领域，利用土建模型直接出图，提高了设计效率。但是在机电系统设计领域，目前设计方直接进行三维设计的还很少，有很多大的设计院也在做这方面的尝试，但真正应用的案例不是很多。

三维建模在机电系统设计方面没有被大规模地推广，是因为机电专业有自己的特点，与建筑专业不同，虽然建筑专业体量较大，但内容相对简单，涉及面窄，方案得到甲方认可就可以实施。机电专业包含内容庞杂，电气、暖通、空调、给水排水、安防、通信等专业集成度高，各专业相互影响，管线综合的过程需多方协调，方案调整、变更频繁。目前设计院进行机电系统设计时也做管线综合，但还是在二维图的基础上进行，即使有的设计院开始进行基于 BIM 技术三维模型的管线综合，但受设计时间的限制，其方案也难以真正用于指导施工，并且设计院付出的工作量会成倍增加。所以在机电系统设计方面，虽然有的设计院已开始进行基于 BIM 技术的设计方式试点，但是通常局限在个别专业，或者是以 BIM 为中心的形式对初始设计做后期处理。

在机电安装领域，BIM 技术在甲方、设计单位、施工单位和设备材料供应商这些环节的应用中，现阶段应用最深入的是施工企业。原因是设计院提供的机电系统设计图通常精细程度不足，很多问题在施工过程中才能发现，因为"错、漏、碰、缺"等问题造成返工和材料浪费的情况非常多，施工成本增加，工期难以保证。所以施工企业急需一种有效的方法来解决这个问题，实践证明 BIM 技术对解决这个问题非常有效，尤其是对于复杂项目或特殊区域效果突出，所以施工企业应用 BIM 技术的积极性很高。

从机电安装领域实施比较成功的案例来看，BIM 技术对甲方更有益处，利用 BIM 不仅可以优化设计方案，节省成本，同时能够更有效地保证工期。目前，国内大型企业，如万达集团、华润集团等都有自己的 BIM 团队，要求每个建设项目都要进行 BIM 应用。万科集团在利用 BIM 技术进行住宅产业化方面走在了国内前列，目前，很多项目在投标阶段开始要求参与投标的总包企业应用 BIM 技术。随着 BIM 软件的功能日趋完善，应用环境逐渐成熟，BIM 技术的应用前景会越来越好。

目前 BIM 技术在机电安装行业的应用可以归纳为：碰撞检测、管线综合、工程量统计、预制加工、系统校验以及施工模拟与进度控制。

其中，碰撞检测、管线综合与系统校核是模型建立过程中的应用，工程量统计、预制加工和施工模拟与进度控制是模型建立完成后的应用。

（1）碰撞检测。在常用的 BIM 软件中，碰撞检测是必备的功能，设计人员可以设定不同的碰撞规则。在机电系统建模过程中，机电各专业系统与土建模型之间，机电系统汇总后各专业之间分别进行碰撞检测，生成碰撞检测报告，为设计人员进行模型调整提供支持，这是 BIM 模型最基础的应用。

（2）管线综合。管线综合应用的效果和设计人员的经验有很大关系。BIM 软件好学，但项目经验积累需要较长的时间，管线综合不仅要考虑本专业的排布问题，还要考虑各专业之间的相互影响，施工工艺的可行性，以及与前期的土建和后期的装修配合，这样多方面相互协调才能得出合理、可行的管线综合方案。

（3）工程量统计。工程量统计就是把 BIM 中的工程量提取出来，如果按照竣工模型统计设备、管线、阀门等部件的数量是非常准确的，因为竣工模型中的信息是实际工程结果的反映。但是要注意预算量、BIM 提取量与实际用量的区别。预算量是利用预算软件根据初期设计方案统计出来的工程量，只是初步的估值，通常是用来投标的，和实际用量是有差别的。受算量模型精确度的影响，概预算软件在进行预算量计算前，先要根据工程基础数据建立一个算量模型，在算量模型的基础上进行计算，但这个模型信息相对较少，并不能反映实际施工情况。例如，管线的具体走向等信息。所以，预算量必然与实际用量存在差距。而 BIM 提取量是基于经过深化设计后的 BIM 模型计算得出的，该模型的功能就是为了指导施工，现场施工的效果理论上就是要达到 BIM 模型的效果，所以 BIM 提取量是最接近现场实际用量的，只是有的 BIM 软件在统计工程量时和算量软件的算法有所不同，应用的时候要予以注意。

很多工程师会问一个问题，就是直接利用算量模型深化得到 BIM 模型可以吗？答案是否定的。因为算量模型的信息含量和 BIM 模型差距很大，受算量软件的功能限制，算量模型包含的信息非常有限，在此基础上即使深化也很难达到 BIM 模型所需要的效果。而对于 BIM 技术来说，工程量统计只是其模型应用的一个环节而已。所以目前有的软件厂家已经推出将 BIM 导入算量软件，利用算量软件的算法相对准确的优点，在算量软件中计算工程量，这是一个很好的思路，但是用户在应用的时候要考虑 BIM 模型进入算量软件后的识别度问题。

（4）预制加工。预制加工就是利用 BIM 模型得到管线等元件的生产加工图，工厂化预制，然后进行现场组装，减少或避免现场加工环节，不仅生产效率高、安装简便、有利于提高安装质量，同时也符合绿色施工的要求，是今后机电安装工程发展的必然趋势。

（5）系统校核。系统校核功能对 BIM 模型中构件所关联的物理及功能信息精确度要求很高，系统内零部件的相关信息要准确可靠，否则校核结果就失去了参考价值。施工企业应用系统校核功能的目的之一是针对设计院初始设计资料中的设备选型进行校核，因为设计院在进行初始设计时，设备选型通常是依据经验和通用公式进行计算的，此时机电各系统的管线具体走向尚未确定，计算误差难以避免。而施工企业基于管线综合、碰撞检测后的模型进行系统校核，其真实度很高，计算结果相对精确可信。当然，理想状态是 BIM 技术的应用从设计开始，设计院利用 BIM 技术进行设计时必然需要计算，方案确定后，校核是必需的，那么设备选型的精确度就会有本质的提高。系统校核对机电系统后期的调试运营也很有价值，利用风管、水力等校核计算的结果，可以得到最不利环路、系统薄弱点、阀门的开度等信息，这样有利于后期的调试、维护。目前系统校核功能应用还不是很普遍，这与该功能对模型精细度要求较高有关，也受当前 BIM 软件的功能限制。但是从成功的案例来看，应用效果是非常好的。

（6）施工模拟与进度控制。施工模拟与进度控制是利用 BIM 模型按照施工顺序将施工过程动态展示出来。目前在大部分项目中，这个功能的实际应用效果不是很好。很多项目还停留在做成三维动画，用于投标和项目成果汇报，用来演示。施工模拟和进度控制功能的真正落地必须和项目实际施工过程相结合，与现场管理相结合，虽然广联达的 5D 平台能够把时间和成本融入 BIM 模型，但如果只是按照计划进度所做的施工模拟，不与实际施工过程相结合，得到的只是一个理想过程，无法达到用于实际施工进度控制的要求。但是施工模拟在某些复杂节点上对于优化安装工序是很有价值的，针对某些复杂区域，可以利用模型动态显示安装过程，反复验证安装方案的可行性，并进行三维动态技术交底，让现场施工的管理人员和工人对施工方案有更直观的感受。

对于这六个层次的应用，其难度是由下而上逐级提高的，上层功能的实现是以下层功能的充分应用为基础，并且是随着 BIM 模型精细化程度的提高而逐渐深入的，所以在机电安装行业应用 BIM 技术，基础模型的建立与深化是重中之重。

11.3 电力变压器故障诊断技术

11.3.1 诊断概念

故障诊断是指通过各种装置和方法对待诊断的设备进行检测，得到能表示或间接表示设备运行的数据和资料。在能够对故障状态和正常状态进行正确区分的基础上，借助一定的手段和方法来对检测得到的数据进行统计学上的处理和分析，从而判断待诊断设备的运行状态情况。故障诊断的主要任务是判断对象的状态正常与否，确定故障发生的部位或地点，综合信息得到故障产生的原因，并预测故障的发展趋势。进行故障诊断的最终目的是提高设备的工作效率和运行过程中的可靠性，对出现的故障进行处理或对未出现的故障进行提早的防范，从而避免故障的发生。

对于不同类型的设备，要对其进行故障诊断所需要的信息各不相同，诊断过程中所采用的手段和方法也有很大的差别。但是，不管待诊断的设备形式和运行环境如何发生改变，通常的故障诊断技术都应该包含信号采集、数据处理、状态识别以及诊断决策这四个不可缺少的组成部分。

1. 信号采集

信号采集的主要任务就是获取待诊断设备的运行信息，包括各种电信号和非电量，对于电信号可以直接测量，对于非电量则需要用到各种类型的传感器。信号的采集是故障诊断的基础，采集得到的信号越真实，包含的有用信息越多，对待诊断对象的状态涵盖越全面，就越能快速的判断故障状态和发生的原因。

2. 信号处理

采集得到的信号属于原始信号，其中包含了大量的不必要信息，因而需要对其进行分类和处理，提取出最能表征对象特征和状态的信息，这一过程就属于信号处理。信号处理实际上就是选择和提取特征量，常用的处理方法包括时间序列分析、图像识别以及各种应用数学等。根据电力电缆局部放电信号的特殊性，通常采用的方法是使用快速傅里叶变换以及在此基础上发展起来的小波分析，二者在局部放电故障诊断中都占有非常重要的地位。

3. 状态识别

对待检测的设备所表现出来的各种信号进行状态测量和诊断的主要目的是要判断出设备的运行状态正常与否。当设备出现故障时，则需要确定故障的类型，发生的原因，发展的程度等。因而故障诊断的主要任务就是识别待诊断对象的运行状态。将运用一定手段测量得到并经过处理后的可以准确表示设备当前所处状态的数据，与设备在正常运行情况下的数据进行对比，可以准确地判断设备当前是否处于故障状态。如果确定设备正处于故障状态，则通过进一步的分析方法来确定故障所属的性质、故障的类别、故障发生原因，以及故障所处的位置。

4. 诊断决策

根据状态识别阶段对待诊断对象的状态的判断，使用一定的决策机制决定应当采取的减小或消除故障所使用的手段。当通过预测机制得到故障的发展趋势时，则需要对故障进行趋势分析，来确定设备的使用寿命，从而安排设备的维修和更换策略。

11.3.2　电力变压器故障分类

电力变压器是电力系统的枢纽设备，正确诊断电力变压器尤其是油浸式电力变压器的潜伏性故障，对提高电力系统的运行安全和可靠性具有重要的意义。

对于电力变压器的故障，其分类方法存在很多种。从变压器发生的故障性质上来说，一般可以分为热故障与电故障。从变压器中的各种回路来看，变压器可以分为电路故障、磁路故障、油路故障三种。从变压器的主体结构来说，故障种类多种多样，包括绕组故障、铁芯故障、冷却油故障和变压器附件故障。一般用短路故障、放电故障与绝缘故障三类来区分变压器的故障类型。

1. 短路故障

变压器短路故障主要指变压器出口短路、内部引线或绕组间对地短路及相与相之间发生的短路而导致的故障。变压器正常运行中，由于受出口短路故障的影响，遭受损坏的情况较为严重。据有关资料统计，近年来，一些地区 110kV 及以上电压等级的变压器遭受短路故障电流冲击直接导致损坏的事故，占全部事故的 50% 以上，与前几年统计相比呈大幅度上升的趋势。这类故障的案例很多，特别是变压器低压出口短路时形成的故障，该故障一般要更换绕组，严重时可能要更换全部绕组，从而造成十分严重的后果和巨大损失，因此应引起足够的重视。

出口短路对变压器的影响，主要包括以下两个方面：

（1）短路电流引起绝缘过热故障

变压器突发短路时，其高、低压绕组可能同时通过额定值数十倍的短路电流，它将产生很大的热量，使变压器严重发热。当变压器承受短路电流的能力不够且热稳定性差时，会使变压器绝缘材料严重受损，形成变压器击穿及损毁事故。

（2）短路电流引起绕组变形故障

变压器受短路冲击时，如果短路电流小，继电保护正确动作，绕组变形将是轻微的。如果短路电流大，继电保护延时动作甚至拒动，变形将会很严重，甚至造成绕组损坏。对于轻微的变形，如果不及时检修，恢复垫块位置，紧固绕组的压钉及铁轭的拉板、拉杆，加强引线的夹紧力，在多次短路冲击后，由于累积效应也会使变压器损坏。因此，诊断绕组变形程度、制定合理的变压器检修周期是提高变压器抗短路能力的一项重要措施。

2. 放电故障

（1）变压器局部放电故障

局部放电刚开始时是一种低能量的放电。在电压的作用下，绝缘结构内部的气隙、油膜或导体的边缘发生非贯穿性的放电称为局部放电。变压器内部出现这种放电时，情况比较复杂，根据绝缘介质的不同，可将局部放电分为气泡局部放电和油中局部放电。根据绝缘部位来分，有固体绝缘中空穴、电极尖端、油角间隙、油与绝缘纸板中的油隙和油中沿固体绝缘表面等处的局部放电。

1）局部放电的原因

① 当油中存在气泡或固体绝缘材料中存在空穴或空腔时，由于气体的介电常数小，在交流电压下所承受的场强高，但其耐压强度却低于油和纸绝缘材料，在气隙中容易首先引起放电。

② 外界环境条件的影响。例如，油处理不彻底使油中析出气泡等，都会引起放电。

③ 制造质量不良。例如，某些部位有尖角而出现放电。带进气泡、杂物和水分，或因外界气温、漆瘤等，它们承受的电场强度较高。

④ 金属部件或导电体之间接触不良而引起的放电。局部放电的能量密度虽不大，但若进一步发展将会形成放电的恶性循环，最终导致设备的击穿或损坏，引起严重的事故。

2）放电产生气体的特征。放电产生的气体，由于放电能量不同而有所不同。例如，放电能量密度在 10^{-9}C 以下时，一般总烃不高，主要成分是氢气，其次是甲烷，氢气占氢烃总量的 80%～90%。当放电能量密度为 10^{-8}～10^{-7}C 时，则氢气相应降低，而出现乙炔，但乙炔这时在总烃中所占的比例常不到 2%，是局部放电区别于其他放电现象的主要标志。

随着变压器故障诊断技术的发展，人们越来越认识到，局部放电是变压器诸多有机绝缘材料故障和事故的根源，因而该技术得到了迅速发展，出现了多种测量方法和试验装置，也有离线测量的方法。

3）测量局部放电的方法。

① 电测法。电测法利用示波器、局部放电仪或无线电干扰仪，查找放电的波形或无线电干扰程度。电测法的灵敏度较高，测到的是视在放电量，分辨率可达几皮库。

② 超声测法。超声测法利用检测放电中出现的超声波，将声波变换为电信号，录在磁带上进行分析。超声测法的灵敏度较低，大约几千皮库，优点是抗干扰性能好，且可"定位"。有的利用电信号和声信号的传递时间差异，可以估计探测点到放电点的距离。

③ 化学测法。化学测法检测溶解油内各种气体的含量及增减变化规律。此法在运行监测上十分适用，简称色谱分析。化学测法对局部过热或电弧放电很灵敏，但对局部放电灵敏度不高。而且重要的是观察其趋势，例如，几天测一次，就可发现油中含气的组成、比例及数量的变化，从而判定有无局部放电或局部过热。

（2）变压器火花放电故障

发生火花放电时放电能量密度大于 10^{-6} 的数量级。

1）悬浮电位引起火花放电。高压电力设备中某金属部件，由于结构上的原因或运输过程和运行中造成接触不良而断开，处于高压与低压电极间，并按其阻抗形成分压，而在这一金属部件上产生的对地电位称为悬浮电位。具有悬浮电位的物体附近的场强较集中，往往会逐渐烧坏周围固体介质或使之炭化，也会使绝缘油在悬浮电位作用下分解出大量特征气体，从而使绝缘油色谱分析结果超标。悬浮放电可能发生于变压器内处于高电位的金属部件，如调压绕组，当有载分接开关转换极性时出现悬浮电位。套管均压球和无励磁分接开关拨钗等出现悬浮电位。处于地电位的部件，如硅钢片磁屏蔽和各种紧固用金属螺栓等，与地的连接松动脱落，导致悬浮电位放电。变压器高压套管端部接触不良，也会形成悬浮电位而引起火花放电。

2）油中杂质引起火花放电。变压器发生火花放电故障的主要原因是油中杂质的影响。油中杂质由水分、纤维质（主要是受潮的纤维）等构成。

3）火花放电的影响。一般来说，火花放电不致很快引起绝缘击穿，主要表现为油色谱分析异常、局部放电量增加或轻瓦斯动作，比较容易被发现和处理，但对其发展程度应引起足够的注意。

（3）变压器电弧放电故障

电弧放电：是高能量放电，以绕组匝间绝缘击穿故障较为多见，其次为引线断裂或对地闪络和分接开关飞弧等故障。

3. 绝缘故障

目前应用最广泛的电力变压器是油浸变压器和干式树脂变压器两种，电力变压器的绝缘是变压器绝缘材料组成的绝缘系统。它是变压器正常工作和运行的基本条件，变压器的使用寿命是由绝缘材料（即油纸或树脂等）的寿命所决定的。实践证明，大多变压器的损坏和故障都是因绝缘系统的损坏而造成的。据统计，因各种类型的绝缘故障形成的事故占全部变压器事故的 85% 以上。对正常运行及注意进行维修管理的变压器，其绝缘材料具有很长的使用寿命。国外根据理论计算及实验研究证明，当小型油浸配电变压器的实际温度维持在 95℃时，理论寿命可达 400 年。设计和现场运行的经验表明，维护得好的变压器，实际寿命能达到 50～70 年。而按制造厂的设计要求和技术指标，一般把变压器的预期寿命定为 20～40 年。因此，保护变压器的正常运行和加强对绝缘系统的合理维护，很大程度上可以保证变压器具有相对较长的使用寿命，而预防性和预知性维护是提高变压器使用寿命和提高供电可靠性的关键。

油浸变压器中，主要的绝缘材料是绝缘油及固体绝缘材料，如绝缘纸、纸板和木块等。变压器绝缘的老化是指这些材料受环境因素的影响发生分解，降低或丧失了绝缘强度。

（1）固体纸绝缘故障

固体纸绝缘是油浸变压器绝缘的主要部分之一，包括绝缘纸、绝缘板、绝缘垫、绝缘卷、绝缘绑扎带等，其主要成分是纤维素，化学表达式为 $(C_6H_{10}O_6)_n$，式中 n 为聚合度。一般新纸的聚合度为 1300 左右，当下降至 250 左右时，其机械强度已下降了一半以上，极度老化致使寿命终止的聚合度为 150～200。绝缘纸老化后，聚合度和抗张强度将逐渐降低，并生成水、CO、CO_2 和糠醛（呋喃甲醛）。这些老化产物大多对电气设备有害，会使绝缘纸的击穿电压和体积电阻率降低、介损增大、抗拉强度下降，甚至腐蚀设备中的金属材料。固体绝缘具有不可逆转的老化特性，其机械和电气强度的老化都是不能恢复的。变压器的寿命主要取决于绝缘材料的寿命，因此油浸变压器固体绝缘材料，应不但具有良好的电绝缘性能和机械特性，而且长年累月地运行后，其性能下降较慢，即老化特性好。

（2）液体油绝缘故障

液体绝缘的油浸变压器是 1887 年由美国科学家汤姆逊发明的，1892 年被美国通用电气公司等推广应用于电力变压器，这里所指的液体绝缘即是变压器油绝缘。油浸变压器的特点：①大大提高了电气绝缘强度，缩短了绝缘距离，减小了设备的体积；②大大提高了变压器的有效热传递和散热效果，提高了导线中允许的电流密度，减轻了设备重量，它将运行变压器器身的热量通过变压器油的热循环，传递到变压器外壳和散热器进行散热，从而提高了有效的冷却降温水平；③由于油浸密封降低了变压器内部某些零部件和组件的氧化程度，延长了使用寿命。

11.3.3 电力变压器故障诊断的一般方法

近年来，随着在线监测技术、计算机技术和人工智能技术的发展，利用油中溶解气体分析技术与模糊逻辑（Fuzzy Logic）、专家系统（Expert System）和人工神经网络（Artificial Neural Network，ANN）等技术融合的诊断方法有效地实现了对电力变压器内绝缘潜伏性故障的诊断，大大提高了故障诊断的准确性、可靠性和诊断效率，为变压器故障诊断技术的发展开拓了新的途径。根据变压器故障检测手段，可以总结为以下几种类型：

1. 油中溶解气体成分的比值法诊断方法

对于大部分的油浸式电力变压器在热与电的作用下，变压器油箱中将会产生某些可燃性的气体，而对于溶解在油中的可燃性气体可以根据这些特殊气体的含量与比值确定变压器油纸绝缘系统的热分解本质。首先利用这种技术对油浸式变压器进行了故障诊断，之后 Barraclough 等人提出了利用 CH_4/H_2、C_2H_6/CH_4、C_2H_4/C_2H_6 和 C_2H_2/C_2H_4 四种比值的方法进行变压器故障诊断。而在后来的 IEC 标准中把比值 C_2H_6/CH_4 删除，修改后的三比值法被普遍采用，Rogers 进一步对 IEEE 和 IEC 的气体组分比值编码及使用方法作了详细的解析和说明。在长期使用 IEC599 的情况下发现部分情况不符合实际情况，且无法对某些情况进行诊断。因此，我国与日本电气协会都对 IEC 的编码进行了一些改进，而其他溶解气体成分分析方法也得到了广泛的运用。

2. 模糊逻辑诊断方法

美国的控制论学家 L. A. Zadeh 第一次提出了模糊诊断的方法，而现在模糊诊断的方法得到了更加广泛的运用。模糊逻辑的方法有利于表达界限不清晰的定性知识与经验，它借助于隶属度函数概念，区分模糊集合，处理模糊关系，模拟人脑实施规则型推理，解决实际中产生的种种不确定问题。实际中变压器存在着一些故障发生原因不清楚的问题，故障发生的机理之间存在的大量不确定关系和模糊关系，用传统的方法不能解释或很难描述，而采用模糊逻辑的方法则可以有效地解决变压器中故障发生的不确定关系，为解决电力变压器的故障提供了一种新的解决思路。

针对电力变压器故障诊断常用的 Regers 比值法中存在着临界比值判据缺损的问题，提出了利用模糊集理论进行电力变压器故障诊断的方法，将模糊逻辑技术引入传统比值法，把比值边界模糊化，该方法在变压器多故障诊断中有较好的应用效果，并发展出一系列故障诊断方法，包括编码组合法、模糊聚类技术、Petri 网络及灰色系统等。这些模型充分考虑了数据本身的模糊性，能有效改善复杂数据集的性能，从而提高了变压器故障诊断的正确率。

3. 专家系统的诊断方法

专家系统是人工智能的一个重要分支。它是一种能够在一定程度上模拟八位人类专家经验及推理过程的计算机程序系统。能根据用户提供的数据信息，运用系统中存储的专家经验或知识进行推理判断，最后给出结论及其可信度以供用户决策之用。电力变压器故障诊断是个相当复杂的问题,涉及多方面的因素,根据各种参数做出正确判断必须要有坚实的理论基础和丰富的运行维护经验。另外,由于变压器的容量、电压等级和运行环境各异,同一种故障在不同变压器中的表现也有一定的差异。而专家系统具有较强的容错能力和自适应性,可根据诊断中所获得的知识对自身的知识库进行修正以保证知识的完备性,因此,对不同类型的电力变压器均可有效诊断。

电力变压器故障诊断专家系统能够通过总结电力变压器的故障原因及故障类型,综合运用包括油中溶解气体分析的故障检测知识来判断故障性质,并可以通过运用模糊逻辑较好地处理故障诊断中的模糊性问题,通过粗糙集方法解决专家系统较难获取完备知识的瓶颈问题,通过黑板模型结构建立适于多专家合作诊断的结构。

4. 人工神经网络的诊断方法

人工神经网络以数学模型模拟神经元活动,是基于模仿大脑神经网络结构和功能而建立的一种信息处理系统。人工神经网络具有自组织、自适应、自学习、容错性及很强的非线性逼近能力,可以实现预测、模拟仿真和模糊控制等功能,是处理非线性系统的有力工具。根据电力变压器故障时油中溶解气体的成分及含量,利用人工神经网络高度的非线性映射及自组织、自学习能力进行变压器故障诊断一直是近年来的研究热点。发展出一系列以人工神经网络为基础的故障诊断方法,如两步 ANN 方法、基于反向传播人工神经网络、决策树神经网络模型、组合神经网络分层结构模型、径向基函数神经网络等,这些方法不断提高神经网络算法的收敛速度、分类性能和准确率。

5. 其他诊断方法

除了上述四种方法外,还有一些方法也用于变压器的故障诊断当中。将神经网络和证据理论进行有机结合,使两者优势互补,可得到多神经网络与证据理论融合的变压器故障综合诊断方法。根据仿生生物免疫系统中抗体对抗原的高效识别和记忆机理,通过自组织抗体网络和抗体生成算法用于解决电力变压器故障诊断问题。另外,还有基于信息融合、粗糙集理论、组合决策树、贝叶斯网络、人工免疫、新径向基函数网络及支持向量机的变压器故障诊断法。

11.4　架空线路故障定位

11.4.1　10kV 架空配电线路常见故障

1. 单相接地故障

单相接地是配电系统最常见的故障,多发生在潮湿、多雨天气。单相接地不仅影响了用户的正常供电,而且可能产生过电压,烧坏设备,甚至引起相间短路而扩大事故。当发生一相(如 A 相)不完全接地时,即通过高电阻或电弧接地,这时故障相的电压降低,非故障相的电压升高,大于相电压,但达不到线电压。如果发生 A 相完全接地,则故障相的电压降到零,非故障相的电压升高到线电压。寻找和处理单相接地故障时,应做好安全措施,保证人身安全。当设备发生接地故障时,室内人体不得接近距故障点 4m 以内,室外人体不得接近距故障点 8m 以内,进入上述范围的工作人员必须穿绝缘靴,戴绝缘手套,使用专用工具。

2．短路故障

线路中不同电位的两点被导体短接起来，或者其间的绝缘被击穿，造成线路不能正常工作的故障，称为短路故障。按照不同的情况，短路故障又分为金属性短路、非金属性短路；单相短路、多相短路。

（1）金属性短路和非金属性短路

不同电位的两个金属导体，直接相接或被金属导线短路，称为金属性短路。金属性短路时，短路点电阻为零，因而短路电流很大。若不同电位的两点不是直接相接，而是经过一定的电阻相接，则称为非金属性短路。非金属性短路时，短路点电阻不为零，因而短路电流不及金属性短路大，但持续时间可能很长，在某些情况下，其危害性更大。

（2）相间短路

两相相线相互短接，称为两相短路故障。三根相线相互短接，称为三相短路故障。

3．断路故障

断路是最常见的故障，最基本的表现形式是回路不通。在某些情况下，断路还会引起过电压，断路点产生的电弧还可能导致电气火灾和爆炸事故。

（1）断路点电弧故障

断线，尤其是那些似断非断路点，在断开瞬间往往会产生电弧，或者在断路点产生高温，电力线路中的电弧和高温可能会酿成火灾。

（2）三相电路中的断路故障

三相电路中，如果发生一相断路故障，一则可能使电动机因缺相运行而被烧坏。二则使三相电路不对称，各相电压发生变化，使其中的相电压升高，造成事故。

11.4.2　10kV 架空线路常见故障原因

1．单相接地故障原因

单相接地故障多发生在潮湿、多雨天气，是由于树障、配电线路上绝缘子单相击穿、导线接头处过负荷烧断或氧化腐蚀脱落、单相断线等诸多因素引起的。

2．短路故障原因

（1）外力破坏

在 2005 年郑州配网故障中外力破坏占到 30%，主要是由车辆撞断电杆、超高车挂断导线、阴雨天气时树线矛盾突出，搭在线路上的异物（如大风时刮到线路上的带铝箔的塑料纸、高层建筑工地的废铁丝、录音带、彩条、风筝等）、铁塔的塔材金具被盗引起倒杆（塔）等。

（2）雷击

随着两网架空绝缘线的增多，雷击事故越来越多，由于城市配电线路周围多为高楼大厦，而高层建筑上大多装有避雷设施，所以城市配电线路基本不受雷击的影响。但是农网线路遍布田间、丘陵、山坡，成为整个周围的最高点，一旦发生雷击，就成为雷击电流的通道。架空绝缘线遭受雷害事故明显比架空裸线多，雷害损害情况比较严重。绝缘架空线雷害事故比较严重的主要原因：一是绝缘线的结构所致，绝缘导线采用半导体屏蔽和交联聚乙烯作为绝缘层，其中使用的半导体材料具有单向导电性能，在雷云对地放电的大气过电压中，很容易在绝缘导线的导体中产生感应过电压，且很难沿绝缘导线表皮释放。二是绝缘导线遭受雷击后的电磁机理特殊，造成雷击断线较多。如架空裸线遭受雷击时，引起闪络事故，是在工频续流的电磁力作用下，电弧会沿着导线（导体）移动，电弧移动中释放能量，且在工频续流烧断导线或损坏绝缘子之前，断路器动作跳闸切断电弧；而架空绝缘线的绝缘层阻碍电弧在其表面移动，电荷集中在击穿点放电，在断路器动作之前烧断导线。因为雷击电压非常高，且电流瞬间非常大，配电线路的相间距离和绝缘性能根本不能承受，所以引起线路相间弧光短路或对地绝缘击穿，导致接地相间短路。

（3）鸟害

鸟落到线路上、筑巢造成的相间短路，多发生在线路的 T 接杆、转角杆、隔离开关安装处。因为这些部位联络线密集，相间距离虽然能满足安全距离 30cm 的要求，但是安全距离裕量不够，鸟类在下落或起飞时翅膀展开，很容易发生相间短路，而且联络线密集也是鸟类筑巢的良好场所，筑巢的树枝、铁丝等，往往会引起相间短路。

（4）线路、设备本身原因

导线弧垂过大，遇刮大风导线摆动，易造成短路。另外线路、设备运行时间较长，绝缘性能下降，也会造成短路故障的发生。

3. 断路故障原因

（1）外力破坏

车辆撞断电杆、超高车挂断导线、树木等异物砸断导线等造成断路。

（2）雷击

空旷地带的绝缘线易被雷击而造成断线故障，从事故现场看，断线故障点大多发生在绝缘支持点 500mm 以内，或者在耐张和支出搭接处。

（3）线路、设备本身原因

导线接头处接触不良或过负荷烧断跌落式熔断器，有时由于负荷电流大或接触不良，而烧毁触头。也有制造质量的问题，操作人员拉合不当用力过猛，而造成跌落式熔断器瓷体折断。

11.4.3　线路故障定位新技术

早期的故障定位是把测量线路的故障阻抗值折算为线路的长度，因此，故障定位也称为故障测距，其定位准确度有限。随着计算机技术、通信技术的飞速发展及其在电力系统中的应用，故障定位技术也得到了快速发展。

总体来说，输电线路的故障定位方法主要有两种：故障分析法和行波法。故障分析法需要建立输电线路的数学模型，采集故障时的电压电流信号，并用解方程的方式求得故障点位置。行波法是根据行波传输理论实现输电线路的故障测距方法，当输电线路发生故障时，在故障点会产生沿输电线路传播的暂态行波，其传播速度接近光速，用行波到达测量装置的时间差和光速（或近似光速）来求取故障点位置。随着传感器、高速数据采集、CPS 和信号的小波分析处理等技术的发展和引入，许多新理论、新方法得以应用。经过国内外专家学者的共同完善和发展，故障定位领域已取得了丰硕的成果。

1. 传感器技术

无论对于故障分析法还是行波法，定位系统的准确定位都是建立在能够准确获得一次侧信号的基础之上的，而输电线路准确定位系统所需要的电气信号是通过电压互感器、电流互感器和传感器，通过采样计算进行故障定位。当电压互感器（TV）、电流互感器（TA）和传感器存在误差时（特别是 TA 保护绕组误差可达 5%～10%），将使定位误差增大，甚至严重歪曲定位结果。特别对于行波故障定位，当行波波头通过上述元件时，将会发生畸变，这势必导致定位误差增大，为了避开互感器的影响，国外出现从电容式电压互感器（CVT）的地线上取行波信号的方法，但它是利用了一个特殊的电压传感器捕捉线路故障产生的高频暂态电压行波信号，并将传感器直接安装在 CVT 一次侧，改变了一次接线，不利于电力系统安全运行，在我国难以推广。

行波是一种高频暂态信号，行波频谱主要分布在 10～100kHz，近距离故障时甚至达到数兆赫兹。为尽可能真实地获得故障行波，需要采用合适的行波传感器，其高频特性要好，动态时延要小。故障行波分为电压行波和电流行波，分别需要用电压、电流行波传感器获得。以往直接采用现场的 TA 作为电流行波传感器，采用 CVT 地线上的电流行波（数学上等价于电压行波的微分）来反映线路电压行波。传统的电流（或电压）互感器为电磁式，电磁式互感器的高频特性可以满足要求。目前普遍采用 TA 转变电流行波信号，但是电磁式 TA 存在着电磁干扰以及高频时分布电容的影响。随着光纤技术和材料科学的进步，出现了应用于电力系统的光互感器，光互感器为高频暂态行波的转变提供了可能。

它包括基于法拉第效应的磁光式电流互感器（Magneto-Optic Current Transformer, MOCT）和玻克尔效应的电光式电压互感器（EOVT）。光互感器具有体积小、重量轻、抗电磁干扰能力强、动态范围宽广、频率响应特性良好等一系列优点。目前，国外已将光互感器应用于继电保护和故障测距系统。

光学电流互感器（OCT）通过测量光波在通过磁光材料时，其偏振面由于电流产生的磁场的作用而发生旋转的角度来确定被测电流的大小。与传统的电磁感应式 TA 相比，在高电压大电流测量中采用光纤传感技术具有明显的优越性：①不含油，无爆炸危险；②与高压线路完全隔离，满足绝缘要求，运行安全可靠；③不含铁心，无磁饱和、铁磁共振和磁滞现象；④不含交流线圈，不存在输出线圈开路危险，可用于测量直流；⑤抗电磁干扰；⑥响应频域宽；⑦便于遥感和遥测；⑧有利于变电站综合自动化水平的提高；⑨体积小、重量轻、易安装等。

光学电压互感器（OVT）利用光纤完成信号的传输，利用晶体特定的物理效应敏感电压，既可以测量交流电压，也可以测量直流电压和瞬态电压（脉冲电压、冲击电压），它还具有非常宽的频带，同光纤传输网联网可以实现遥测和遥控，易满足小型化、智能化、多功能的要求，是传统的电压测量设备所无法比拟的。目前所研究的光学电压互感器大多是基于 Pockels 线性电光效应。Pockels 线性电光效应的基本原理是：电光晶体（例如 BGO 晶体）在没有外加电场作用时是各向同性的，而在外加电压作用下，晶体变为各向异性的双轴晶体，从而导致其折射率和通过晶体的光偏振态发生变化，产生双折射，一束光变成两束线偏振光，只要测出这两束光的相位差，就可测出被测电压的大小，这就是 OVT 基于 Pockels 电光效应测量电压的基本原理。在现有的技术条件下，要对光的相位变化进行准确地直接测量是不可能的，于是采用偏振光干涉的方法进行间接测量，可以取得很高的测量准确度。

2. 高速数据采集

由于定位原理的差别，故障分析法与行波法对采样率的要求也有很大差别。目前故障分析法一般要求采样率在几千赫兹到十几千赫兹之间，这点较易实现，而行波测距方法的关键是准确获得故障行波的到达时刻，这就要求必须采用很高的采样率。以图 11-17 为例进行分析。图 11-17(a)为线路发生故障时的电流采样波形，可以明显看出电流有突增的过程，电流突增的转折点就是电流行波的到达时刻，图 11-17(b)对电流突增局部进行了放大，图中的每一个小黑点对应一个采样点。

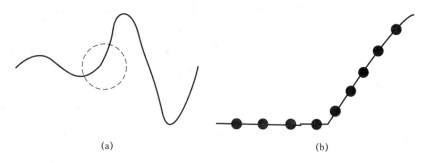

(a)　　　　　　　　　　　　　　(b)

图 11-17　电流采样信号和局部放大图

(a) 采样信号；(b) 局部放大

架空输电线路中行波的波速接近于光速（约为 300000km/s），若定位系统的采样率为 1MHz，则寻找电流转折时刻相差一个点，即 1μs，就将导致定位误差为 300m。若采样率提高到 10MHz，则因此而导致的定位误差会减小到 30m，现在国内的行波定位装置的采样率一般为 5～20MHz，基本可以满足电力部门的需求。国外则已出现 100MHz，甚至 200MHz 的高采样率行波定位装置，其定位准确度大大提高，可用于地下电缆的故障定位，这是因为现场对地下电缆故障定位的准确度要求更高。

高速数据采集是一个专门学科，它涉及前置模拟通道的调理、高速数字芯片的选择、海量数据的存储和通信、高速采集板的电磁兼容和抗干扰设计等方面。由于高频信号的波长很短，存在天线辐射效应，因此电磁干扰是高速数据采集的主要难点。在这些方面还有许多值得进一步研究的问题。

3. CPS 同步技术

基于双端同步采样的故障分析法和行波法是目前故障定位中应用最为广泛，也是取得效果最好的一种方法。这要求线路两端的采样装置能够依据统一的时间基准，进行同步采样。美国的 CPS 系统向民用开放，使得异地同步采样成为可能。基于 GPS 的同步采样原理是：由高准确度晶振构成的振荡器经过分频产生满足采样率要求的时钟信号，它每隔 1s 被 CPS 的秒脉冲信号校准一次，保证振荡器输出的脉冲信号的前沿与 GPS 秒脉冲同步。线路两侧都以振荡器输出的经过同步的时钟信号作为采样脉冲去控制各自的数据采集，因此采样是高度同步的。CPS 同步秒脉冲信号也存在一定的时间误差，因不同的 GPS 接收机而异，有的误差为 1μs，有的误差仅 20ns。利用高准确度晶振的时间步长稳定的优点，结合 CPS 时钟没有积累误差的优点，可以进一步减小时间同步误差，提高行波测距准确度。

4. 小波分析法

为准确找到故障点，在硬件上需要采用性能满足要求的行波传感器，并经高速采样进行 A/D 变换（模数变换），在软件上则需要采用合适的数学方法对采集到的信号进行信号处理，滤除干扰信号，确定故障时刻。对此，小波分析方法是一个非常行之有效的方法。

小波分析的局部时频分析能力很强，对于信号的不连续点检测非常灵敏。基于这个原理，可以用小波分析方法对包含暂态分量的电压、电流信号进行分析、处理，有效地找出行波波头到达时刻，使计算机进行识别，从而部分达到人能识别的准确度。如图 11-18 所示，对原始故障电流信号 s 进行小波分解，从次高频 d3、高频信号 d2 和最高频信号 d1，可以看出，随着频域窗口的上移，可以越来越准确地捕捉故障发生时刻。

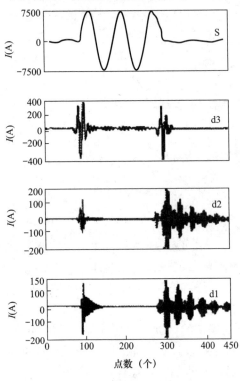

图 11-18 小波分析示意图

11.4.4 理论创新介绍

在故障分析法方面，传统的频域法容易受衰减直流分量的影响，往往采用 1 个或几个周波内的平均工频信号。但是在现代高压输电系统中，从故障开始到断路器动作的时间越来越短，获得平均工频信号会遇到困难。为了解决这一问题，提出的基于微分方程的时域法利用 GPS 同步采样值代入微分方程进行求解，由于微分方程能够比较真实地描述故障过程，不受暂态直流分量的影响，因此微分方程法的定位准确度要高于频域法。此外，相模变换被广泛地应用到故障分析法中，通过这种线性变换，将三相或多相耦合方程变换为多个独立的方程来求解，这样便排除了线路间互感的影响，实现单回线、双回线和多回线算法的统一。由于故障分析法是利用线路故障时量测的电压、电流，根据元件特性和基尔霍夫定律列写方程，通过分析、计算求解的。因此，方程中线路参数和长度将直接影响最终定位结果，针对这一问题，提出了一种具有实时参数修正能力的故障定位算法。该算法能有效地解决参数误差与线路长度随季节的变化带来的影响，有很好的准确性和数值稳定性。

在行波法方面，虽然其算法原理简单，但是对硬件要求很高，涉及行波，因此是一门交叉学科，需要多方面的良好配合才能取得高的定位准确度。被提出较多的是 A、B、C 型 3 种方法。A 型测距原理是根据故障点产生的行波到达母线后反射到故障点，再由故障点反射到母线的时间差来测距，B 型测距装置是根据故障点产生的行波分别到达线路两端的时间差来实现测距的，C 型是在故障发生停电后，在线路的一端施加高频或直流脉冲，根据其从发射装置到故障点的往返时间来实现故障测距的。其中，A 型和 C 型采用单端信号测距，B 型采用双端信号测距。A 型和 B 型对于线路瞬时性故障和永久性故障均有较好的适用性，C 型则只适用于永久性故障，这种装置设备投入大，而且可靠性也存在问题，近年来很少使用。由于 A 型方法中，故障行波到达一侧母线反射回到故障点再反射到母线时，信号衰减非常严重，而且存在着其他反射和投射行波的干扰，因此第 2 个行波的准确位置难以捕捉，这就限制了 A 型行波法的使用范围，目前最为常用的是采用 B 型行波法，因为只需要捕捉第 1 次到达的故障行波，该行波由于衰减较小，因此更容易识别，此时需要保证两端进行高准确度同步采样，这是通过 GPS 同步技术实现的。随着输电线路行波传输理论、电子技术和计算机技术的发展，以及新型互感器技术的引入，现在国内学者又提出 D 型和 E 型两种方法。最近又有学者提出了基于行波测距原理的保护装置，这种保护装置具有超高速动作性能。目前，国内外在这个领域的研究工作已取得了阶段性研究成果，可以预计，新型行波保护不久将在高压输电线路上获得应用。

此外，近年来国内外学者还提出了一些智能化的故障定位方法，应用人工神经网络实现测距，通过获取大量的已知故障样本对网络进行训练，建立起输入电气量和输出故障距离的对应关系。由于神经网络具有自学习性、自适应性和容错性，经过全面的训练网络对系统各种运行方式下的各种故障情况的电气量进行分析和计算，从而实现定位。采用的组合架空地线的光纤测距技术也是较新颖的智能化测距技术，该方法采用复合化光纤中的感应电流为识别信息，由于该信息沿线分布的模糊性，可以采用模糊理论处理故障信息，得出故障区段。

输电线路故障定位问题的研究已经有着近 30 年的历史。在国内外学者的共同努力下取得了丰硕的成果，随着电力系统规模的不断扩大以及各种新理论、新技术的不断涌现，无论从理论方面还是实际应用需要方面，故障定位仍有许多问题值得研究。

（1）虽然利用线路两侧数据的双端故障分析法不存在原理性误差，但是在国内，现场采样电压、电流数据往往是由保护用互感器所引出的。就保护用电流互感器而言，其使用条件是在规定负载阻抗和短路电流对额定电流的倍数下，电流比误差不大于 10%。这种测量准确度将较大地影响到最终定位结果。由于系统容量增大或因系统结构变换等原因，有时候，最大短路电流远远超过了正常范围，一次侧暂态短路电流中非周期分量、互感器铁心中的剩磁等因素可能使得互感器达到饱和，此时电压、电流采样值将严重偏离真实值。国内外学者在理论上提出了一些解决办法，但还没有看到工程实际应用中取得较好效果的报道。

（2）行波波速为频率的非线性函数，且其计算取决于大地电阻率和架空线的配置。

高压线路沿线的地质条件相当复杂，不同地质段的土壤电阻率有不同的取值，且与气候密切相关，而在输电线路发生的故障中，单相接地故障占总量的 70%～90%。在该类故障中地模分量起决定性作用，而地模波速受频变的影响很大，因此频变效应和波速的不确定性成为影响该算法准确度的主要因素。此外，行波测距的一些弱点，如难以识别近端故障，难以对电压过零点时发生的故障进行准确定位等，也值得国内外学者进一步研究。

11.5　电力电缆故障诊断

由于电力电缆的运行环境复杂多样，给电缆故障的诊断工作带来相当大的困难。长期以来，人们在电缆故障的诊断工作中，摸索出许多办法，如电桥法等，这些方法的应用范围有一定的局限性，精度也较差，为区别于现代的脉冲反射法，我们将其统称为经典法。现代的脉冲反射法具有使用范围广，测试速度快，精度高等优点，已经成为电缆故障诊断技术中不可缺少和替代的先进技术。

11.5.1　电力电缆出现故障的原因

电力电缆的生产、敷设、三头工艺、附件材料、运行条件等与电缆的运行情况密切相关。上述任何环节的疏漏，都将埋下电缆故障的隐患。分析与归纳电缆故障的原因和特点，大致如下。

1. 机械损伤

机械损伤类故障比较常见，所占的故障率最大（约为 57%），其故障形式比较容易识别，大多造成停电事故。一般造成机械损伤的原因有以下几种。

（1）直接受外力损坏。如进行城市建设，交通运输，地下管线工程施工、打桩、起重、转运等误伤电缆。

（2）施工损伤。如机械牵引力过大而拉损电缆，电缆弯曲过度而损伤绝缘层或屏蔽层，在允许施工温度以下的野蛮施工致使绝缘层和保护层损伤，电缆剥切尺寸过大、刀痕过深等损伤。

（3）自然损伤。如中间头或终端头的绝缘胶膨胀而胀裂外壳或附近电缆护套；因自由行程而使电缆管口、支架处的电缆外皮擦破；因土地沉降、滑坡等引起的过大拉力而拉断中间接头或电缆本体；因温度太低而冻裂电缆或附件，大型设备或车辆的频繁振动而损坏电缆等。

2. 绝缘受潮

绝缘受潮是电缆故障的又一主要因素，所占的故障率约为 13%，绝缘受潮一般可在绝缘电阻和直流耐压试验中发现，表现为绝缘电阻降低，泄漏电流增大。一般造成绝缘受潮的原因有以下几种。

（1）电缆中间头或终端头密封工艺不良或密封失效。

（2）电缆制造不良，电缆外护层有孔或裂纹。

（3）电缆护套被异物刺穿或被腐蚀穿孔。

3. 绝缘老化

电缆绝缘长期在电和热的作用下运行，其物理性能会发生变化，从而导致其绝缘强度降低或介质损耗增大而最终引起绝缘崩溃者为绝缘老化，绝缘老化故障率约为 19%。运行时间特别久（30～40 年以上）的则称为正常老化。如属于运行不当而在较短年份内发生类似情况者，则认为是绝缘过早老化。可引起绝缘过早老化的主要原因有：

（1）电缆选型不当，致使电缆长期在过电压下工作。

（2）电缆线路周围靠近热源，使电缆局部或整个电缆线路长期受热而过早老化。

（3）电缆工作在具有可与电缆绝缘起不良化学反应的环境中而过早老化。

4. 过电压

电力电缆因雷击或其他冲击过电压而损坏的情况在电缆线路上并不多见。因为电缆绝缘在正常运行电压下所承受的电应力，约为新电缆所能承受的击穿试验时承受电应力的十分之一。因此，一般情况下，3～4 倍的大气过电压或操作过电压对于绝缘良好的电缆不会有太大的影响。但实际上，电缆线路在遭受雷击时被击穿的情况并不罕见。从现场故障实物的解剖分析可以确认，这些击穿点往往早已存在较为严重的某种缺陷，雷击仅是较早地激发了该缺陷。容易被过电压激发而导致电缆绝缘击穿的缺陷主要有：

（1）绝缘层内含有气泡、杂质或绝缘油干枯。

（2）电缆内屏蔽层上有节疤或遗漏。

（3）电缆绝缘已严重老化。

5. 过热

电缆过热有多方面的因素，从近几年各地运行情况的统计分析上来看，主要有以下原因：

（1）电缆长期过负荷工作。

（2）火灾或邻近电缆故障的烧伤。

（3）靠近其他热源，长期接受热辐射。

过负荷是电缆过热的重要原因。电缆过负荷（在电缆载流量超过允许值或异常运行方式下）运行，未按规定的电缆温升和整个线路情况来考虑时，会使电缆发生过热。例如在电缆比较密集的区域，电缆沟及隧道通风不良处等，都会因电缆本身过热而加速绝缘损坏。橡塑绝缘电缆长期过热后，绝缘材料发生变硬、变色、失去弹性、出现裂纹等物理变化。油纸电缆长期过热后，绝缘干枯、绝缘焦化，甚至一碰就碎。另外，过负荷也会加速电缆铅包晶粒再结晶而造成铅包疲劳损伤。在大截面较长电缆线路中，如若装有灌注式电缆头，因灌注材料与电缆本体材料的热膨胀系数相差较大，容易造成胀裂壳体的严重后果。

对于因火灾或邻近电缆故障的影响等外来的过热损伤，多半可从电缆外护层的灼伤情况加以确认，比较容易识别。

6. 产品质量缺陷

电缆及电缆附件是电缆线路中不可缺少的两种重要材料，它们的质量优劣，直接影响电缆线路的安全运行。电缆及电缆附件的制造缺陷，以及一些施工单位缺乏必要的专业技术培训，使电缆三头的制作存在较大的质量问题。这些产品质量缺陷可归纳为以下几个方面：

（1）电缆本体质量缺陷。油纸电缆铅护套存在杂质砂粒、机械损伤及压铅有接缝等。橡塑绝缘电缆主绝缘层偏芯、内含气泡、杂质，内半导电层出现节疤、遗漏，电缆储运中不封端而导致线芯大量进水等。上述缺陷一般不易发现，往往是在检修或试验中发现其绝缘电阻低、泄漏电流大，甚至耐压击穿。

（2）电缆附件质量缺陷。传统三头质量缺陷有：铸铁件有砂眼，瓷件强度不够，组装部分加工粗糙，防水胶圈规格不符或老化等。热缩和冷缩电缆三头质量缺陷有：绝缘管内有气泡、杂质或厚度不均，密封涂胶处有遗漏等。

（3）三头制作质量缺陷。传统式三头制作质量缺陷主要有：绝缘层绕包不紧（空隙大）、不洁，密封不严，绝缘胶配比不对等。热缩三头制作质量缺陷主要有：半导电层处理不净，应力管安装位置不当，热缩管收缩不均匀，地线安装不牢等。预制电缆三头安装质量缺陷主要有：剥切尺寸不精确，绝缘件套装时剩余应力太大等。

另外，电缆线路中也有一些是拆用旧电缆及附件的情况，这种以旧充新或以旧补旧的做法虽然在利用材料、节省资金方面有好处，但对设备完好率却影响很大，建议各施工与运行单位慎重对待。

7. 设计不良

电力电缆发展到今天，其结构与型式已基本稳定，但电缆中间头和终端头的各种电缆附件却一直在不断地改进。这些新型电缆附件往往在新设备、新材料、新工艺上没有取得足够的运行经验，因此在选用时应慎之又慎，最好根据其运行经验的成熟与否，逐步推广使用，以免造成大面积质量事故。属于设计不良的主要弊病有：

（1）防水密封不严密。

（2）选用材料不妥当。

（3）工艺程序不合理。

（4）机械强度不充足。

11.5.2 电力电缆故障的分类

电力电缆的故障有些是某一种原因造成的，而大多数则是由几种原因共同作用的结果。电缆线路的故障，根据不同部门的需要，可以有不同的分类方式。现分述如下。

1. 按故障部位分类

（1）电缆本体故障。

（2）电缆中间头故障。

（3）电缆户内头故障。

（4）电缆户外头故障。

2. 按故障时间分类

（1）运行故障。运行故障是指电缆在运行中因绝缘击穿或导线烧断而引起保护器动作，突然停止供电的故障。

（2）试验故障。试验故障是指在预防性试验中绝缘击穿或绝缘不良而必须进行检修后才能恢复供电的故障。

3. 按故障责任分类

（1）人员过失。电缆选型不当，三头结构设计失误，运行不当，维护不良等。

（2）设备缺陷。电缆制造缺陷，电缆三头附件材料缺陷，安装方式不当或施工工艺不良等原因造成的三头质量缺陷。

（3）自然灾害。包括：雷击、水淹、台风袭击、鸟害、虫害、泥石流、地沉、地震、天体坠落等。

（4）正常老化。一般电缆运行 30 年以上的绝缘老化，户外运行 20 年以上的浸潮，垂直敷设的油纸电缆在 20 年以上的高端干枯等。

（5）外力损坏、腐蚀、用户过失及新产品、新技术的试用等。

4. 按故障性质分类

（1）低阻故障。即低电阻接地或短路故障。电缆一芯或数芯对地绝缘电阻或芯与芯之间的绝缘电阻低于 $10Z_C$（Z_C 为电缆特性阻抗，一般不超过 40Ω）时，而导体连续性良好者称为低阻故障。一般常见的低阻故障有单相接地、两相短路或接地等。

说明：这一低阻故障的定义是针对脉冲反射测试原理而定的，其他测试方法中的低阻故障定义与特性阻抗 Z_C 无关。下面介绍的高阻故障亦然。

这里定义的低阻和高阻故障的分界值 $10Z_C$ 不是一个精确的数值，而是一个模糊的概念。因为电缆的特性阻抗随着不同的电缆结构而变化（如 $240mm^2$ 的电缆 Z_C 为 10Ω，$35mm^2$ 的电缆 Z_C 为 40Ω），而这样定义的根本原因是为了划分脉冲反射诊断技术中低压脉冲法是否可以测试，也就是说绝缘电阻大约在 $10Z_C$ 以下的电缆故障可用低压脉冲法测试，否则低压脉冲法不能测试。

（2）高阻故障。即高电阻接地或短路故障。电缆一芯或数芯对地绝缘电阻或芯与芯之间的绝缘电阻低于正常值很多，但高于 $10Z_C$，而导体连续性良好者称为高阻故障。一般常见的高阻故障有单相接地、两相短路或接地等。

（3）断线故障。电缆各芯绝缘均良好，但有一芯或数芯导体不连续者称为断线故障。

（4）断线并接地或短路故障。电缆有一芯或数芯导体不连续，经过（高或低）电阻接地或短路者称之。

（5）泄漏性故障。泄漏性故障是高阻故障的一种极端形式。在进行电缆绝缘预防性耐压试验时，其泄漏电流随试验电压的升高而增大，直至超过泄漏电流的允许值（此时试验电压尚未或已经达到额定试验电压），这种高阻故障称为泄漏性故障。泄漏性故障的绝缘电阻可能很高，甚至达到合格标准。

（6）闪络性故障。闪络性故障是高阻故障的又一种极端形式。在进行电缆绝缘预防性耐压试验时，泄漏电流小而平稳。但当试验电压升至某一值（尚未或已经达到额定试验电压）时，泄漏电流突然增大并迅速产生闪络击穿，这种高阻故障称为闪络性故障。闪络性故障的绝缘电阻极高，通常都在合格标准以上。具有闪络性故障的电缆，短期内，在较低的电压下（不大于闪络击穿电压），其闪络击穿的现象可能会完全停止并显现较好的电气性能。

实际上，高阻故障的特性可由高阻故障等效电路分析清楚。如图 11-19 所示，泄漏电阻 R_s 和放电间隙 J_s 的相对大小变化，决定了高阻故障的特性是属于泄漏性、闪络性或是二者兼而有之。

例如：当 R_s 很大（近似无穷大）时，故障点 J_s 两端的直流电压可以升至额定试验电压而泄漏电流还远达不到额定允许值。在这种情况下，如果 J_s 的击穿电压大于额定试验电压，这个故障点在该试验电压下将不会被发现。如果 J_s 的击穿电压小于或等于额定试验电压，则耐压试验时 J_s 将被击穿，形成闪络性故障。

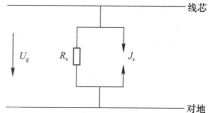

图 11-19　故障点等效电路

当 R_s 较小时，在耐压试验中，由于 R_s 的存在而产生较大的泄漏电流，同时该泄漏电流将在高压试验电源的内阻上形成较大的压降，从而使试验电压无法升高。欲继续升高试验电压，势必造成泄漏电流的剧增，甚至远远大于允许值，这样的耐压试验一般由人为或试验设备继电器保护动作而终止。在这样的故障点中，由于 J_s 两端电压较低而常常不能被击穿，只表现出泄漏电流过大。这就是泄漏性故障。

当 R_s 与 J_s 适中时，在耐压试验中可能会出现泄漏电流较大，而试验电压又可以升高（甚至达到额定试验电压），在较高的试验电压下也可能会出现闪络击穿。这就是通常意义上的高阻故障。

高阻故障中的等效泄漏电阻 R_s 减小到 $10Z_C$ 以下时，其故障性质就转变为低阻故障。

11.5.3　电力电缆故障诊断的一般步骤与方法

几十年来，人们在各自的生产实践中探索和总结出许多电缆故障测试方法。如经典法中的电阻电桥法、电容电桥法、高压电桥法等。电阻电桥法只能测试单相接地或相间短路的绝缘电阻较低的电缆故障，电容电桥法主要测试电缆的断线性故障，高压电桥法主要测试高阻故障（泄漏性故障和闪络性故障除外）。可见电缆故障诊断技术中的经典法具有一定的局限性，不能满足各种不同类型电缆故障测试的要求。

现代的脉冲反射测试技术包括低压脉冲法、直流高压闪络法、冲击高压闪络法和多脉冲高压闪络法，它们适用于各种不同类型的电缆故障测试。多年的生产实践已经充分证明了，现代的脉冲反射测试技术的适用性和准确性，并已日趋成熟与完善。

电力电缆故障的诊断，无论选用哪种测试方法，均需按照一定的程序和步骤进行。现归纳如下：

1. 确定故障性质

当着手对某一故障电缆进行故障测试时，首先要进行的工作是：了解故障电缆的有关情况以确定故障性质。掌握这一故障是接地、短路、断线，还是它们的混合。是单相、两相，还是三相故障。是高阻、低阻，还是泄漏性或闪络性故障。只有确定了故障性质，才可以选择适当的测试方法对电缆故障进行具体的诊断。

2. 粗测距离

当确定了故障电缆的故障性质以后，就可以根据故障性质，选择适当的测试方法测出故障点到测试端或末端的距离，这项工作称为粗测距离。

粗测距离是电缆故障测试过程中最重要的一步，这项工作的优劣，决定着电缆故障测试整个过程的效率和准确性。因此，常常需要具有相当专业技术基础理论知识和丰富实践经验的人员来进行操作。人们在长期的生产实践中探讨和总结出多种故障距离的粗测方法，即经典法（如电桥法及其变形等）和现代法（脉冲反射法）。

随着电力电缆生产质量的提高和新型绝缘材料的采用，电缆的故障电阻不断提高（达到兆欧级）。据统计，凡预防性试验击穿的故障电阻，不少于90%在兆欧数量级以上。运行故障的75%是高阻故障，其中60%以上的故障电阻达到兆欧级。由此看来电缆故障的绝大部分为高阻故障，那些只能测试低阻故障的经典测试方法显然适用性太差。当遇到高阻故障时，必须经过一个耗时、费力的"烧穿"降阻过程，以求把高阻故障转化为低阻故障，这个漫长的过程需要的设备笨重而繁杂，而新型绝缘材料电缆的故障电阻极难"烧穿"与降阻。现代的脉冲反射测试法可以做到无需经过"烧穿"降阻而直接进行高阻故障的测距。这一发明，无疑是电缆故障诊断技术的重大进步。现代法与经典法相比具有下列优点。

（1）可以不依赖准确的电缆资料。如长度、截面、接头或分支位置、敷设图等。

（2）测试简便。由于不需要"烧穿"降阻，使测试设备得到简化，测试程序变得简单。

（3）测试效率高。由于高阻故障无需漫长的"烧穿"降阻过程，缩短了测试时间，使测试效率大为提高。

（4）测试更精确。现代的脉冲反射法采用先进的微电子技术，尤其是近几年引入了人工智能技术，无需人工换算使现代法测试结果更加精确。

（5）适用范围广。现代的脉冲反射法不像经典法那样具有应用的局限性，无论是哪种电缆故障，都可以通过脉冲反射测试技术得到快速、准确的测试结果，因此具有更加广泛的适用性。

（6）适于发展。现代的脉冲反射测试技术具有设备简单、轻便、一机多用（各类故障）、操作方便等优点而成为电缆故障诊断技术的发展方向。人工智能设备的出现，为操作者提供了更快捷、更理想的测试结果。

3. 探测路径或鉴别电缆

故障电缆经过粗测以后便得出一个故障距离 L_x，这个故障距离是由测试端（即首端或称始端）到故障点的距离。从理论上讲，以测试端为圆心，以故障距离 L_x 为半径画一个圆，圆周上的所有点都满足故障点到测试端的距离为 L_x 的条件，显然故障点只能是圆周上的某一点，而这一点又必须在电缆上，这是可以借助的另外一个条件。当把电缆路径用线段画出以后，这条线段必将与 $R=L_x$ 的圆相交于一点，这一点才是欲寻找的故障点。

对于直接埋设在地下的电缆，需要找出电缆线路的实际走向（也可以测出埋设深度），即为探测路径。对于在电缆沟、隧道等处的明敷电缆，则需要从许多电缆中挑选出故障电缆，即鉴别电缆。

探测电缆路径或鉴别电缆，通常是向故障电缆（如有完好线芯，一般加在完好线芯上）加一音频电流信号，然后用探测线圈接收此音频信号，从而找出电缆路径或鉴别电缆。

对于干扰较大的复杂环境，鉴别电缆常用钳形电流表来辅助鉴别。从电缆首端或末端加入一电流信号，并做规律性通断变化，然后用钳形表卡在电缆上观察其电流指示值及通断规律，当电流指示值接近于加入端电流值（由于线路损耗而有所减小），并且通断规律相符时，可以确认该电缆为故障电缆。

4. 精测定点

精测定点是电缆故障测试工作的最后一步，也是至关重要的一步。在粗测出故障距离并确定了故障电缆路径或鉴别出故障电缆以后，为什么还需要精测定点呢？因为粗测出的故障距离有一定的误差，故障距离的丈量也有误差。因此，在精测定点前只能判断出故障点所处的大概位置，要想准确地定出故障点所在的具体位置，必须经过精测定点。

电缆故障的精测定点一般采用声测定点法、感应定点法和其他特殊方法。95％以上的电缆故障可以通过声测法确定故障点的位置，金属性接地故障需要用感应法或特殊方法定点。

电力电缆故障诊断的一般步骤与方法见表 11-2。

电力电缆故障诊断的一般步骤与方法　　　　　　　　　　　　表 11-2

步骤	内容	方法	备注
一	确定故障性质	1. 测绝缘电阻	
		2. 导通试验	
二	粗测距离	1. 经典法： ① 电桥法； ② 驻波法等	高阻故障 需烧穿
		2. 现代法（脉冲反射法）： ① 低压脉冲法； ② 直流高压闪络法； ③ 冲击高压闪络法； ④ 多脉冲高压闪络法	高阻故障 无需烧穿
三	探测路径	音频感应法	
		卡流表法	只适用于鉴别电缆
四	精测定点	声测定点法	
		感应定点法	仅适用于金属性接地故障
		时差定点法	
		同步定点法	
		其他特殊方法	适用于低压电缆故障

电缆故障诊断设备产品较多，质量不一，为方便读者的了解与选择，现将中外电缆故障测试仪的主要品种列于表 11-3。

中外电缆故障测试仪主要产品对照表　　　　　　　　　　　　　　　表 11-3

产地	型号及名称	测试方法	性能
日本	电缆故障定位仪	低压脉冲法 直流闪络法	低阻和高阻故障
德国	80 系列 电缆故障定点仪	低压脉冲法	低阻故障
	M601	直流闪络法	低阻和高阻故障
美国	电缆故障定点仪	阻抗法	低阻故障
	PFL7000 电缆故障 测试定位系统	弧反射法	高阻需"烧穿"
中国	DGC-2010A 多脉冲智能 电缆故障测试仪	低压脉冲法 直流高压闪络法 冲击高压闪络法 多脉冲高压闪络法	低阻和高阻故障 泄漏性故障 闪络性故障

11.5.4　故障距离粗测

11.5.4.1　经典法简介

经典法作为电缆故障的诊断技术，已逐渐被现代的脉冲反射测试技术所取代。但在某些地区与单位尚不具备脉冲反射测试条件时，仍需要使用经典法。因此，这一节将简单介绍几种常用的经典测试技术的基本原理。

1. 电阻电桥法

电阻电桥法，在 20 世纪 60 年代以前，被世界各国所广泛采用。该法几十年来几乎没有任何改变，它对低阻接地或短路性故障比较适用。

电阻电桥法的接线原理如图 11-20 所示，其等效电路如图 11-21 所示。其工作原理大致如下。

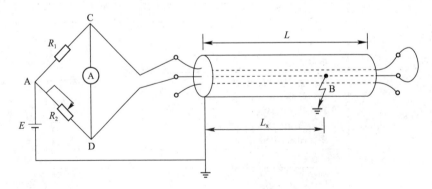

图 11-20　电阻电桥法接线原理

反复调节电桥平衡电阻 R_2，最终使电桥平衡，即 CD 之间电位差为零，检流计中的电流为零。此时，根据电桥平衡原理可得

$$R_1 R_4 = R_2 R_3 \tag{11-18}$$

式中　R_1——标准电阻（Ω），已知；

$\quad\quad R_2$——平衡电阻（Ω），已知；

$\quad\quad R_3$——（$2L-L_X$）长度直流电阻（Ω）；

$\quad\quad R_4$——L_X 长度直流电阻（Ω）。

由于电缆直流电阻与其长度成正比，所以有

$$\frac{R_3}{R_4}=\frac{2L-L_X}{L_X}=\frac{R_1}{R_2} \tag{11-19}$$

设：$R_1/R_2=k$，则可得：

$$L_X=\frac{2L}{k+1} \tag{11-20}$$

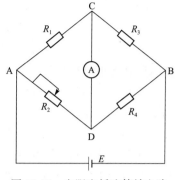

图 11-21　电阻电桥法等效电路

由式（11-20）可知，只要掌握电缆的精确长度 L 和电桥已知桥臂的阻值之比 k，就能够计算出故障距离 L_X。

需要特别指出的是：对于三相断线故障，由于没有完好相做参照，而无法测试，使它的应用范围大打折扣。

2. 电容电桥法

当电缆故障呈断线性质时，由于直流电阻电桥法中测量桥臂不能构成直流通路，所以电阻电桥法将无法测量出故障距离，这时采用电容电桥法即可测出故障距离。

电容电桥法的接线原理如图 11-22 所示，其等效电路如图 11-23 所示。其工作原理与电阻电桥法基本相同，不同之处在于：直流电源换为交流 50Hz 电源，检流计换成交流毫伏表。

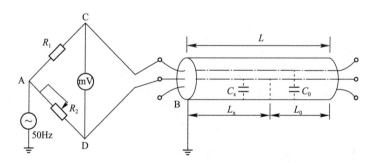

图 11-22　电容电桥法接线原理

仔细调节平衡电阻 R_2，最终可使毫伏表指示为零，即达到电桥平衡，根据电桥平衡原理得：

$$R_1 X_X = R_2 X_0 \tag{11-21}$$

式中　R_1——标准电阻，Ω；

$\quad\quad R_2$——平衡电阻，Ω；

$\quad\quad X_X$——故障相上的容抗，Ω；

$\quad\quad X_0$——无故障相上的容抗，Ω。

由于电缆上分布电容与电缆长度成正比，所以上式可改写为：

$$\frac{R_2}{R_1}=\frac{X_X}{X_0}=\frac{L_X}{L} \tag{11-22}$$

设：$R_2/R_1 = k$，则

$$L_X = kL \tag{11-23}$$

由式（11-23）可知，只要精确地掌握电缆全长 L，电桥平衡时测出 k 值，就可以计算出故障点距测试端的距离 L_X。

需要注意的是：使用电容电桥法测试电缆故障时，其断线故障的绝缘电阻应不小于 $1M\Omega$，否则会造成较大的误差，从而限制了电容电桥法在实际测试工作中的应用。

11.5.4.2　低压脉冲反射法

低压脉冲反射法适用于低阻（$R_X < 10Z_C$）短路或接地、断线（开路）性故障，并可测试电缆的全长和电波在电缆中的传播速度。由于电缆的全长及电波在电缆中传播速度的测试方法与开路性故障完全相同，因此本节将不作特别介绍。低压脉冲反射法测试线路非常简单，如图 11-24 所示。

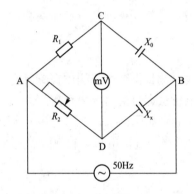

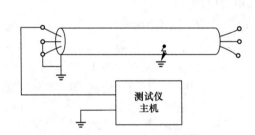

图 11-23　电容电桥法等效电路　　图 11-24　低压脉冲反射法测试线路

1. 短路性故障

如果电缆在 X 处发生低阻（$R_X < 10Z_C$）短路或接地性故障时，故障点处的等效阻抗 Z_X 应为故障电阻 R_X 与电缆特性阻抗 Z_C 的并联，即：

$$Z_X = \frac{R_X Z_C}{R_X + Z_C} \tag{11-24}$$

根据传输线理论，故障点 X 处的反射系数应为：

$$P_U = \frac{Z_X - Z_C}{Z_X + Z_C}$$

代入式（11-24）得：

$$P_U = -\frac{Z_C}{2R_X + Z_C} \tag{11-25}$$

当 $R_X = 0 \to \infty$ 时，$P_U = -1 \to 0$，从而可得出如下几点结论。

（1）短路性故障的反射系数为：$-1 \leqslant P_U < 0$。即 $|U^-| \leqslant |U^+|$，且 U^- 与 U^+ 极性相反。

（2）R_X 越小，反射脉冲幅值 $|U^-|$ 越大，反之，$|U^-|$ 越小。这就是低压脉冲反射法不能测试高阻故障的根本原因。

（3）当 $R_X = 0$ 时，$P_U = -1$，反射脉冲幅值最大，即 $|U^-| = |U^+|$，这种情况称为短路故障的全反射。

短路性故障的典型波形如图 11-25 所示。

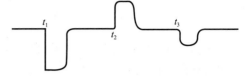

图 11-25 中：t_1 是测试仪产生的发射脉冲（负极性）开始入射的时刻，t_2 是入射脉冲到达故障点后形成的反极性反射脉冲到达测试端的时刻，由于测试端等效阻抗（测试仪输入阻抗）

图 11-25　短路性故障的典型波形

大于电缆特性阻抗，所以在测试端将产生同极性反射脉冲（相当于 t_2 时刻的反射脉冲）再次向故障点入射，到达故障点后，产生反极性反射，并传向测试端……，从而形成 t_3、t_4……t_n 时刻的二次、三次等多次反射脉冲。各反射脉冲时间间隔相等，幅值越来越小，各相邻反射脉冲的极性相反。

2. 开路性故障

当电缆在 X 处发生开路性故障时，这一点的等效阻抗 Z_X 应为故障电阻 R_X 与电缆特性阻抗的串联，即

$$Z_X = R_X + Z_C \tag{11-26}$$

根据传输线理论，故障点 X 处的反射系数应为：

$$P_U = \frac{Z_X - Z_C}{Z_X + Z_C}$$

代入式（11-26）得：

$$P_U = \frac{R_X}{R_X + 2Z_C} \tag{11-27}$$

当 $R_X = 0 \to \infty$ 时，$R_U = 0 \to 1$，从而可得出如下几点结论。

（1）开路性故障的反射系数为：$0 \leqslant P_U < 1$。即 $|U^-| \leqslant |U^+|$，且 U^- 与 U^+ 极性相同。

（2）R_X 越大，反射脉冲幅值 $|U^-|$ 越大，反之，$|U^-|$ 越小。

（3）当 $R_X = \infty$ 时，$P_U = 1$，反射脉冲幅值最大，即 $|U^-| = |U^+|$，这种情况称为开路故障的全反射。

开路性故障的典型波形如图 11-26 所示。

图 11-26　开路性故障的典型波形

图 11-26 中，t_1 是测试仪产生的发射脉冲（负极性）开始入射的时刻，t_2 是入射脉冲到达故障点后形成的同极性反射脉冲到达测试端的时刻。由于测试端的等效阻抗（测试仪输入阻抗）大于电缆的特性阻抗，所以在测试端将产生同极性反射脉冲（相当于 t_2 时刻的反射脉冲）再次向故障点入射，到达故障点以后再次产生同极性反射，并传向测试端……从而形成了 t_3、t_4……t_n 时刻的二次、三次等多次反射。各反射脉冲极性相同、时间间隔相等，但幅值越来越小。

3. 电缆中间接头反射

电缆线路上常常存在着一个或多个中间接头。由于电缆接头处的绝缘材料及其几何结构等发生了变化，因此电缆接头处的特性阻抗就与电缆本体的特性阻抗不同，根据传输原理，脉冲波在电缆中间接头处也将产生反射现象。

根据同轴电缆特性阻抗计算公式，可以做出如下定性分析：

$$Z_C = 60\sqrt{\frac{u_r}{\varepsilon_r}}\ln\frac{b}{a} \tag{11-28}$$

式中的绝缘材料相对介电系数 ε_r、绝缘外半径 b、导体半径 a 在电缆中间接头处都将发生变化，相对导磁率 u_r 的变化较小，因而可以忽略不计。a 与 b 都将增大，但一般来讲，b 的增加幅度要比 a 大，因此 b 与 a 的比值趋于增加。另外常用电缆头绝缘材料相对介电系数为：热缩管 $\varepsilon_r=2.38\sim2.48$；聚四氟乙烯带 $\varepsilon_r=1.8\sim2.2$。

根据传输线理论，电缆接头处的反射系数一般为大于或等于零。因此电缆中间接头的反射波与入射波同极性，当采用适当的绝缘材料和电缆接头结构时，可以减小或消除电缆中间接头的反射。

另外，电缆 T 接处也将存在反射现象。由于 T 接处的等效阻抗为两电缆特征阻抗的并联，所以，该等效阻抗必定较原来减小，从而使其反射系数为负值。可见，电缆 T 接处的反射脉冲与入射脉冲极性相反。

11.5.5 电缆故障的精确测点

电缆故障的精测定点，视其故障电阻的高低，可分别采取不同的方法。一般来说，95%以上的电缆故障是故障电阻不等于零的非金属性接地故障，它们均可采用声测定点法精测定点。但是，在实际测试时，音响效果与故障电阻成正比，对于不足 5%的金属性接地或电阻极低的故障，由于声测定点法的音响效果太差，难以精测定点，此时应采用音频感应法精测定点。

1. 声测定点法

声测定点法，首先需要有一个能使故障点产生规则放电的装置，利用该装置使故障点放电，然后才可以在粗测的距离附近，沿电缆线路，用拾音器来接收故障点的放电声波，以此来确定故障点的精确位置。如图 11-27 所示，B 为拾音器，其余各参数均与冲击高压闪络法粗测距离时接线图中的对应参数相同。

如图 11-27 所示，声测定点法是利用直流高压设备，向电容器充电、储能，当电容器电压达到球间隙击穿值时，电容器通过球间隙放电，向被测电缆的故障线芯施加冲击电压，当故障点击穿时，电容器中储存的电能将通过等效故障间隙 J_x 或故障电阻 R_x 放电，与此同时，将产生机械振动波和电磁波，然后利用拾音器，在粗测的故障距离附近，沿电缆路径进行听测，地面上振动最大、声音最响处，即为故障点的实际位置。

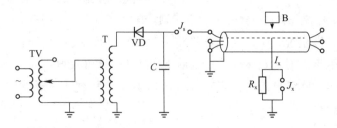

图 11-27 声测定点法原理

声测定点法简便、易行，准确性好，其绝对误差不大于±0.4m。

储能电容器的放电能量为 $W_c = \frac{1}{2}CV^2$，当该放电能量不能使故障点击穿时，就需要

提高放电能量 W_c。途径之一是增加电容器的电容量 C，途径之二是提高电容器的放电电压 U。在电容器具有足够的电容量（一般为不小于 $4\mu F$）的情况下，提高电容器放电电压 U 的效果更显著。另一方面，故障点的放电能量与放电电流 I_x 的平方成正比，与故障电阻 R_x 成正比。因此，当故障电阻 R_x 很低或金属性接地（$R_x = 0$）时，由于放电能量太小，而使听测的音响效果极差，甚至听不到放电声音。这就是声测定点法不适于极低故障电阻或金属性接地故障的原因。因此，在实际测试工作中，当故障点放电声音太小或听不到音响时，切不可盲目增加放电能量。

2. 音频感应定点法

音频感应定点法适用于故障电阻小于 10Ω 的低阻故障定点。对于这种故障，当采用低压脉冲法粗测出大概的故障距离并确定好路径以后，由于故障点放电的机械振动波的传导受到屏蔽或相当大的外界干扰，或因故障电阻太小，放电能量极低，机械振动微弱，因而声测定点法不易定点。特别是金属性接地故障，由于故障点根本不放电，而使声测定点法无法定点，这时就需要采用音频感应法进行定点测试。

音频感应定点法和音频感应法探测电缆路径的原理是一样的。即：将音频信号发生器（路径仪）的输出端接在被测电缆的两故障相上，音频电流将从一线芯通过故障点传到另一线芯，并回到音频信号源，然后用接收线圈（探棒），采用音峰法沿被测电缆的路径，接收音频信号电流的电磁波信号，根据耳机中音量的高低（或指示仪表指针偏转角的大小）来确定故障点的位置。

当音频电流沿电缆一芯通过故障点，并经过另一线芯回到音频信号源时，沿途各点的电磁效应由于音频电流"去"和"来"的方向相反而趋于抵消。但由于电力电缆在制造成缆时，各线芯是互相扭绞在一起的，因此沿线任意点两个被测线芯的连线可能垂直于地面，也可能平行于地面。这样，沿线各点的电磁场的合成量就是不一样的。当在地面上采用音峰法探测时，测得的信号强度随两线芯相对于地面的相对位置而变化。

当两线芯连线与地面垂直时，接收到的信号较强；当两线芯连线与地面平行时，接收到的信号较弱。在故障点，由于短路电流的磁通相同不能抵消，所以接收到的信号最大。最后，测到的信号最大值处即为故障点。过了故障点以后（大约 1.5m），由于电缆内只有杂散电流而无音频电流，所以接收到的信号几乎为零且振幅不变。如图 11-28 所示。

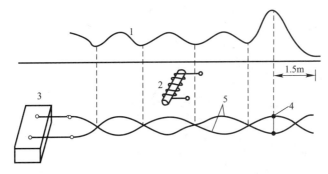

图 11-28   音频感应定点法原理

1—音量曲线；2—接收线圈；3—音频信号发生器；4—故障点；5—电缆线芯

11.5.6 实测案例

1. 一般情况

（1）电缆型号：ZLQ2-10/3×95。

（2）运行电压：10kV。

（3）敷设方式：电缆沟。

（4）电缆全长：212m。

（5）运行时间：2019年。

2. 故障性质

（1）运行跳闸故障。

（2）两端测绝缘电阻均为：$R_A = R_B = 500M\Omega$，$R_C = \infty$。

（3）导通试验结果：C相断线。

3. 实测过程

（1）采用低压脉冲法，并进行不同脉冲宽度波形的比较，如图 11-29 所示，$L_x = 120m$，$L = 216m$。

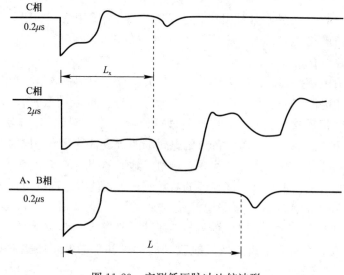

图 11-29　实测低压脉冲比较波形

（2）声测定点。

1）冲击电压：19kV。

2）放电频率：1/3~1/4(1/s)。

3）故障点放电状态：良好。

4）定点位置：在 118m 处。

4. 误差计算

（1）绝对误差：120−118=2m。

（2）相对误差：$\dfrac{2}{118} = 1.69\%$

（3）精测工程误差：0。

练习思考题

1. 什么是 BIM？
2. 常用 BIM 软件有哪些？
3. BIM 技术在机电安装工程中有哪些应用？
4. 电力变压器的故障有哪些？
5. 电力变压器故障诊断的一般方法有哪些？
6. 10kV 架空配电线路常见故障有哪些？
7. 输电线路的故障定位有哪些方法，目前有哪些新的理论方法？
8. 请介绍电力电缆出现故障的原因？
9. 电力电缆故障有哪些类型？
10. 请描述电力电缆故障诊断的一般步骤与方法？

参 考 文 献

[1] 中华人民共和国住房和城乡建设部. 民用建筑电气设计标准 GB 51348—2019 [S]. 北京：中国建筑工业出版社，2019.

[2] 芮静康. 现代工业与民用供配电设计手册 [M]. 北京：中国水利水电出版社，2004.

[3] 张立新. 建筑电气工程施工管理手册 [M]. 北京：中国电力出版社，2005.

[4] 中国建筑科学研究院. GB 50300—2013 建筑工程施工质量验收统一标准 [S]. 北京：中国建筑工业出版社，2013.

[5] 浙江省住房和城乡建设厅. GB 50303—2015 建筑电气工程施工质量验收规范 [S]. 北京：中国计划出版社，2015.

[6] 中国电力企业联合会. GB 50150—2016 电气装置安装工程电气设备交接试验标准 [S]. 北京：中国计划出版社，2016.

[7] 李杰. 建筑电气工程 [M]. 北京：中国铁道出版社，2013.

[8] 岳威. 建筑电气施工技术项目教程 [M]. 北京：北京理工大学出版社，2017.

[9] 冯波. 如何识读建筑电气施工图 [M]. 北京：机械工业出版社，2020.

[10] 岳井峰. 建筑电气施工技术 [M]. 北京：北京理工大学出版社，2017.

[11] 范文利，朱亮东，王传慧. 机电安装工程 BIM 实例分析 [M]. 北京：机械工业出版社，2017.

[12] 赵建宁. 大型电力变压器故障诊断及案例 [M]. 北京：中国电力出版社，2017.

[13] 于景丰. 电力电缆实用新技术（施工安装·运行维护·故障诊断·运行维护·故障诊断）[M]. 北京：中国水利水电出版社，2014.

[14] 包玉树，秦嘉喜. 电气设备故障试验诊断攻略—电力电缆 [M]. 北京：中国电力出版社，2017.

[15] 秦嘉喜，包玉树. 电气设备故障试验诊断攻略—架空线路 [M]. 北京：中国电力出版社，2019.